Automated Instrument of Practical Technique

자동기 요소 실무기술

자동화 기술인의 지침서

한제봉 저

문운당

머리말

현대 제조업체의 생산설비는 물론 생활 주변의 모든 시설들이 자동화되어가고 있다. 세계의 여러 기업체와 경쟁하여 좋은 제품을 다른 업체보다 더 빨리, 더 값싸게 생산하여 소비자에게 만족과 호응을 받아야 하기 때문이다. 따라서 이제 자동화로의 변화는 선택이 아니고 필수사항인 것으로 인식되고 있다.

이런 시점에서 최근 자동화설비나 장치에 많이 쓰이는 기계요소들도 많이 발전되고 개발되어 시판되고 있다. 지금까지 기존의 기계요소인 나사, 기어, 벨트, 축, 스프링 등 일반적인 기계요소의 책들은 여러 출판사에서 비슷비슷한 내용으로 많이 출판되고 있다. 이들 요소들도 자동화 장치에 많이 쓰이고 있으나 기존의 것보다 훨씬 다양하게 발전된 기계요소, 새로이 개발된 요소들도 여러 방면에서 많이 사용되고 있는 현실이다. 각종 제어 모터, 감속기, 타이밍 벨트, 볼나사, LM 가이드 등이 널리 사용되게 되었다. 그러나 이런 자동화요소들을 종합한 책들은 거의 출판되지 않아 그간의 자료들을 정리하여 '자동기 요소 실무기술'이라는 이름으로 출판하게 되었다.

대학의 자동화 관련학과 교재나 생산현장에서 자동화 장치를 설계하거나 조립하는 기술인, 자동화설비를 유지·관리하는 기술인에게도 참고서적으로 적합한 내용들로 편집하였다. 주요 내용을 세 가지로 분류하면 다음과 같다.

첫째 : 자동기로 사용이 대단히 많아지고 있는 제어 모터(**기어드 모터, 스테핑 모터, 서보 모터**)에 대한 내용과 사용처 크기 결정 등을 이해하기 쉽게 기술하였다.

둘째 : 제어 모터에서 연결되어 자동 왕복되는 기계장치에 대한 요소(**감속기, 커플링, 클러치, 타이밍 벨트, 베어링, 볼 부시, 볼나사, LM 가이드**)에 대한 기본이론, 선정방법, 적용사례 등에 대하여 자세히 편집하여 실무에 적용할 수 있도록 하였다.

셋째 : 자동화 장치를 조립 시운전이나, 유지 · 관리 관련 사항(각 단원별로 **보전·관리**사항 편집, **수공구**, **윤활**)을 다루어 실무에 도움을 주고자 하였다.

끝으로 이 책이 나오기까지 도움을 주신 자동기요소의 제조업체 및 문운당 출판사 임직원 여러분께 진심으로 감사드린다.

2022년 5월

차 례

1장 설비의 기본 구성 이해

2장 직동시스템

3장 축 이음

4장 감속기의 이해

5장 타이밍 벨트

6장 체인, 파워로그 테이퍼부시, 케이블베어

7장 가공 실습

8장 윤활

9장 도면 기초

부록

자동기 요소 실무기술

제 1 장 설비의 기본 구성 이해

1.1 설비의 구성

1.1.1 기계의 개념

[1] 기계(machine)란

공학상 3가지 조건을 만족하는 것을 기계라 부르고 있다.

- 예상되는 외력이 가해져도 변형하지 않은 물체의 조합으로 이루어진다.
- 이들의 물체는 한정된 운동을 한다.
- 에너지 공급을 받아 유효한 일을 한다.

그러나 이 정의도 최근에는 컴퓨터를 이용한 기계가 많아지면서 기계의 개념도 폭이 넓어져 「기계란 물리량을 변형시키거나 전달하는 것으로 인간에게 유용한 것」으로도 정의한다.

[2] 기구(mechanism)란

기계가 목적에 알맞은 움직임을 갖게 하는 장치이다.

기구학은 기계의 이상적인 움직임을 연구하는 학문이라 말할 수 있으므로 기계 운동학(kinematics of machine)이라고 한다.

일반적으로 기계운동학도 포함하여 기구학이라 한다. 따라서 기구를 구성하는 부품(요소 : 캠, 크랭크, 나사, 기어 등), 즉 기계요소(machine-element)를 기구의 요소라 할 수 있다.

1.1.2 기계의 정의 학설

❑ 비트루비우스(marcus vitruvius pollio) 설

로마의 아우구스투스 황제 무렵의 건축가로 그는 저서「건축십서」중에서 “기계란, 무거운 것을 이동시킬 때에 대단히 큰 이익을 가져오는 1개의 본질적 장치이다.”라고 정의하였다. 이것은 기록에 남아있는 기계의 정의 중에서 가장 오래된 것이다.

❑ 짜이징(zeising) 설

17세기 초, 짜이징은「기계란 하중의 이동에 대하여 특히 뛰어난 본질을 갖는 1조의 목제 장치이다.」라고 정의 하였다.

❑ 레이폴트(jacob leupold) 설

독일의 기계제작자 레이폴트는「기계 혹은 기구는 인공적 제작물로, 그 도움을 빌어 운동을 일으키는 것이 가능하며 또한 시간이나 힘이 절약 가능한 것이다.」라고 정의하고 있다.

❑ 뢸로(franz reuleaux) 설

뢸로는 운동학적 견지에서「기계란 저항력을 갖고 있는 물체의 조합으로 그 도움에 의해 일정한 운동을 할 수 있도록 조립되어진 것이다.」라고 정의하였다. 이 정의는 기계 학자에게 가장 지지받고 있으며 오늘날의 기계에 대한 정의의 원형이 되고 있다.

이 정의에 의하면 톱, 드라이버, 끌, 대패, 대패 등은 상대 운동을 하지 않으므로 기계가 아니다. 보일러도 그 구성 부분은 상대 운동을 하지 않으므로 기계 분류에 속하지 않는다. 또한, 실험이나 측정 등의 일정한 목적을 두고 만든 것은 기기(器機)로 표시하여 구별하며, 특히 간단한 조의 것은 기구(器具)라고 한다. 수차(水車) 등이 제작되는 등 연장은 기계로 변하였다.

1.1.3 기계의 발달

우리 생활 속에서 많이 사용되는 기계는 인간을 내신하여 일할 수 있도록 목석에 맞게 고안되고 많은 종류의 것이 설계, 제작되고 있다. 예를 들면, 인류는 처음 도구를 사용하여 땅을 파거나 사냥을 하는 데에 이용하였다. 그 후, 물체의 마찰열로 불을 일으키는 기술이 발전하여 구멍을 뚫을 수 있는 도구에서 기계로 발전하였고, 현재는 컴퓨터 기술과 함께 무인화 단계까지 진보하고 있다.

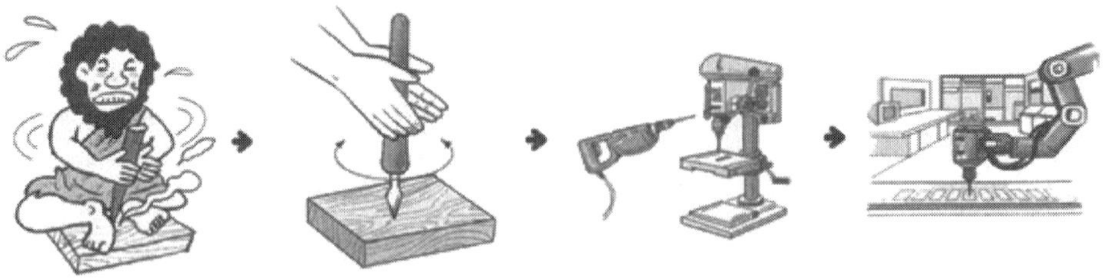

그림 1-1 기계의 발달 과정

따라서 제품의 생산 방식도 수작업, 도구화, 작업의 소량 생산에서 기계화 작업의 다량 생산 방식을 거쳐 다품종 소량 생산 방식으로 변화하였다. 다품종 소량 생산 방식은 기계 기술, 전자 기술을 바탕으로 컴퓨터 기술, 통신 기술이 복합화 된 유연 생산 자동화 방식의 출현으로 가능하게 되었다.

유연 생산 자동화 방식은 유연 생산 셀(FMC : Flexible Manufacturing Cell), 유연 생산 시스템(FMS : Flexible Manufacturing System), 컴퓨터 통합 생산 시스템(CIM : Computer Integrated System), 인간 중심 생산 시스템(HIM : Human Integrated Manufacturing System)으로 발전하였고 지능화된 혼류 생산에서 변종 변량 생산 자동화 방식으로 변화 발전을 거듭하고 있다.

1.1.4 분류에 따른 종류

기구란 기계 구성 요소 상호 간의 운동 관계를 결정하는 운동계를 말한다. 기계 구조나 각 부분의 상호 운동을 취급하는 경우 구성 요소의 강도나 일은 생각하지 않고 단지 목적하는 기능을 위하여 한정된 상대 운동을 하고, 여러 가지 운동의 전달이나 변환만을 하는 기계 주조 모델을 기구(mechanism)라 한다.

특히, 기구학은 링크, 캠, 기어 및 기어 장치 등 운동학적 세계와 관련하여 기계 설계의 한 분야로 정의된다.

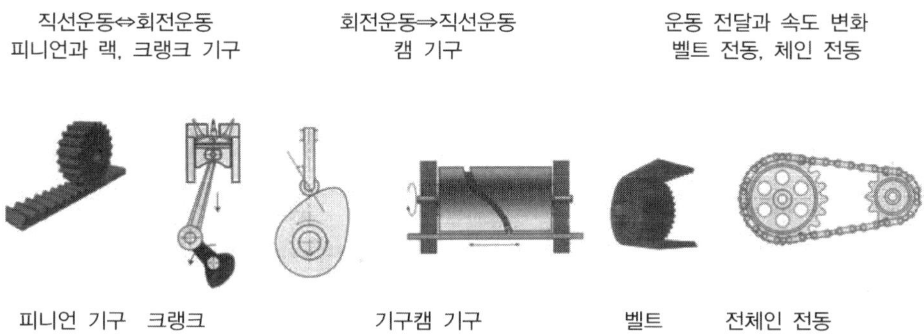

그림 1-2 기계와 기구의 분류

1.1.5 기계의 구성 요소

기계요소는 기계에 사용되는 공통 부품을 의미한다. 기계는 많은 부품의 조합으로 구성되어 있다. 그중에는 볼트와 너트, 커플링, 베어링, 기어, 벨트, 체인, 클러치와 브레이크 등의 부품과 같은 것이 있다. 일반적으로 기계에 사용되는 공통 부품을 기계요소(machine element)라 한다.

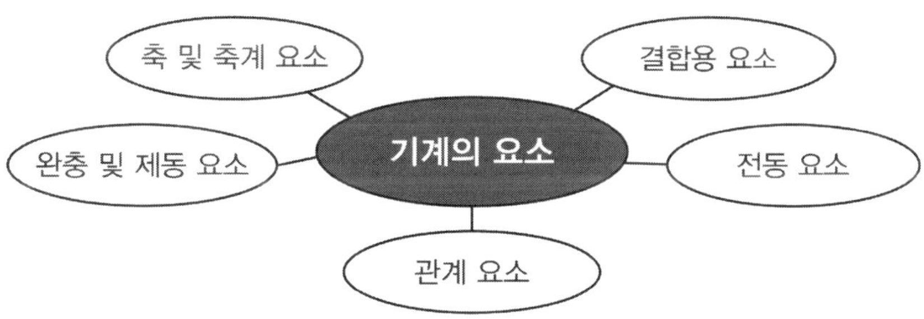

그림 1-3 기계의 구성 요소 분류

- **축 및 축계 요소** : 축선 상에 회전력을 전달하는데 필요한 기계요소축, 베어링, 클러치, 커플링 등
- **결합용 요소** : 2개 이상의 요소를 체결하는 데 필요한 기계요소 볼트와 너트, 키, 핀, 리벳, 용접, 접합 등
- **완충 및 제동 요소** : 운동 에너지를 저장, 완충, 제동 하는 기계요소 스프링, 브레이크, 플라이 휠, 방진 장치 등

• **전동 요소** : 동력을 전달하는 데에 필요한 기계요소 마찰차, 기어, 벨트와 풀리, 체인 등

• **관계 요소** : 유체의 수송에 사용되는 기계요소 파이프, 파이프 이음, 밸브 등

[1] 축 및 축계 요소

❑ 축의 개요

축(shaft)은 일반적으로 베어링에 의하여 지지되어 하중을 받으면서 회전력을 전달하는 기계요소이다. 회전력에 의하여 구동되는 기계에는 몇 개의 축이 반드시 존재하며, 축에는 베어링, 커플링, 클러치, 풀리, 기어, 플라이휠 등이 부착되어 구동된다.

축은 단면의 모양에 따라 원형축(circular shaft), 각축(square shaft), 스플라인축(spline shaft)으로 나누어지고 원형축에는 단면의 속이 차 있는 중실축(solid shaft)과 속이 비어 있는(hollow Shaft)이 있다. 동일한 단면적일 때 중공축은 중실축에 비하여 강도가 크다.

❑ 축의 종류

축(shaft)의 종류는 축에 작용하는 하중에 따라 다음과 같이 분류된다.

• **차축(axle)** : 주로 굽힘 하중을 받으면서 회전하는 축으로서 차량의 차축, 컨베이어롤러의 축 등이 있으나 차륜의 구동축에는 비틀림 모멘트도 받는다.

• **스핀들(spindle)** : 주로 비틀림을 받는 축으로 변형량이 적고 치수가 정밀한 회전축으로서 지름에 비하여 짧고, 굽힘과 비틀림 하중을 받는다.

• **전동축(transmission)** : 주로 비틀림과 굽힘을 동시에 받는 축으로서 동력 전달을 주목적으로 하며, 모터로부터 동력을 직접 받는 주축, 주축으로부터 동력을 분배하는 선축, 선축에서 동력을 전당시키는 중간축이 있다. 또한 축의 형상에 따라 직선축, 휨축, 크랭크축 등이 있으며, 직선축이 널리 사용된다.

❑ 축의 재료

축(shaft)의 재료로는 보통 연성이 크고 강인한 탄소강(C 0.1~0.4%)이 널리 사용되며, 피로 한도의 영향을 크게 받는 고속, 고하중, 고열을 받는 회전축의 경우는 Ni강, Ni-Cr강, Ni-Cr-Mo강 등의 특수강이 사용되고, 내마모성이 요구되는 저널부는 고주파 침탄처리를 한 표면 경화강을 사용한다.

❑ 축 설계 시 고려사항

축(shaft)의 설계에 있어서는 주어진 하중 조건과 운전상태에 따라 파손되지 않는 충분한 강도(strength)를 가져야 하고 하중에 대한 변형량이 주어진 정밀도 범위 내에 있도록 필요한 강성(stiffness)을 가져야 한다. 또한 축의 고속 회전 시 위험속도(critical speed)로부터 떨어진 상태에서 운전이 되는 조건을 만족하여야 하며, 기타 진동이나 부식에 의한 표면 손상 등에 대해서도 충분히 고려되어야 한다. 축 설계 시 일반적으로 고려사항은 다음과 같다.

강도(strenth), 강성(stiffness), 진동(vibration), 열응력, 부식

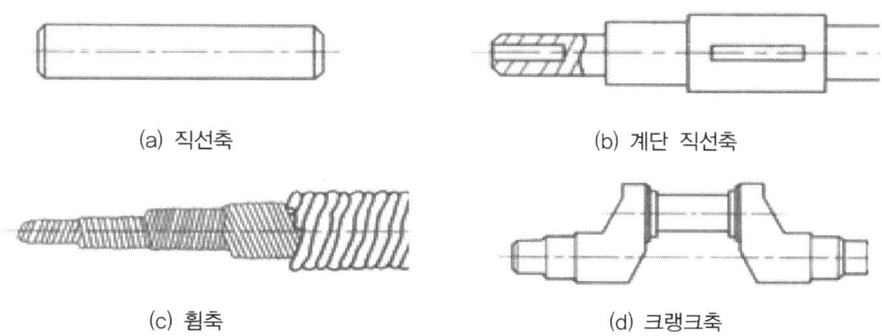

그림 1-4 축의 형상에 따른 분류

[2] 결합용 기계요소

❑ 나사(screw thread)

기계란 기계요소를 사용 목적에 따라 여러 가지로 조합한 것인데 이 장에서는 나사에 대해서 알아보기로 한다. 나사는 둥근 막대에 나선의 높은 부분을 갖게 한 것으로, 막대 중심선을 포함한 단면에 있어서 홈과 홈 사이의 높은 부분을 나사산이라 하며 삼각, 사각, 둥근 것 등 사용 목적에 따라서 분류한다.

나사의 용도는 체결용, 거리 조정용, 전동용의 3종으로 분류된다. 체결용 나사는 구조의 정밀성 및 강도를 필요로 하고, 거리 조정용 나사는 구조의 정밀도를 필요하며, 전동용 나사는 강도를 필요로 하므로, 나사산의 형태도 이 용도에 따라 만들어진다.

일반적으로 압력을 받는 나사는 산의 측면을 직각, 또는 직각에 가깝게 하며, 그 외의 용도에는 거의 삼각나사가 쓰인다.

❑ 키, 핀, 코터

- 키(key) : 축에 기어, 풀리, 커플링, 등의 회전체를 고정체를 고정시키고, 축과 회전체를 일체로 하여 회전시키는 기계요소이다. 따라서 이들 사이의 원주 방향의 이동은 전혀 허용되지 않으며, 축의 재료보다 약간 강한 재료(HB250)로 만든다. 키에는 축 방향으로 이동되지 않게 축과 보스를 고정한 것과 보스를 축에 고정하지 않고 축 방향으로 이동할 수 있게 한 것이 있다. 종류로는 성크키(sunk key), 반달키(woodruff key), 접선키(tangent key), 원뿔키(cone key), 미끄럼키(sliding key), 스플라인키(spline key), 세레이션(serration), 새들키(saddle key), 평키(flat key), 둥근키(round key) 등이 있다.
- 핀(pin) : 핀은 풀리, 기어 등에 작용하는 하중이 작을 때, 설치 방법이 간단하기 때문에 키 대체용으로 널리 사용된다. 보통 핀에는 평행 핀, 테이퍼 핀, 분할 핀, 스프링 핀 등이 있다. 핀의 재질은 보통 강재이고, 황동, 구리, 알루미늄 등으로 만들기도 한다. 특히, 분할 핀은 핀 전체가 두 갈래로 되어 있어, 너트의 풀림 방지나, 핀이 빠져나오지 않게 하는 데 사용된다. 또한, 스프링 핀은 길이 방향으로 쪼개져 있으므로, 구멍의 크기가 정확하지 않더라도, 해머로 때려 박을 수가 있어 편리하다. 테이퍼 핀의 테이퍼는 1/50이다.
- 코터(cotter) : 코터는 기울기가 있는 평판 모양의 쐐기로서, 2개의 축을 축 방향으로 연결하는 데 사용되는 일시적인 결합요소이다. 코터 이음은 로드(rod)를 소켓(socket)에 꼭 끼우고, 각각에 기울기는 영구적인 이음에는 1/10, 반영구적인 이음에는 1/5~1/10를 주어, 코터의 구멍에 때려 박아 연결시킨다. 이 코터 이음은 축 방향의 인장력, 압축력을 전달하는데 주로 사용되며, 코터의 재료는 축보다 경도가 높은 재료를 사용한다.

❑ 리벳(rivet)

강판 또는 형강(형강) 등을 영구적으로 접합하는 데 사용하는 체결 기소를 리벳(rivet)이라고 부르고, 비교적 간단하기 때문에 응용 범위도 넓다. 압력용기, 기계 부품, 철근 구조물, 교량, 선박 등에 널리 사용되어 왔으나, 요즘에는 용접 기술이 발달되어 보일, 선박, 연료 탱크 등은 주로 용접이음을 하며, 철근 구조물, 경합금 구조물(항공기 기체) 등을 아직도 리벳이음으로 하고 있다.

그 특징으로는,

- 용접이음과는 달리 초기 응력에 의한 잔류 변형이 생기지 않으므로, 취약 파괴가 일어나지 않는다.
- 구조물 등에서 현장 조립할 때에는 용접이음 보다 쉽다.
- 경합금과 같이 용접이 곤란한 재료에는 신뢰성이 있다.

❑ 용접(welding)

용접은 2개의 금속을 그 용융온도 이상으로 가열하여 접합하는 치금적 결합법이며, 일반적으로 모재는 압연재로 형상과 치수로 절단하여 용접봉을 녹여서 서로 응고 결합시킨다. 용접은 기존의 주조, 단조, 리벳이음 등을 대신하는 영구이음 방법으로 많이 사용된다.

용접 이음의 장점은 다음 5가지를 들 수 있다.

- 용접 이음은 사용재료의 두께 제한이 없고, 리벳, 볼트 등의 기계 결합요소가 필요 없다.(리벳이음은 고압용기 사용압력(40 kg/cm^2, 강판의 두께 30 mm 이내로 사용한다.)
- 용접 이음은 기밀 유지에 용이하고, 이음 효율이 100%까지 할 수 있다.
- 사용재료의 선택 폭이 넓고, 다른 이음 방법보다 제작물의 무게를 경감시킨다.
- 용접 이음은 사용기계가 간단하고, 작업 공정수가 적어 생산성이 높다.
- 용접 이음은 작업 소음이 적다. 그러나 용접 이음에도 다음과 같은 단점을 갖고 있다.
- 단시간에 가열, 냉각이 필요하여, 용접 부분의 금속조직이 취성 파손 및 강도 저하를 가져온다.
- 용접 후의 재료에 잔류 응력이 존재하여, 이로 인한 변형 위험과, 부재의 재질에 제한이 있다.(주철, 경금속 등은 용접이 곤란)

[3] 전동용 기계요소

❑ 기어(gear)

기어(gear, 齒車)는 차례로 물리는 이(齒)에 의하여 운동을 전달시키는 기계요소로서, 두 축 사이의 축간 중심거리가 비교적 짧고 정확한 속도비와 큰 회전력을 전수 있으므로 계측기에서부터 큰 마력의 감속기어에 이르기까지 광범위하게 사용되고 있다. 한국산업규격 KS B 0102에는 서로 맞물려 돌아가는 기어 중에서 잇수가 많은 기어를 큰 기어 또는 기어(gear)라 하고, 잇수가 작은 기어를 피니언(pinion)이라 하고 있다. 그리고 서로 맞물리는 기어 중에서 구동축으로부터 운동을 전달하는 기어를 구동기어(driver, driving gear)라 하고, 서로 물리는 기어 중에서 구동에 의해 운동을 전달받는 기어를 피동기어(follower, driven gear)라 한다. 기어와 관련된 규격으로는 KSB 0002(기어 제도), KSB 0102(기어 용어), KSB 0053 (기어 기호)등의 국내 규격과 미국 기계학회(ASME) 및 미국기어제조자협회(AGMA)에서 표준화되어 발행되고 있다.

• 기어의 분류

- 두 축의 상대 위치에 의한 분류

  한 쌍의 기어가 서로 맞물리고 있는 두 축의 상대운동에 의하여 분류하면 두 축이 서로 평행한 경우, 두 축이 서로 어느 일정한 각을 이루고 교차하는 경우, 두 축이 서로 평행하지도 않고 교차하지도 않는 경우로 크게 나누어진다. 일반적으로 널리 상용되는 기어에는 스퍼기어(spur gear), 헬리컬기어(helical gear), 베벨기어(bevel gear), 웜기어(worm gear) 이 있다.

- 기어의 크기(바깥지름)에 의한 분류

  ㉠ 극대형기어 : 1,000 mm 이상

  ㉡ 대형기어 : 250~1,000 mm

  ㉢ 중형기어 : 40~250 mm

  ㉣ 소형기어 : 10~40 mm

  ㉤ 극소형기어 : 10 mm 이하

- 치형 절삭 방법에 의한 분류

  ㉠ **성형기어** : 성형 치절법으로 가공 기어로서 밀링머신에서 가공한 조합기어를 성형기어라 한다.

  ㉡ **창성기어** : 일반적으로 가장 널리 사용되는 방법으로서 호브(hob)나 커터(cutter) 등의 공구를 이용하여 기어 전용기계(hobbing machine)에서 가공하는 방법이다.

❑ 평벨트(flat belt)

평벨트 전동은 가죽, 직물, 고무, 강판 등으로 만든 띠 모양의 벨트를 원동축과 종동축에 부착된 풀리(belt pulley)에 걸어서 벨트와 풀리 접촉면의 마찰력에 의하여 동력을 전달한다. 현재는 고무벨트가 일반적으로 사용되고 있으며 마찰력을 이용하고 있으므로 어느 정도의 미끄럼이 발생한다. 따라서 기어와 같이 정확한 회전비는 얻을 수 없다.

• 평벨트의 종류

㉠ 가죽벨트(leather belt) : 소나 물소의 가죽을 탄닌 또는 크롬 처리하여 제작하며 1장의 두께는 5~8 mm 정도이다. 탄닌으로 처리한 가죽벨트는 내구성이 크고 신축량이 적지만 단단하여 유연성이 작기 때문에 큰 지름의 풀리에 사용하며, 크롬 처리한 가죽벨트는 유연성이 좋고 습기에 강하다.

㉡ 직물벨트(textile belt) : 무명, 대마, 합성섬유, 털 등의 직물로 짜서 만들기 때문에 이음매가 없는 벨트를 만들 수 있으며, 두껍게 짠 것과 얇은 직물을 몇 겹으로 누벼 만든 것이 있다.
가장 많이 사용되는 것은 무명벨트로서 값이 싸고 튼튼하며 가볍기 때문에 고속 회전에 적합하다. 그러나 가죽벨트보다는 인장강도가 크지만 유연성이 나빠서 풀리와의 접촉성이 좋지 않으므로 전동 효율은 떨어진다.

㉢ 고무벨트(rubber belt) : 2장 이상의 면포 또는 인조 견포에 고무를 입혀 만들며 면포 대신에 끈을 넣은 것도 있다. 고무벨트는 유연하고 벨트 풀리에 잘 밀착되어 미끄럼이 적으며 수명이 길다. 습기에는 강하지만 열, 기름 등에는 약하다. 특히, 장시간 연속운전을 하면 내부에 축적된 열에 의하여 고무가 벗겨지는 박리현상(flaking)이 발생한다.

㉣ 강벨트(steel belt) : 냉간 압연한 강판의 벨트로서 두께는 0.3 mm~1.1 mm, 폭은 15~250 mm 정도이다. 인장강도가 100 kg/mm^2 정도로서 다른 벨트에 비해 대단히 크며, 허용응력은 25kg/mm^2, 굽힘 응력은 12.5 kg/mm^2 정도이다. 무게에 비하여 강하고 같은 동력을 전달하는 경우 폭이 가죽벨트의 1/5이면 충분하다. 또한 수명이 길고 연신율이 작으므로 고정밀도의 회전 각 전달용으로 사용된다.

❑ V벨트(V belt)

V벨트는 단면이 사다리꼴인 고무벨트를 V형 벨트풀리의 홈에 끼워서 쐐기작용에 의한 마찰력으로 회전을 전달하는 장치이다 V벨트가 벨트풀리의 둘레를 따라 굽을 때에 V벨트의 안쪽이 넓어지고 V벨트의 경사면에 더욱 밀착되기 때문에 더욱 큰 마찰력을 얻을 수 있다. V벨트는 벨트 풀리와 마찰력이 크므로 접촉각이 작지만 미끄럼이 적으므로 축간거리가 짧고 속도비가 경우에 좋다. 평벨트 전동에 비하여 V벨트의 장단점은 다음과 같다.

- 장점
  - 마찰력과 고무의 굴곡성이 크며 미끄럼이 작다.
  - 협소한 장소에도 설치가 가능하고 운전이 정숙하고 충격이 작다.
  - 전통 효율은 96~99% 정도이며 장력이 작으므로 베어링의 부담 하중이 작다.
  - 비교적 지름이 작은 풀리에도 사용할 수 있다.
  - 벨트가 벗겨질 염려가 없다.
  - 비교적 작은 인장력으로 큰 동력을 전달할 수 있다.
- 단점
  - 벨트의 길이를 조절할 수 없고 같은 방향의 회전일 때만 사용이 가능하다
  - 이음매 없이 일체로 만들어졌기 때문에 끊어지면 접합이 불가능하다.

❑ 타이밍 벨트(timing belt)

타이밍 벨트는 미끄럼을 없애기 위하여 접촉면에 이를 붙이고 풀리와 맞물려 전동 되는 이붙이 벨트이다. 고속 저하중으로 동기 전동을 할 수 있어 사무기계, 자동판매기, 식품 제조기계 등의 비교적 소형 자동기계나 자동차엔진의 크랭크축과 캠 축사이의 전동에 사용되며, 다른 벨트에 비하여 다음과 같은 장점이 있다.

- 벨트와 풀리의 이가 서로 물려 전동 하므로 미끄럼이나 속도 변동이 거의 없다.
- 기어나 체인에 비하여 소음이 적다.
- 저속 및 고속에서 운전이 원활하다.
- v벨트보다는 휨 저항이 적고 풀리의 지름을 작게 할 수 있다.
- 벨트가 가볍고 회전 속도를 높일 수 있다

❑ 로프 전동(rope)

로프 전동장치는 면(cotton), 대마(hemp), 강선(steelwire) 등으로 만든 로프를 홈이 파인 바퀴의 림에 감아 걸어서 림과 로프 사이의 마찰력으로 회전을 전달하는 장치로서 이 바퀴를 로프 풀리(rope pulley) 또는 시브(sheave)라고 하며 V벨트와 비슷한 전동용 기계요소이다.

큰 동력을 전달하는 경우에 벨트의 폭과 두께를 연이어 걸어서 사용하기 곤란하지만, 로프에서는 수십 개라도 걸어서 사용할 수 있으므로 큰 동력을 전달할 수 있다. 평벨트는 축간거리가 먼 경우에는 계속 이어 나가야 하고 운전 중 벨트에 플래핑 현상이 일어나 벗겨지기 쉽지만 로프는 상당한 먼 거리의 전동도 가능하다.

또한, 로프는 그 폭이 작으므로 1개의 원동풀리로 여러 개의 종동풀리에 회전력을 전달할 수 있으며 양 축의 위치가 다소 평행하지 않더라도 큰 동력을 전달할 수 있다. 다만, 로프는 벨트보다 수명이 짧고 이음이 곤란한 것이 결점이다.

• 장점

㉠ 큰 동력의 전달에는 평벨트나 V벨트 보다 유리하다.

㉡ 와이어로프는 50~100m, 섬유로프는 10~30m 정도의 먼 거리의 동력 전달이 가능하다.

㉢ 1개의 원동풀리에서 여러 개의 종동풀리로 동력을 분배하는 것이 용이하다.

㉣ 벨트에 비하여 미끄럼이 적고 고속 운전에 적합하다.

㉤ 전동 경로가 직선이 아닌 경우에도 사용이 가능하다.

• 단점

㉠ 장치가 복잡하여 벨트와 같이 로프를 자유롭게 끼아 걸거나 벗길 수 없다.

㉡ 조정이 어렵고 절단되었을 경우 수리가 곤란하다.

㉢ 미끄럼은 적지만 전동이 불확실하다.

❑ 체인(chain)전동

체인은 스프로킷 휠(sprocket wheel)에 체인을 감아 걸어서 체인과 휠의 이가 서로 물려 회전력을 전달하는 기계요소이다. 체인전동은 미끄럼이 없고 정확한 속도비로 전동 시킬 수 있다.

또한, 회전력을 전달하는 두 축 사이의 거리가 기어를 사용하기에는 너무 멀고 벨트를 사용하기에는 너무 짧지만 정확한 속도비가 필요한 곳에 체인 전동이 사용된다. 체인 전동의 특성은 다음과 같다.

- 미끄럼이 없어 속도비가 일정하고 베어링에 하중이 가해지지 않는다.
- 초기 장력을 줄 필요가 없으므로 정지 시에 장력이 작용하지 않는다.
- 체인은 길이를 신축할 수 있고 다축을 동시에 구동할 수 있다.
- 내열, 내유, 내습성이 강하다.
- 큰 동력을 전달할 수 있고 전동 효율도 95% 이상이다.
- 체인의 탄성으로 어느 정도의 충격하중을 흡수할 수 있다.
- 유지 및 수리가 용이하고 수명이 길다.
- 마모가 생길 경우 스프로킷 휠의 이와 롤러의 물림 상태가 이의 끝 쪽으로 이동하므로 전동기구는 변화가 없고 효율이 거의 저하하지 않는다.
- 마멸된 체인에서는 진동과 소음이 많이 나므로 고속 회전에는 부적당하고 회전각의 전달도 정확하지 못하다.

❑ 마찰차(friction wheel)

- 마찰전동

구름 접촉을 하는 원동차와 종동차의 접점에 발생하는 마찰력에 의하여 동력을 전달하는 방법을 마찰전동이라 하며 마찰전동에 사용되는 바퀴를 마찰차라 한다. 마찰차는 2개의 바퀴가 구름 접촉을 하면서 회전하므로 접촉점에서 두 바퀴의 회전 속도는 항상 같다. 그러나 실제에는 두 바퀴 사이의 마찰에 의하므로 미끄럼이 발생하며 기어와 같이 속도비를 일정하게 유지하거나 큰 동력을 전달에는 적당하지 못하다. 따라서 마찰자는 될 수 있는 대로 미끄러지는 것을 적게 하기 위하여 마찰계수가 큰 재료를 사용하거나 접촉압력을 크게 하지만 미끄러짐을 완전히 제거하지 못하므로 마찰차에 마멸이 발생하고 전동효율이 떨어지게 된다. 그러나 충격적인 하중에 대해서는 오히려 안전장치와 같은 역할을 하는 효과가 있고 운전이 정숙하며 속도비를 연속적으로 변화시킬 수 있는 장점이 있다.

- 마찰차의 응용범위와 종류

㉠ 전달해야 하는 힘이 크지 않고 속도비를 중요시하지 않는 경우

㉡ 회전속도가 커서 보통의 기어를 사용할 수 없을 경우

㉢ 양 축 사이를 자주 단속해야 할 필요가 있을 경우

㉣ 무단 변속을 할 경우

- 마찰차를 실용적인 면에서 구별하면 다음과 같은 종류가 있다.

㉠ 원통 마찰차(spur friction wheel)

㉡ 홈 마찰차(grooved friction wheel)

㉢ 원뿔 마찰차(bevel friction wheel)

㉣ 변속 마찰차(variable speed friction wheel)

❏ 캠(cam)

- 캠의 개요

캠은 원동축의 운동을 종동축의 왕복 직선운동이나 각운동으로 변환시키기 위하여 사용되는 기계요소로서 종동축의 복잡한 운동을 하나의 캠으로 용이하게 변환시킬 수 있기 때문에 각종 산업기계, 공작기계, 내연기관 등에 널리 사용된다.

- 캠의 종류

캠의 종류는 캠과 종동절의 접촉점이 그리는 궤적에 따라 평면캠(disk cam)과 입체캠(solid cam)으로 나눌 수 있다. 평면캠은 평판을 이용하는 캠으로서 평판의 단면을 활용하기도 하고 평면을 사용하기도 한다. 입체캠은 원통, 원추, 구 등의 표면이나 단면에 홈이나 돌기를 만들어 여러 가지 복잡한 운동으로 쉽게 변환시킬 수 있다.

[4] 완충 및 제동 기계요소

❏ 브레이크(brake)

- 브레이크의 뜻과 기능

브레이크는 기계 운동부의 에너지를 흡수하여 운동을 멈추게 하거나 운동속도를 조절하여 위험을 방지하는 역할을 하는 기계요소이다. 브레이크는 일반적으로 운동에너지를 고체 마찰에 의하여 열에너지로 바꾸는 마찰 브레이크가 가장 많이 사용되며 유체마찰이나 전자력을 이용할 때도 있다. 브레이크의 용량은 접촉면의 크기, 마찰열의 발산 능력 등에 따라 결정된다.

• 브레이크의 종류

- 브레이크
  - 기계브레이크
    - 원주브레이크
      - 외주브레이크
        - 블록브레이크
        - 밴드브레이크
      - 내주브레이크
    - 축방향브레이크
      - 원판브레이크
      - 원추브레이크
    - 자동하중브레이크
      - 웜브레이크
      - 나사브레이크
      - 캠브레이크
      - 코일브레이크
      - 체인브레이크
      - 원심력브레이크
    - 래칫브레이크
  - 전자브레이크

브레이크는 클러치와 구조가 유사하지만 기능은 반대이다. 클러치는 토크를 주어서 가속시키지만 브레이크는 토크를 억제해서 감속시킨다. 또한, 클러치는 축 방향 클러치가 주로 사용되지만 브레이크는 축 중심 방향 브레이크가 주로 사용된다.

[5] 관(PIPE)계 기계요소

❑ 관의 형식

- 관(pipe)
  - 재료에 따라
    - 금속관
      - 주철관
      - 강관
      - 동관
      - 동합금관
      - 연관
      - 알루미늄관
      - 주석관
      - 스테인레스관
    - 비금속관
      - 합성수지관
        - 염화비닐관
        - 폴리에틸렌관
      - 고무호스관
      - 목관
      - 유리관
      - 콘크리트관
        - 석면 시멘트관
        - 철근 콘크리트관
      - 도관
  - 구조에 따라
    - 직관
    - 이형관
      - 파형관
    - 특수구조관
      - 플렉시블관(flexible pipe)
      - 부르동관
      - 아가미달린관

제 2 장 직동시스템

❑ **관의 기능**

주로 물, 수증기, 가스, 기름 등이나 분체(粉體)의 수송에 사용된다. 또한, 땅속이나 옥내 배선을 할 때 전선 케이블의 보호용으로도 응용되고 있다. 관에 의해 구성되는 유체의 통로 등을 관로(管路)라 하며 유체의 유량, 물성값, 마찰저항 등을 고려해서 합리적으로 관로를 설치하는 것을 배관(配管)이라 한다. 관은 사용되는 재료에 따라 금속관과 비금속관이 있으며 구조에 따라서는 관의 중심선이 직선인 직관 중심선이 굽어지거나 분기된 이형관에 특수한 형상의 특수 구조관이 있다.

2.1 안내방식

2.1.1 안내방식의 종류

[1] 미끄럼 안내방식

- 그림과 같이 넓은 면적으로 하중을 받게 되므로 정적인 상태에서는 重하중에 잘 견디지만 마찰 계수가 0.15~0.3으로 크기 때문에 기계 효율이 떨어진다.
- 동마찰과 정마찰의 차이가 크기 때문에 스틱슬립 현상이 생기기 쉽고 위치 결정 정도나 추종성이 나빠지는 요인이 된다.
- 직선 운동부의 안내면이 서로 미끄럼 접촉을 하고 있으므로, 강제 급유가 필수적이다.
- 30m/min 이상의 고속이 되면 긁힘 현상을 동반한 불규칙한 운동이 일어난다.
- 이송속도에 따른 유막 두께의 변동이나 테이블의 역전 시 발생하는 유막 두께의 역류로 인한 변동은 운전 정밀도를 나쁘게 한다.

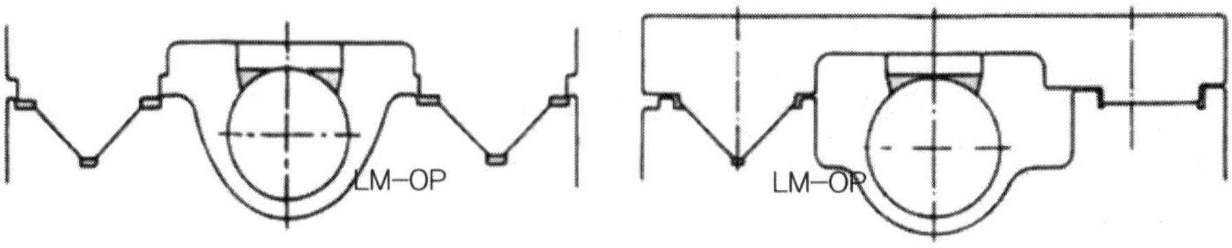

그림 2-1 미끄럼 안내 방식

[2] 리니어 부시에 의한 안내방식

- 원형의 열처리된 축에 볼이 점 접촉을 하고 있으므로 마찰계수가 작다.
- 볼이 점 접촉을 하고 있으므로 허용 하중이 작아서 경량의 반송부에 사용된다.
- 레이디얼 클리어런스의 허용치가 작아서 조립 정도가 엄격하게 요구된다.
- 반송 시 충격에 약하며 고속운동에 대한 추종성이 나쁘다.

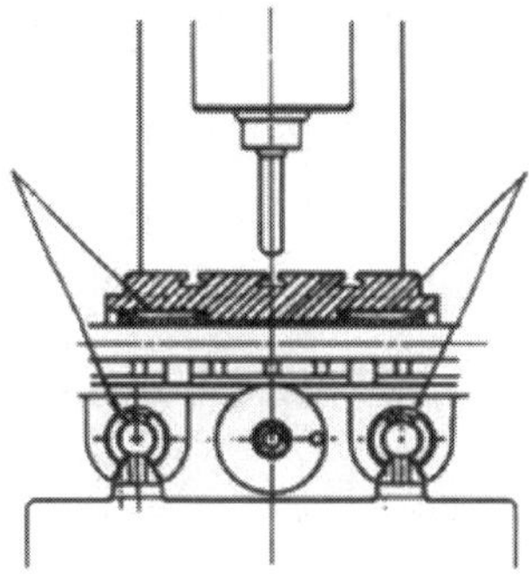

그림 2-2 리니어 부시에 의한 안내방식

[3] 캠플로워에 의한 안내방식

□ 조립 정도

- 레일 폭 W의 평행도 = 30 ㎛ (통상)
- 레일 두께 H의 평행도 = 30 ㎛ (통상)
- 캠플로워 외륜 t의 레이디얼 흔들림 = 20 ㎛ (보통급)
- 볼베어링 6204 t의 레이디얼 흔들림 = 20 ㎛ (보통급)
- 이상과 같이 횡방향의 최대 클리어런스는 20 ㎛ + 30 ㎛ + 20 ㎛ = 70 ㎛이며 틈새 조정을 하여 최대로 줄여도 60 ㎛의 틈새는 발생하며 상하 방향도 같은 클리어런스가 된다.

❑ **직선운동을 할 경우 양 끝단의 틈새가 크면 클수록 기동 정지 시 해머 작용이 커서 충격하중이 발생한다.**

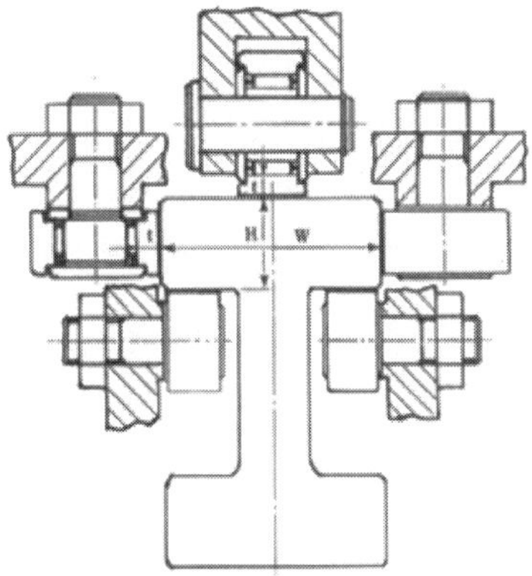

그림 2-3 캠플로워에 의한 인내빙식

[4] 크로스 롤러가이드의 안내방식

- 유한 스트로크 나입이나.
- 마찰 저항이 작아서 추종성이 좋은 기계를 만들 수 있다.
- 예압 조정 볼트에 의하여 미세한 진동이 생길 수 있다.
- 롤러 케이지의 어긋남으로 인해 스트로크의 불안정, 케이지 파손 등의 문제가 생길 수 있다. 0.02 mm의 경우, 2500 O.P.M으로 5시간 가동하면 약 1 mm의 어긋남이 발생함)

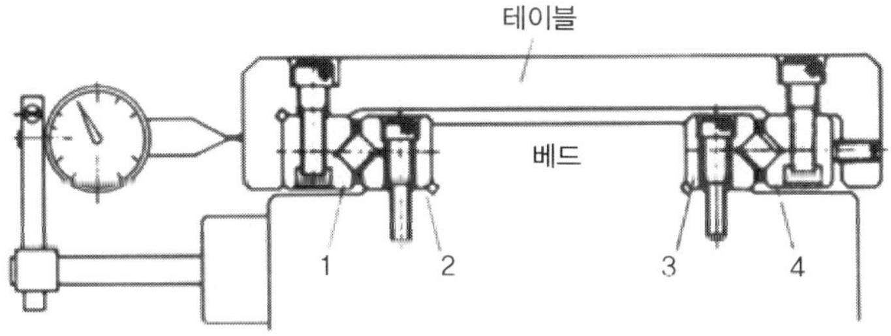

그림 2-4 크로스 롤러가이드의 안내방식

[5] LM가이드에 의한 안내방식

- 마찰계수가 0.002~0.005로서 미끄럼 안내 방식에 비하여 1/50밖에 되지 않으므로 기계 가동비가 절감된다.
- 볼의 전동홈은 앵귤러 콘택트 볼 베어링의 전동홈과 동일한 반경으로 가공되

어 있어 허용 하중이 크므로 적절한 예압을 줌으로써 고강성의 기계를 만들 수 있다.

• 정마찰과 동마찰의 차이가 작기 때문에 스틱슬립이 없고, 미동조정을 할 경우 제어 성능이 우수하며 로스트 모션이 거의 없다.

• LM가이드는 자동조정능력에 의하여 장착부의 오차를 흡수하므로 고정도의 기계를 만들 수 있다.

• 볼 접촉부는 서큘러아크홈의 채용으로 예압을 걸어도 차동미끄럼이 극히 작아 마모량이 거의 없으므로 장기간 고정도 유지가 가능하다.

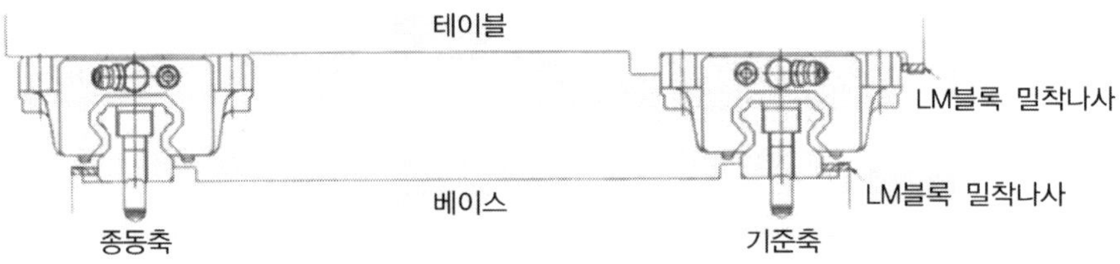

그림 2-5 LM가이드에 의한 안내방식

2.2 부품 선정

2.2.1 구성 부품

대표적인 LM가이드를 예로 설명한다. LM가이드는 레일, 블록, 볼, 엔드플레이트, 지시플레이트, 엔드씰, 사이드씰, 이너씰, 그리스 니플과 조립에 필요한 볼트 등으로 구성되어 있다.

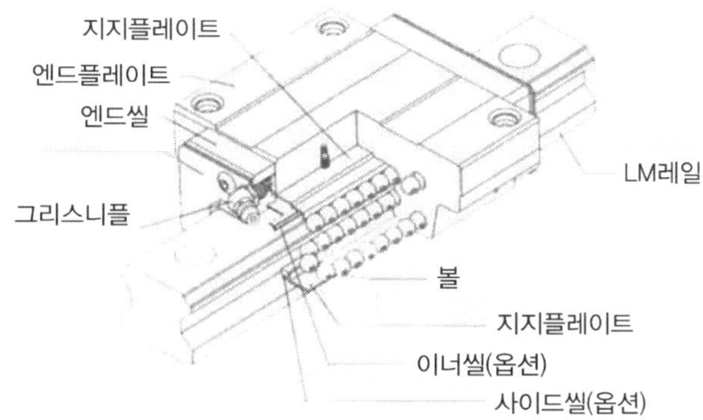

그림 2-6 LM가이드의 구조와 명칭

2.2.2 부품 특징

[1] 볼의 순환 구조

볼은 레일과 블록 사이에서 구름운동을 하고 있으며 블록 끝단에 있는 엔드플레이트에 의해 순환되어, 블록 내부의 볼 순환 구멍을 통하여 반대편 엔드플레이트로 이동하고, 다시 레일과 블록 사이로 볼이 보내어진다. 이와 같이 볼은 순환운동을 무한히 반복할 수 있으며, 레일을 연결할 경우 블록은 동일한 방향으로 직선운동을 계속할 수 있다.

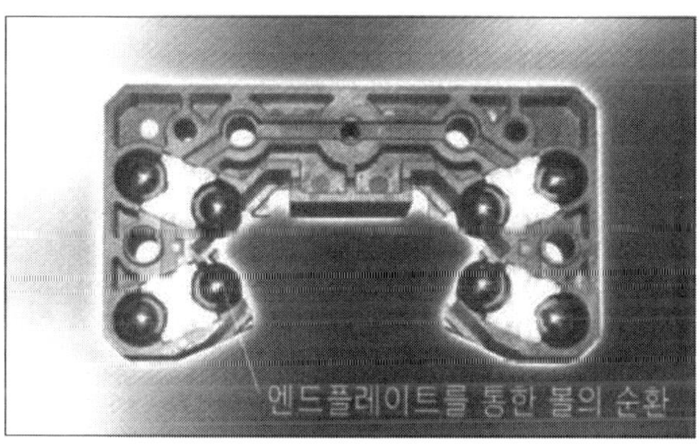

그림 2-7 볼의 순환 구소

[2] 전동홈의 효과

1개의 볼로 받을 수 있는 하중은 볼경이 크면 클수록 커지지만 전동홈 반경의 크기에 따라서도 변한다. 전동홈 반경이 볼경에 근접하여 접촉 면적이 커지면 허용 하중도 커진다. 역으로 전동홈 반경이 볼 반경보다 커지게 되면 볼의 허용 하중은 작아진다.

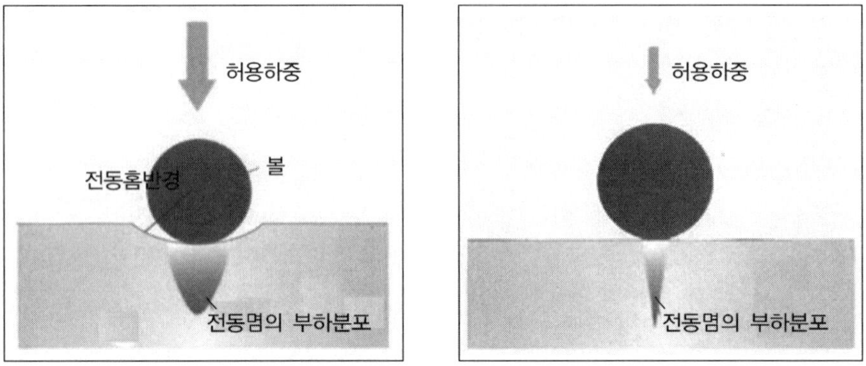

전동홈이 있는 경우
⇒ 접촉면이 커서 허용하중이 크다

전동홈이 없는 경우
⇒ 접촉면이 작아 허용하중이 작다

그림 2-8 전동홈의 유·무에 따른 효과

[3] 전동홈의 두 가지 형상

전동홈의 두 가지 형상에는 서큘러아크홈과 고딕아치홈이 있다. 서큘러아크홈의 단면은 1개의 원호 형상으로 되어 있다. 이 전동홈을 가진 레일과 블록에서 볼에 힘이 가해지면 볼의 접촉점은 두 개가 되기 때문에 2점 접촉 구조라고 한다. 고딕아치홈의 단면 형상은 2개의 원호로 구성되어 있기 때문에 접촉점이 4개인 4점 접촉 구조로 된다.

THK의 LM가이드는 독자적인 서큘러아크홈의 구조를 가지고 있어 경쾌하게 움직이며 취부면에 다소의 오차가 생기더라도 취부면의 오차를 흡수하기 때문에 저비용으로 고정도의 시스템을 구성하는 것이 가능하다. 그리고 강성에 영향을 미치는 요인의 하나인 예압을 부여할 경우 구름 저항의 급격한 증가 없이 고강성의 구현이 가능하며 고딕아치홈의 곡률 반경인 55%와 비교하면, 정격하중이 커지게 된다. 이러한 차이는 LM가이드의 수명에도 영향을 미치기 때문에 고딕 아치홈의 경우 정격 수명비의 3승에 비례하여 수명이 감소하게 된다.

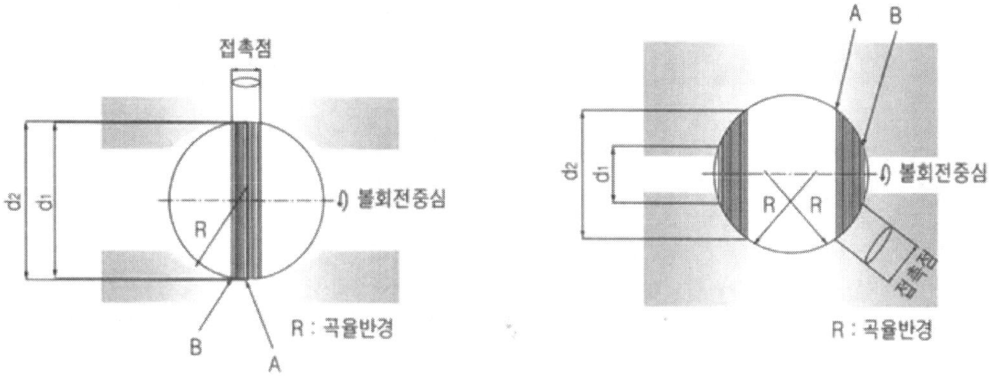

[2점 접촉 구조] [4점 접촉 구조]

그림 2-9 전동홈의 형상

[4] 서큘러아크홈과 고딕아치홈의 적용

LM가이드가 상하·좌우 방향으로 하중을 받는 경우, 서큘러아크홈의 경우는 2점 접촉이 되기 때문에 레일의 전동홈은 4열이 필요하다. 고딕아치홈의 경우는 4점 접촉이 되기 때문에 2열로서 구성하는 것이 가능하다. 일반적으로 LM가이드에는 서큘러아크홈 구조가 채택되며 미니츄어 타입의 경우, 제품의 치수를 고려하여 고딕아치홈이 채택된다.

4열 서큘러아크홈 2열 서큘러아크홈

그림 2-10 서큘러아크홈과 고딕아치홈의 적용 구조

[5] 전동홈 형상의 의미

LM가이드의 전동홈 형상에 THK의 서큘러아크홈 방식이 적용되는 이유 중의 하나는 고딕아치홈에 비해 차동미끄럼이 작다는 것이다. 차동미끄럼에 대한 설명에 들어가기 전에 우선, 볼의 회전에 대해서 생각해 보자. 회전하는 볼의 표면 속도는 위치에 따라 다르다. 이것은 위치에 따라 볼의 회전 중심에서 거리가 달라지기 때문에 볼의 1회전당 이동거리에 차이가 생긴다.

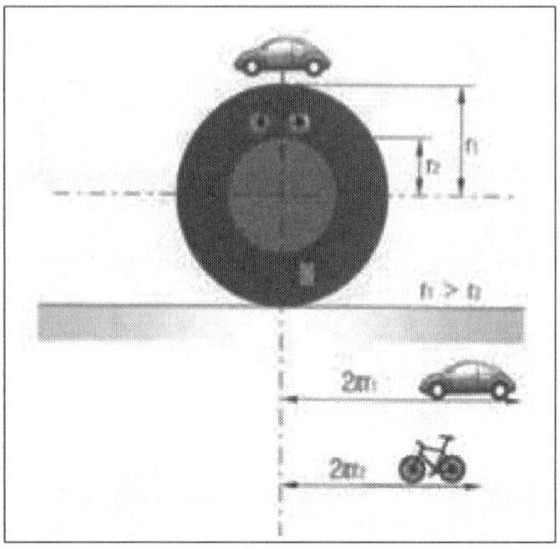

그림 2-11 전동홈의 형상 의미

[6] 차동미끄럼량과 전동면의 형상

볼은 전동홈과 접촉면적을 가지고 접촉하기 때문에 볼의 접촉면적 범위 내에서도 각 위치의 이동거리에는 차이가 생긴다. 그러나 실제 구름 운동시 레일의 관점에서 보면 각각의 접촉점의 이동거리는 같아지는데, 이와 같이 볼 접촉면의 다른 접촉점들의 이동거리와 실제 이동거리가 같아지기 위해서는 미끄럼이 발생하게 된다. 이러한 차이를 차동미끄럼이라고 한다. THK의 서큘러아크홈과 타사의 고딕아치홈을 비교해보면, 서큘러아크홈 구조의 차동미끄럼량이 더 작음을 알 수 있다. 볼은 하중을 받으면서 변형하며, 이 때문에 접촉 면적이 더욱 커져 차동미끄럼의 차이도 증가하게 된다.

차동미끄럼이 발생하면 볼의 마모가 빨라지고, 볼의 마모에 따라 볼경도 작아지기 때문에 예압의 효과가 사라지게 되어 정도 및 강성의 저하가 나타나게 된다.

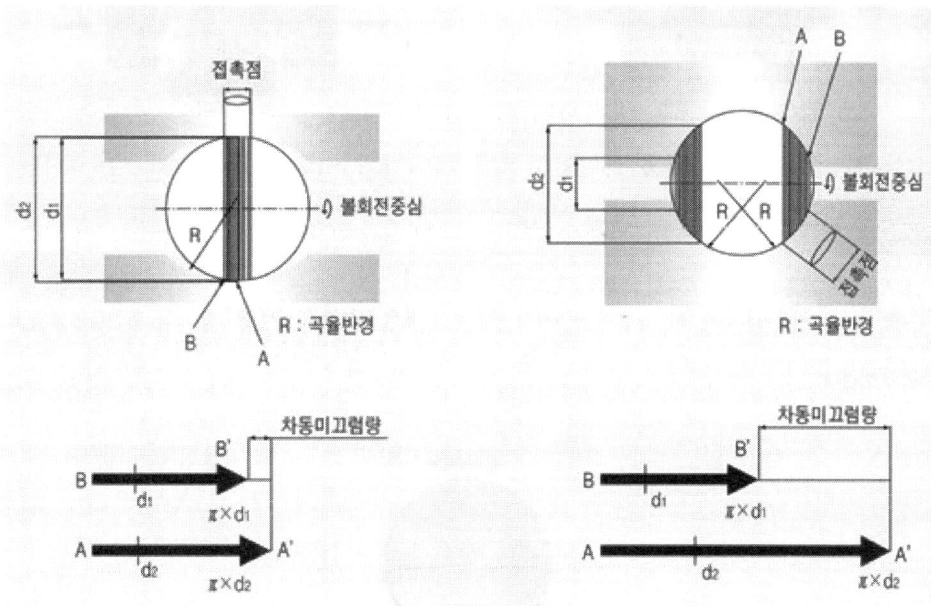

서큘러아크홈: 차동미끄럼이 작다. 고딕아치홈: 차동미끄럼이 크다.

그림 2-12 차동미끄럼량과 전동면

[7] 고딕아치홈 구조는 오차 흡수가 어려움

고딕아치홈의 4점 접촉 구조에서는 블록이 기울어진 상태에서 장착되면, 볼의 접촉 방향으로 큰 하중이 발생하게 된다. 그 결과 차동 미끄럼을 발생시키고 움직임이 무거워지게 되므로 이와 같은 장착은 피하는 게 좋다.

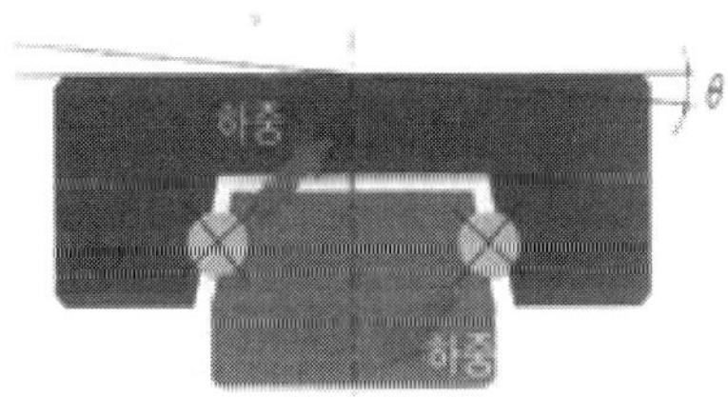

그림 2-13 고딕아치홈

경사 때문에 큰 하중이 발생하며 따라서 블록의 움식임은 무거워진다.

[8] 서큘러아크홈 DF접촉구조(정면조합)

서큘러아크홈의 2점 접촉 구조인 DF(정면조합)구조는 블록이 기울어진 상태에서 장착하는 경우 DB구조에 비해 볼이 작용하는 하중이 작기 때문에 기울어진 오차를 무리 없이 흡수하여 경쾌한 움직임이 가능하게 된다. THK에서 채택하고 있는 DF구조는 장착면의 오차를 흡수하는 구조로 되어 있어 장착면에 오차가 발생하더라도 조립 후 장착된 테이블의 이송 오차는 장착면 오차에 대하여 최대 1/6로 줄어들게 되므로 장착면의 가공비용을 절감할 수 있다.

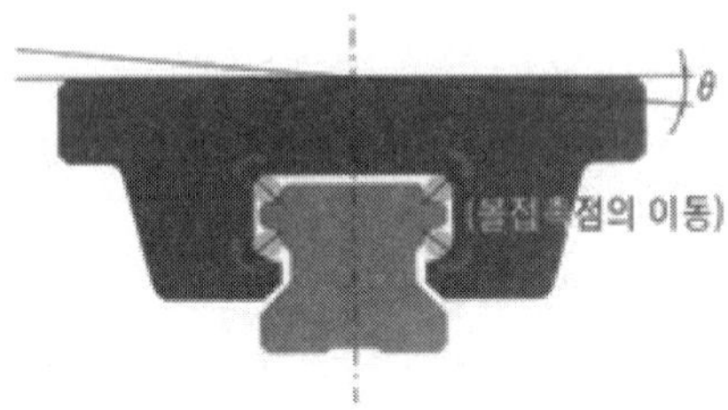

그림 2-14 정면조합(DB구조)

하중 발생이 작아 블록은 부드럽게 움직인다.

[9] 부하하중의 방향과 정격하중

LM가이드는 취부 자세나 배치, 이동물의 무게중심 위치, 추력위치, 가속도, 절삭저항 등에 의해 발생하는 모든 방향의 하중이나 모멘트를 받을 수가 있다.

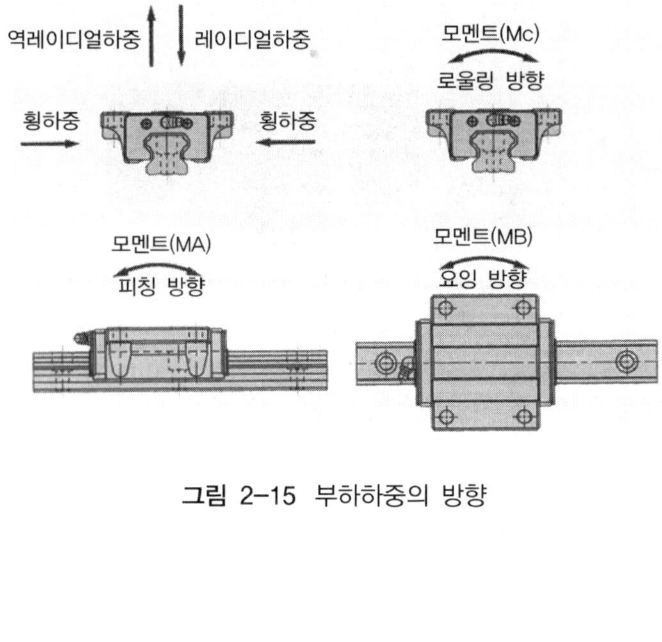

그림 2-15 부하하중의 방향

[10] LM가이드 각방향의 정격하중

LM가이드는 주로 레이디얼, 역레이디얼, 횡방향 하중 모두 동일 정격하중을 가지는 4방향등하중 타입과 레이디얼 방향으로 큰 정격하중을 가지는 레이디얼형으로 대별된다. 레이디얼형의 LM가이드는 레이디얼 방향의 정격하중과 역레이디얼 방향, 횡방향의 정격하중이 다르므로 이와 같은 하중이 작용하는 경우는 치수표 중의 기본 정격하중에 계수를 곱해야 한다. 그리고 그 계수는 각항에 기재하고 있다.

4방향등하중형

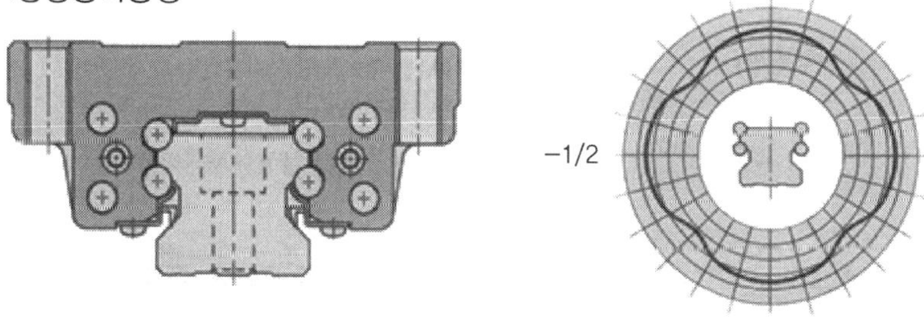

레이디얼형

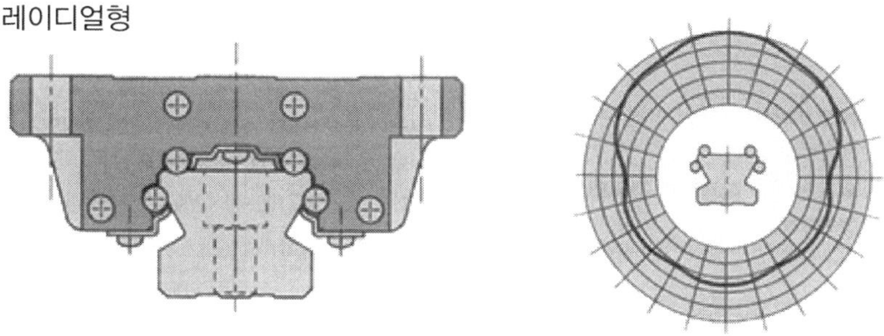

그림 2-16 각방향의 정격하중

2.3 직동 안내장치의 특성

2.3.1 LM레일의 특성

직동 안내장치인 LM가이드에는 다음과 같은 특징이 있다.

1. 클리어런스 없이 가볍게 움직인다.
2. 주행 정도를 내기 쉽다.
3. 위치 결정정도가 높다.
4. 모든 방향으로 강성이 높다.
5. 허용 하중이 크다.
6. 장기간 고정도의 유지가 가능하다.
7. 고속성이 우수하다.

그 결과

- 토탈 코스트가 싸다.
- 기계의 고정도화
- 생산성이 높은 기계가 가능
- 큰 省에너지 효과
- 기계설계의 효율화
- 메인터넌스가 간단

2.3.2 LM블록의 특성

[1] 부하하중의 방향과 정격하중

❑ 기준측 LM가이드의 표시

동일 평면상에 조립되는 LM레일은 모두 동일 제조 번호가 마킹되어 있다. 그중 제조번호 말미에 「KB」라고 마킹되어 있는 LM레일이 기준 측이 되고 LM블록에는 규정에 따른 정도로 연삭 된 기준면이 가공되어 있으므로 테이블의 위치결정

측으로 사용한다. 단 보통급의 정도에 한하여「KB」의 표시는 없으므로 동일 번호이면 어떠한 레일이라도 기준측으로 사용 가능하다.

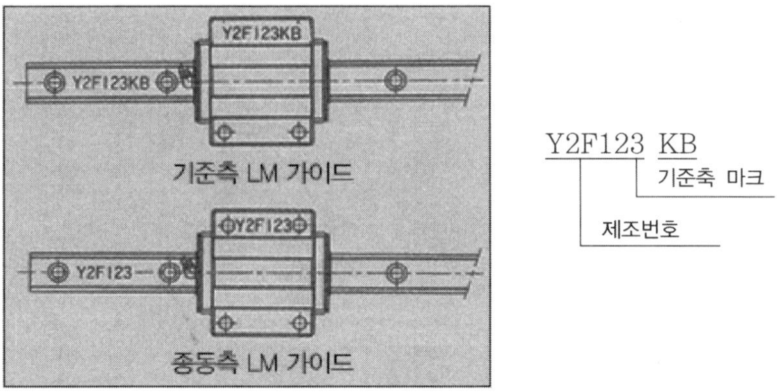

그림 2-17 기준측과 종동측 LM 가이드

❑ 기준 측면의 표시

기준면의 표시는 그림과 같이 LM블록은 THK마크 반대측, LM레일은 인발 선마크측이 기준면이 된다. 사용상 특별히 LM레일과 LM블록의 기준면의 위치 관계를 반대로 하고 싶은 경우나 그리스 니플의 방향을 반대측으로 할 필요가 있는 경우는 지정하여 주기 바랍니다.

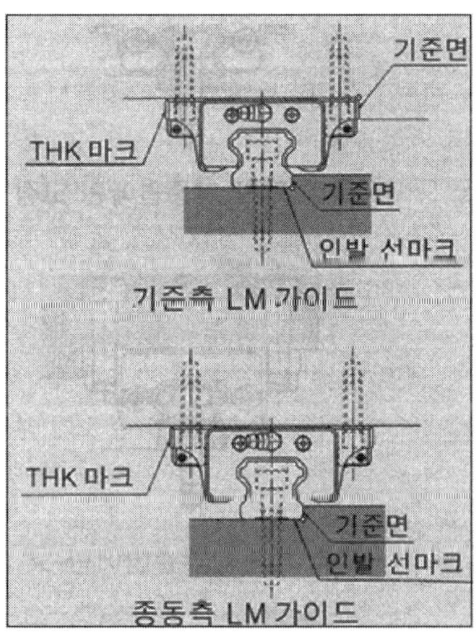

그림 2-18 기준면의 표시

❑ LM레일과 LM블록의 표시

LM블록에 표시되어 있는 제조번호는 동일번호로서 조합되어 있다. LM레일에서 LM블록을 분리시킬 필요가 있는 경우에는 필히 동일번호가 동일방향으로 되도록 확인한 후 재조합하여 주십시오.

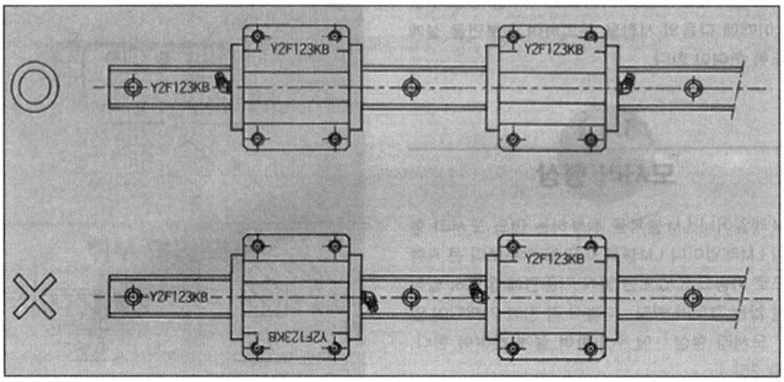

그림 2-19 LM레일과 LM블록의 표시

❑ 연결 사용

LM레일이 장축인 경우에는 연결방식으로 제조하는데 이 경우 LM레일의 연결은 그림에 표시한 바와 같이 연결 마크에 맞추어 조립하여야 한다. 또 2축 병렬 사용으로 LM레일을 연결하여 맞추는 경우에는 병렬로 조합되는 2 set는 선대칭(모양이 다름)으로 조합이 되도록 제작한다.

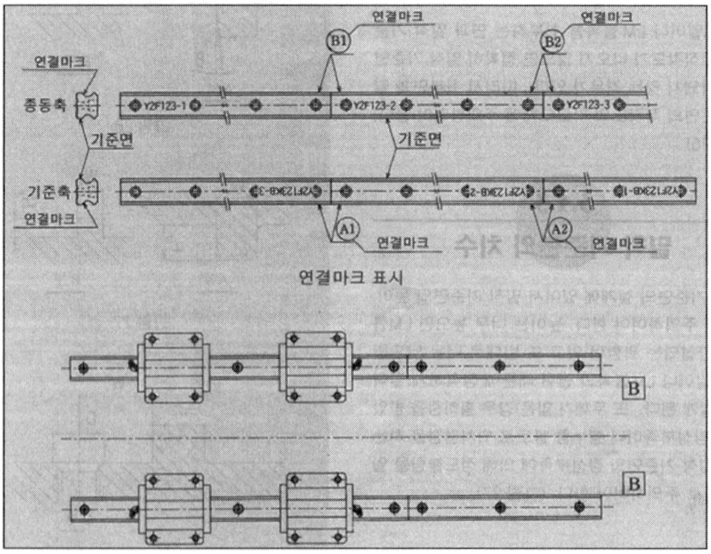

그림 2-20 연결 사용 방법

2.3.3 앤드씰의 특성

❑ 방진

LM가이드에 먼저 이물질이 혼입 하면 이상 마모나 조기 수명의 원인이 되기 때문에 유해한 이물질의 혼입을 방지할 필요가 있다. 따라서 이물질의 혼입이 예상되어지는 경우에는 분위기 소선에 맞게 효과적인 밀봉장치나 방진장치를 선정하는 것이 중요하다.

LM가이드에는 방진씰로서 내마모 성능이 높은 특수 합성고무제의 엔드씰이 모든 형번에 준비되어 있다.

또 보다 방진 효과를 높게 하기 위하여 엔드씰 이외에 사이드씰도 형번에 따라 제작하고 있다.

또 분위기가 열악한 장소에는 전용 자바라나 전용 LM커버가 준비되어 있다. 상세한 것은 각 형번의 항을 참조한다.

특히 절삭칩이나 수분 등이 부착되는 분위기에서 볼나사의 방진도 동시에 하고자 하는 경우에는 전체를 커버하는 텔레스코픽 커버나 대형 자바라를 권장한다. 또 LM레일의 취부 구멍에 절삭칩이나 먼지 등이 들어가지 않도록 하기 위한 전용 캡도 준비되어 있으므로 이용한다.

취부를 할 때에는 가능한 한 LM레일에서 LM블록을 분리하지 않고 취부 한다.

[1] LM레일 취부구멍 전용캡 C형

LM가이드의 LM레일 취부 구멍에 절삭칩이나 이물질이 쌓이면 LM블록 내부로 침입할 가능성이 있으므로 이와 같은 경우에는 LM레일 취부 구멍을 전용 캡으로 막아 LM레일 상면과 동일면으로 하여 이물질의 혼입을 막을 수가 있다.

LM레일 취부구멍 전용캡 C형은 내유성 및 내마모성이 우수한 특수합성수지를 사용하고 있으므로 충분한 내구성을 가지고 있다. 전용캡은 육각구멍붙이 볼트 M3 ~ M22에 대해서 표준 재고로 하고 있으므로 주문할 때에는 치수표의 호칭번호로서 지정한다.

취부 구멍에 전용캡의 삽입방법은 평면 치구를 준비하여 LM레일 상면과 동일면이 될 때까지 조금씩 삽입한다.

[2] 방진 관련 부품

사이드씰

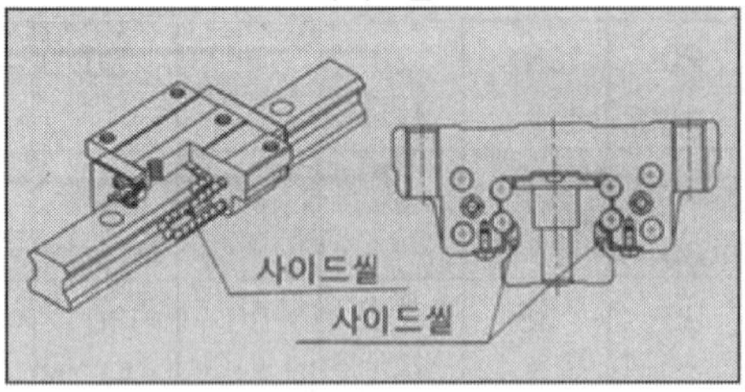

취부자세가 수직 수평, 역사용 등 블록 측면이나
밑면으로 들어가기 쉬운 곳에 사용

엔드씰

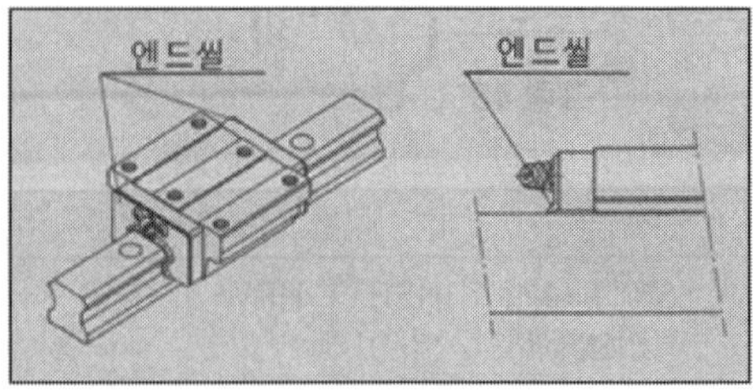

분진이 있는 곳에 사용

스크레퍼

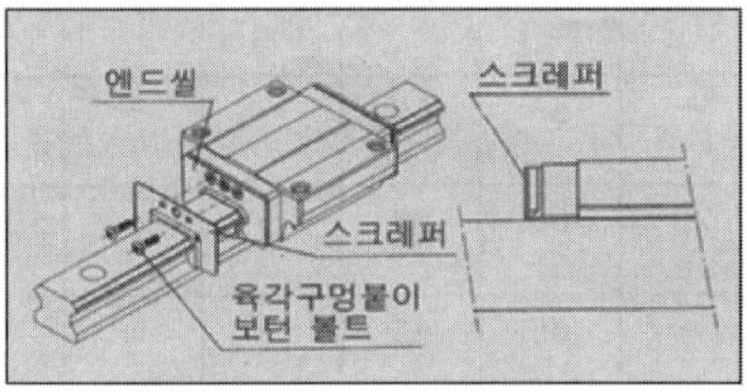

용접 스패터 등이 레일에
붙을 가능성이 있는 곳에 사용

더블씰

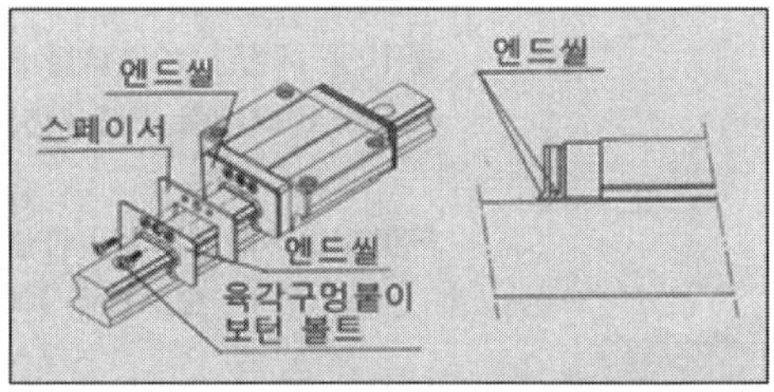

특히 분진이나 절삭칩 등이 많고 자바라나 커버가
사용 불가능한 곳에 사용

그림 2-21 방진 관련 부품들(1)

인너씰

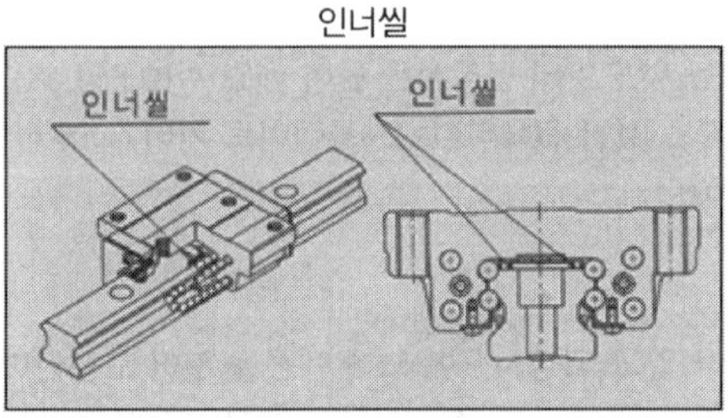

분진이나 절삭칩 등이 대단히 많은 곳에 사용

전용 자바라

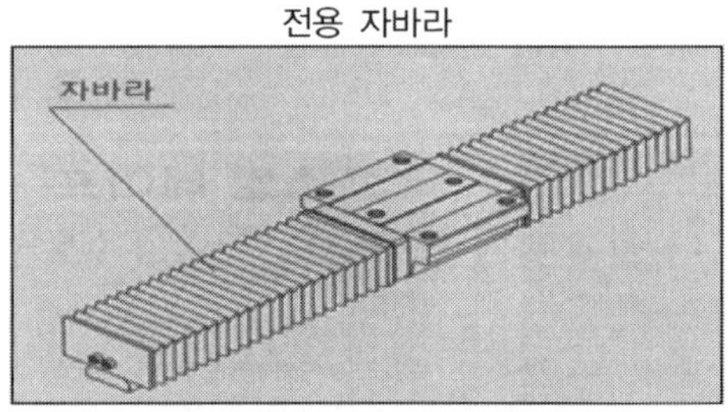

분진이나 절삭칩 등이 많은 곳에 사용

전용 LM 커버

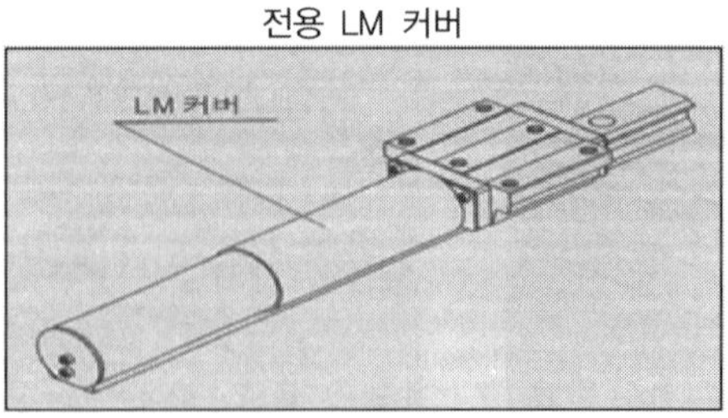

분진이나 절삭칩 등이 많은 곳에 사용 스패터 등
고온의 이물질이 비산하는 곳에서의 사용

적층형 스크레퍼 LaCS

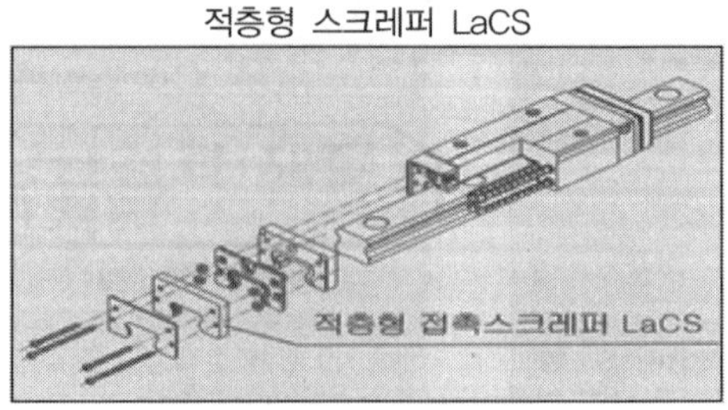

미세 분진이나 액체 등의 이물질이 존재하는
가혹한 환경에서 사용

그림 2-22 방진관련 부품(2)

[3] 방진용 부품기호

방진용 부품이 필요한 경우에는 아래에 있는 기호로서 지정해 준다. 또 형번에 따라서 적용 가능한 것과 불가능한 것이 있으므로 아래 표를 참조한다. 또한 적용 가능한 것에 대해서는 그 종류에 따라서 블록의 길이가 변화함으로 그 증가분을 치수표 중의 L치수에 더하여야 한다.

[표 2-1 방진용 부품기호]

방진 부품	기 호
엔드씰 부착(양측)	UU
엔드씰 + 사이드씰 부착	SS
엔드씰 + 사이드씰 + 스크레퍼 부착	ZZ
더블씰 + 사이드씰 부착	DD
너블씰 + 사이드씰 + 스크레퍼 부착	KK

[표 2-2 SSR실 적용 블록전장 증가분]

단위 : mm

호칭번호	씰없음		UU		SS		DD		ZZ		KK	
SSR 15X	○	−3.4	○	—	○	—	○	7.0	○	4.6	○	10.4
SSR 20X	○	−4.5	○	—	○	—	○	6.9	○	5.7	○	12.6
SSR 25X	○	−5.0	○	—	○	—	○	7.4	○	5.7	○	13.1
SSR 30X	○	−4.9	○	—	○	—	○	8.1	○	5.7	○	13.8
SSR 35X	○	−5.8	○	—	○	—	○	9.0	○	6.8	○	15.8

2.4 LM 가이드의 취부

2.4.1 LM레일의 취부

[1] LM가이드의 상대 기계 취부면의 흔적, 찍힘 자국 및 먼지 등을 조립 전에 필히 제거한다.

주의 LM가이드에는 방청유가 도포되어 있으므로 조립 전에 기준면을 세정유로 닦아 내고 사용 바랍니다. 방청유가 제거된 기준면은 녹이 발생하기 쉬우므로 점도가 낮은 스핀들유 등을 도포하는 것이 바람직하다.

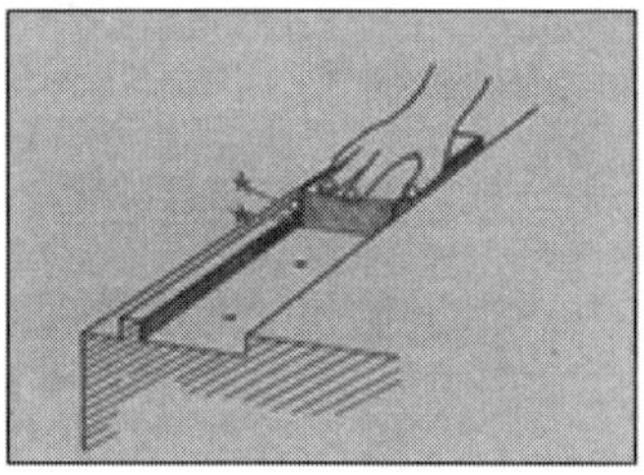

그림 2-23 취부면 체크

[2] LM레일을 베이스 위에 조용히 올려놓고 LM레일이 취부면에 가볍게 밀착되는 정도로 볼트로 가체결 한다.(베이스의 횡기준면에는 LM레일의 인발선 마크 측이 밀착되도록 한다.)

주의 LM가이드를 고정하는 취부볼트는 깨끗한 것을 사용하여야 한다. 또 LM레일의 취부 구멍에 볼트를 삽입하였을 때 나사 구멍의 어긋남이 없는가를 확인한다. 구멍이 어긋나 있는 상태에서 무리하게 볼트를 체결하게 되면 정도 저하의 원인이 되는 경우가 있다.

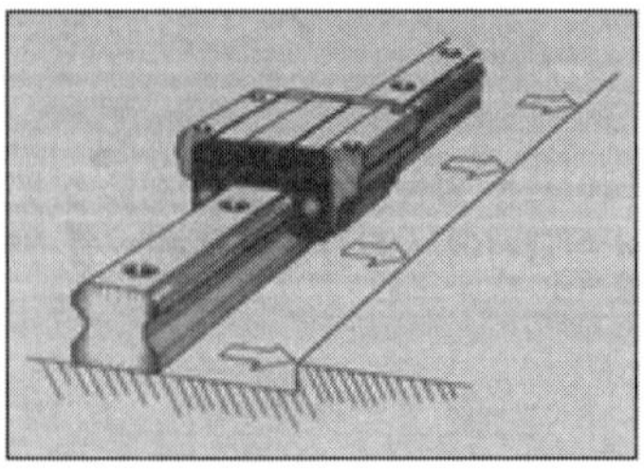

기준면 밀착

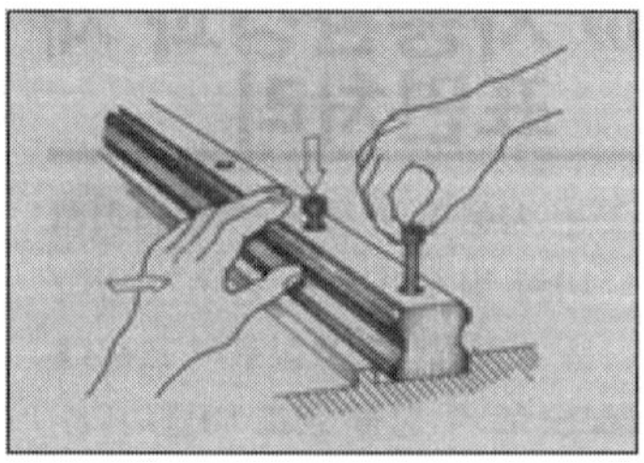

볼트의 여유 확인

[3] LM레일 밀착나사를 횡취부면에 밀착되는 정도의 체결력으로서 순서에 맞게 체결한다.

그림 2-25 밀착 나사의 체결

[4] 취부볼트를 토오크 렌치를 사용하여 규정 토오크로서 체결한다. (메이커의 권장 토오크표 참소)

주의 LM레일 취부볼트의 취부 순서는 중앙위치에서 축단으로 향해서 순서에 맞게 체결하여 가면 안정된 정도가 얻어진다.

[5] 나머지 LM레일도 같은 방법으로 취부 하여 LM레일의 취부를 완료한다.

[6] LM레일 상면의 볼트 구멍에 캡을 동일면이 되도록 끼워 넣는다.

그림 2-26 취부볼트의 본체결

2.4.2 LM블록의 취부

[1] LM블록 위에 테이블을 조용히 올려놓고 취부볼트를 가체결한다.

[2] 기준측 LM블록을 밀착나사로서 테이블 횡 기준면에 밀착하고 테이블의 위치를 맞춘다.

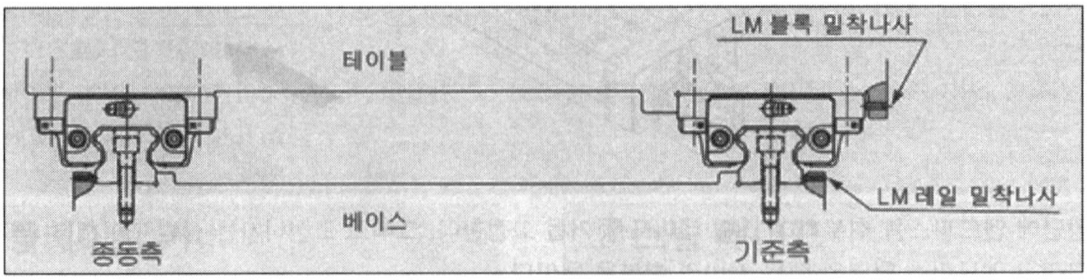

그림 2-27 기계에 진동 충격이 작용하는 경우

[4] 기준측, 종동측의 취부볼트를 본체결하여 취부를 완료한다.
주의 취부볼트의 체결은 그림 2-28에 나타낸 바와 같이 대각선상으로 순차적으로 체결하면 테이블의 고정이 균등화 될 수 있다.
이 방법은 LM레일의 진직도 내기에 시간이 걸리지 않고 더구나 고정용 노크핀 가공을 하지 않고 완료되기 때문에 조립 공수가 크게 단축된다.

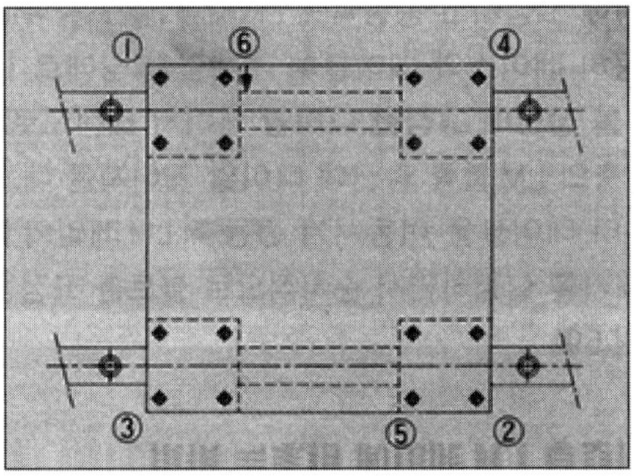

그림 2-28 LM 블록 체결순서

2.4.3 기준측 LM레일에 밀착나사가 없는 경우의 취부 예

[1] 기준측 LM레일의 취부

취부볼트를 가체결한 후 취부볼트의 위치를 소형바이스 등으로 횡 기준면에 확실하게 밀착되게 하여 취부볼트를 본체결한다. 이것을 취부볼트의 피치마다 순서에 맞게 반복 실시한다.

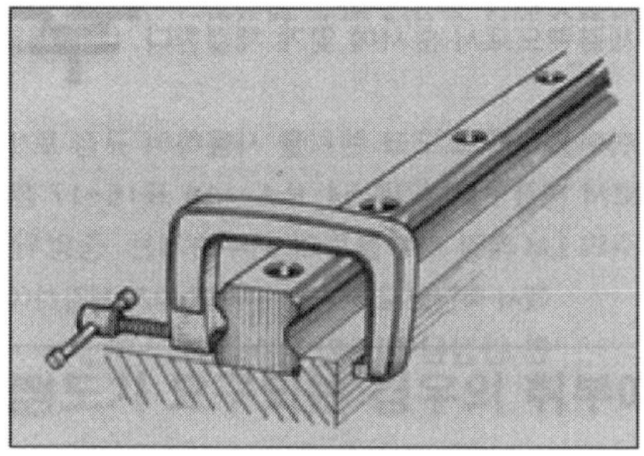

그림 2-29 기준측 LM레일의 취부

[2] 종동측 LM레일의 취부

취부 된 기준측 LM레일에 대하여 종동측 LM레일을 평행으로 취부 하는 경우에는 하기의 방법을 권장한다.

① 스트레이트에지에 의한 방법

2축간에 나란히 설치한 스트레이트에지를 다이얼게이지로서 기준측 LM레일의 횡 기준면에 대해 평행으로 세팅한 후 스트레이트에지를 기준으로 다이얼게이지로 종동측의 진직도 내기를 축단부터 실행하면서 순차적으로 취부 볼트를 고정한다.

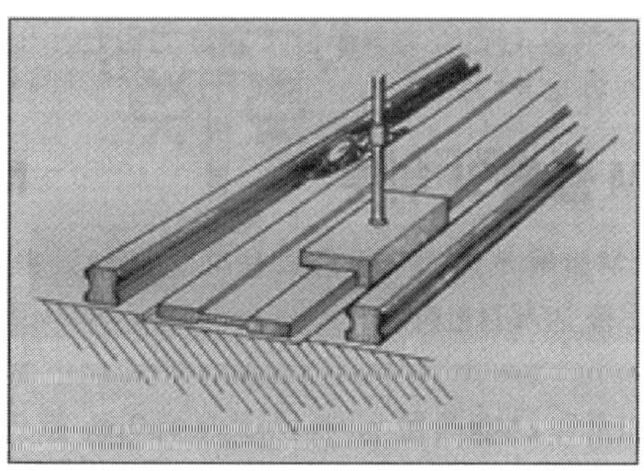

그림 2-30 스트레이트에지에 의한 방법

② 테이블의 주행이 의한 방법

기순축의 LM블록 2개를 테이블(또는 측정용 가테이블)에 고정하고 종동축의 LM레일과 LM블록(1개)은 공히 베이스와 테이블에 가체결한 상태로 한다. 테이블 상면에 고정한 다이얼게이지 스탠드로부터 종동축의 LM블록 측면에 다이얼게이지를 대고 축단부터 테이블을 이동시켜 종동축 LM레일의 평행도 내기를 실행하면서 순차적으로 볼트를 고정한다.

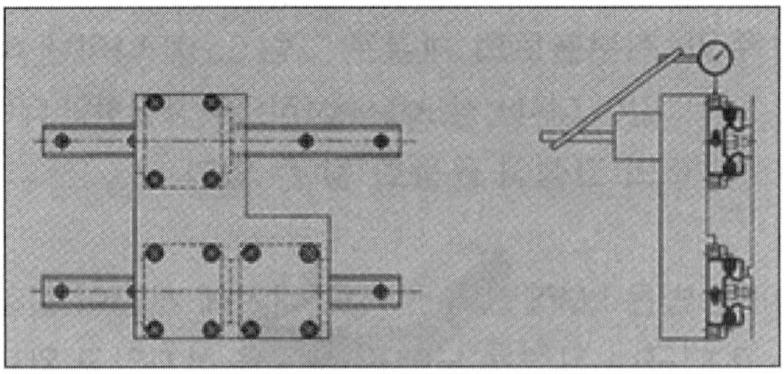

그림 2-31 테이블의 주행이 의한 방법

③ 기준축 LM레일에 맞추는 방법

정확하게 취부 된 기준축 LM레일과 가체결한 종동축 LM레일의 LM블록 위에 테이블을 올리고 기준축의 2개의 LM블록과 종동축의 2개의 LM 중에 1개의 볼트로서 본체결한다. 나머지 종동축의 LM블록은 가체결 하면서 종동축 LM레일의 취부볼트를 순차적으로 본체결 한다.

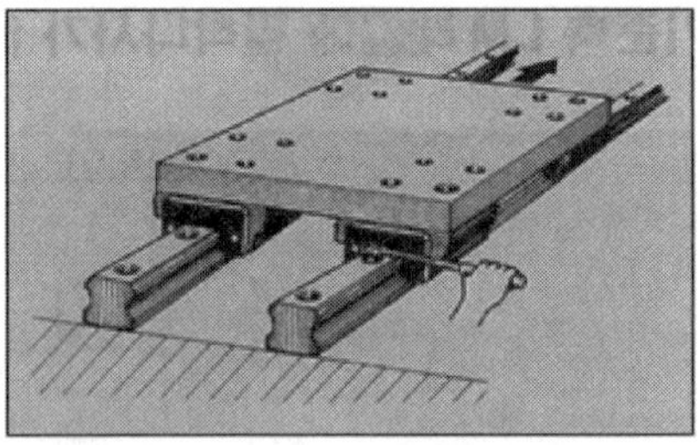

그림 2-32 기준축 LM레일에 맞추는 방법

[3] 치구에 의한 방법

그림과 같이 치구를 사용하여 한쪽 단부터 취부 피치마다 순차로 기준축의 측면 기준면에 대한 종동축의 기준면의 평행도 내기를 하면서 취부 볼트를 본 체결 한다.

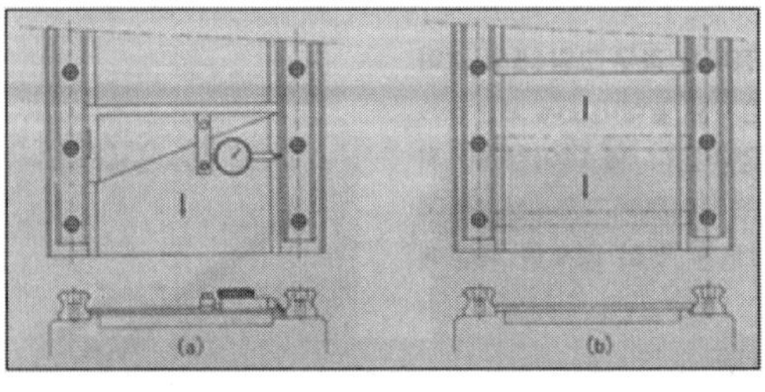

그림 2-33 치구에 의한 방법

[4] 기준축 LM레일에 횡밀착면이 없는 경우의 취부 예

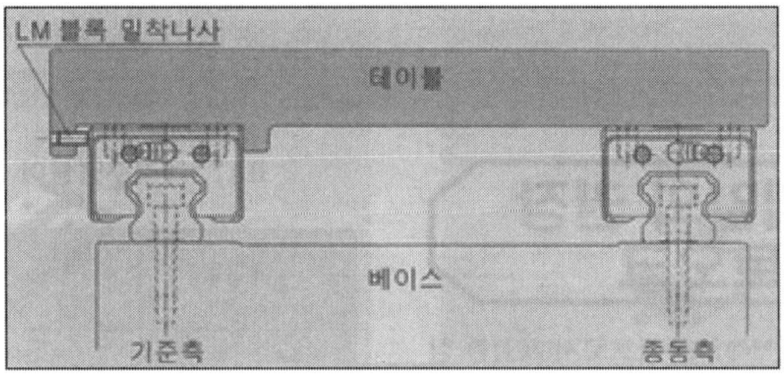

그림 2-34 기준축 LM레일에 횡밀착면이 없는 경우의 취부방법

[5] 기준축 LM레일의 취부

① 가기준면을 사용하는 방법

베이스의 LM레일 취부부 있는 가기준면을 사용하여 축단부터 LM레일의 진직도 내기를 하는 방법이 있지만 이 경우 그림과 같이 LM레일은 2개를 밀착하여 측정용 플레이트에 고정하여 실행할 필요가 있다.

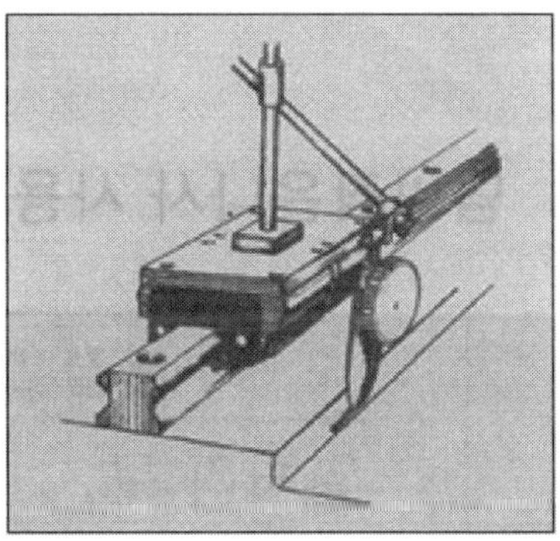

그림 2-35 가기준면을 사용하는 방법

② 스트레이트에지에 의한 방법

취부 볼트를 가체결한 후 그림과 같이 스트레이트에지를 기준으로 다이얼게이지로서 축단부터 LM레일의 측면기준면이 진직도 내기를 하면서 취부볼트를 본체결 한다.

종동축 LM레일의 취부는 앞서 기술한 "스트레이트에지에 의한 방법"과 동일하게 실시한다.

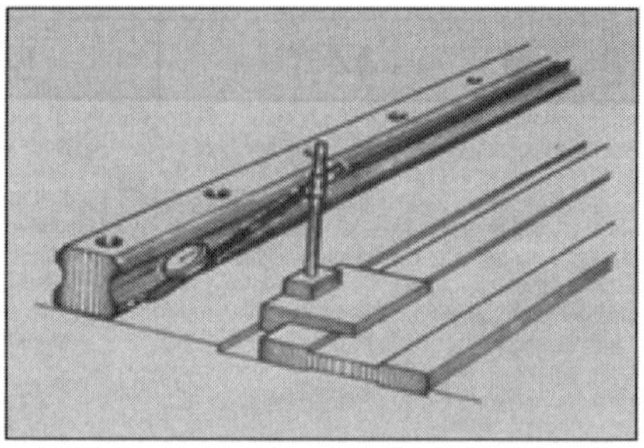

그림 2-36 스트레이트에지에 의한 방법

[6] 취부 후 정도 측정 방법

LM블록의 주행 정도를 측정하는 경우 그림과 같이 LM블록을 2개 사용하여 검사용 플레이트에 고정하여 실시하면 안정된 정도가 얻어진다. 또 다이얼게이지를 사용하는 경우에는 스트레이트에지를 LM블록에 가능하면 가깝게 위치시키는 것이 정확한 측정에 유리하다.

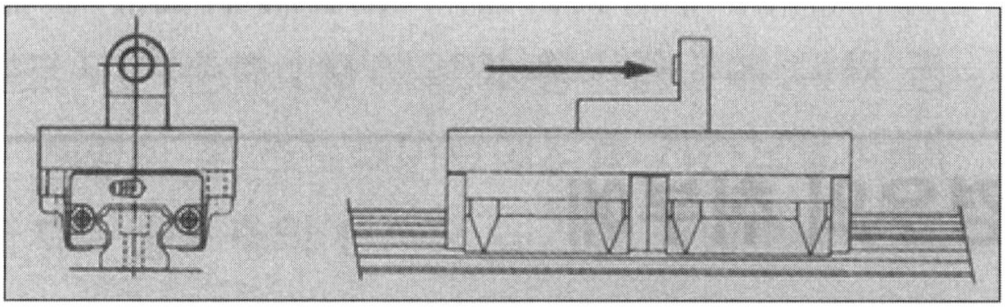

그림 2-37 오토콜리메터를 사용한 방법

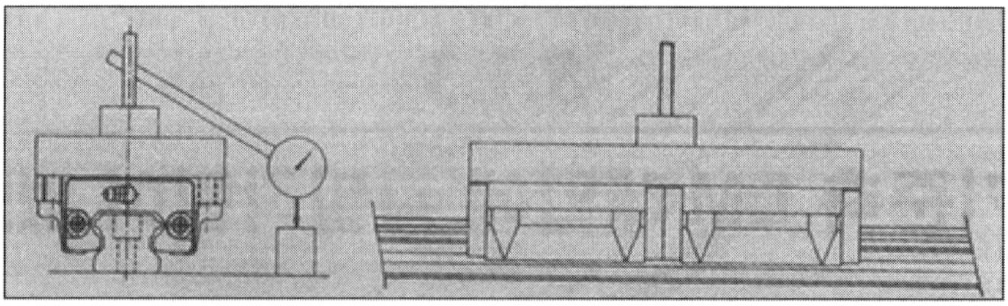

그림 2-38 다이알게이지를 사용한 방법

2.5 LM 가이드의 길이

2.5.1 LM레일 표준길이에 대한 개념

[1] LM레일 표준길이와 최대길이

SSR형의 LM레일 표준길이와 최대길이를 아래 표에 나타낸다. 최대길이가 초과하는 경우에는 연결방식으로 제작한다. 특수길이를 지정하는 경우의 G 치수는 표 중의 치수를 권장한다. G 치수가 길게 되면 축단부분이 불안정한 경향이 발생되어 정밀도에 악영향을 미칠 수 있다.

또 연결 사양으로 사용할 때에는 연결부에 단차가 없도록 제작하고 있으므로 필히 총전장을 지정하여 주문하여야 합니다.

[표 2-3 SSR형의 LM레일 표준길이와 최대길이]

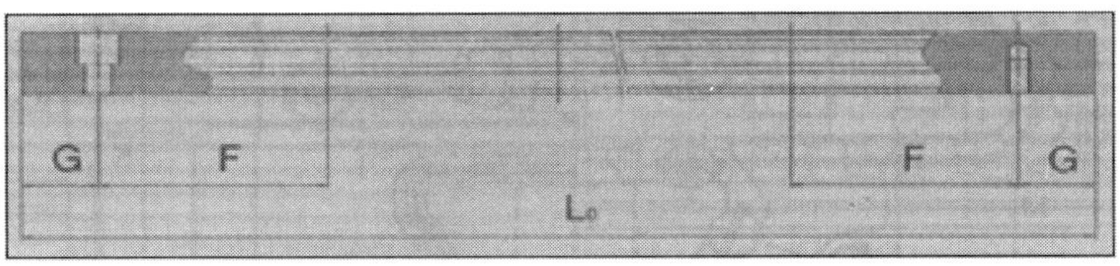

호칭번호	SSR 15X	SSR 20X	SSR 25X	SSR 30X	SSR 35X
LM 레일 표준 길이 L0	160 ↓ 1,540	220 ↓ 2,140	220 ↓ 2,440	280 ↓ 2,920	280 ↓ 2,920
표준피치F	60	60	60	80	80
G	20	20	20	20	20
최대길이	2,500 (1,240)	3,000 (1,480)	3,000 (2,020)	3,000 (2,520)	3,000

2.5.2 LM 가이드 예압

[1] 예압기호의 이해

1) 레이디얼 클리어런스

LM가이드의 레이디얼 클리어런스라는 것은 LM레일을 고정하고 LM레일 길이 방향의 중앙부에서 LM블록을 상하로 가볍게 움직였을 때의 LM블록 중앙부에서 레이디얼 방향의 이동량을 말한다.

레이디얼 클리어런스는 보통 클리어런스와 마이너스 클리어런스인 C1클리어런스(경예압), C0클러이런스(중예압)로 분류되고 용도에 따라서 선택 가능하며 그 값은 각 형식마다 규격화되어 있다.

LM가이드의 레이디얼 클리어런스는 주행 정도, 내하중 성능이나 강성에 크게 영향을 줌으로 용도에 따른 적절한 클리어런스를 선정하는 것이 특히 중요하다. 일반적으로는 왕복운동에는 생기는 진동, 충격을 고려하여 마이너스 클리어런스를 선정하는 쪽이 수명 및 정도에 좋은 영향을 가져다준다.

2) 예압

예압(pre load)이라는 것은 LM블록의 강성을 높이고 클리어런스를 없애는 등의 목적으로서 미리 전동체에 주는 내부하중을 말한다. LM가이드의 클리어런스 기호 C1, C0는 예압을 부여한 마이너스 클리어런스를 의미하고 마이너스의 수치로서 표시하고 있다.

또 LM가이드(분리형인 HR형, GSR형은 제외)는 모두 지정한 클리어런스 조정이 된 상태에서 출하되므로 예압의 조정은 불필요하다.

[표 2-4 레이디얼 클리어런스의 선정]

	레이디얼 클리어런스		
	보통 클리어런스	C1 클리어런스 (경예압)	C0 클리어런스 (중예압)
사용조건	• 하중 방향이 일정하고 충격, 진동이 작고 2축 병렬로 사용하는 곳. • 정도를 그다지 필요로 하지 않는 경우로서 조금이라도 습동 저항을 가볍게 하고 싶은 곳.	• 오버행 하중이나 모멘트 하중이 걸리는 곳. • 정도를 그다지 필요로 하지 않는 경우로서 조금이라도 습동 저항을 가볍게 하고 싶은 곳.	• 강도 강성을 필요로 하고 진동 충격이 걸리는 곳. • 중절삭 공작 기계 등

	레이디얼 클리어런스		
	보통 클리어런스	C1 클리어런스 (경예압)	C0 클리어런스 (중예압)
적용예	범용접기, 제본기계, 자동포장기, 일반산업기계의 XY축, 자동샤시가공기, 용접기, 요단기, 공구 교환기, 각종 재료공급장치.	연삭반 테이블 이송축, 자동 도장기, 공업용 로보트, 각종 고속 재료 공급장치, NC드릴링머신, 일반산업기계의 Z축, 측정기, 정밀 XY테이블	머시닝센터,NC선반, 연삭반의 숫돌이송축, 프라이스반, 공작기계의 Z축

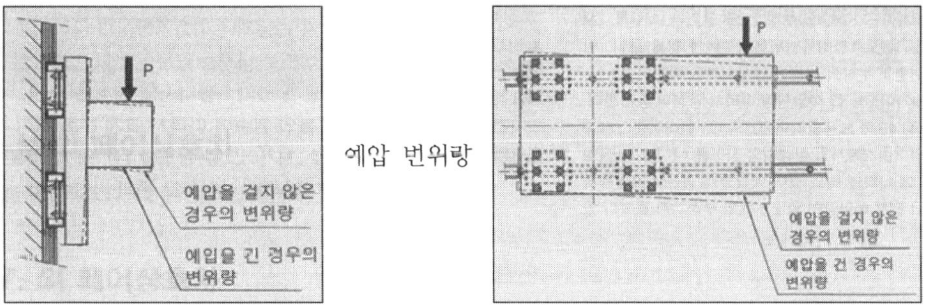

그림 2-39 예압을 건 경우와 걸지 않은 경우의 차이(수직사용, 횡사용)

3) 예압을 고려한 부하하중과 수명

LM가이드에 예압(중예압)을 걸어서 사용하는 경우 LM블록에 미리 내부 하중을 작용시키고 있으므로 그 예압하중을 고려하여 수명 계산을 할 필요가 있다. 또 예압하중은 형번을 설정한 후에 메이커로 문의하여 주기 바란다.

4) 강성

LM가이드가 하중을 부하받으면 볼이나 LM블록, LM레일 등은 부하 허용범위에서 탄성변형을 한다. 이 변위량과 부하의 비율을 강성치라고 말한다.

LM가이드는 그 예압량에 따라서 강성이 증가한다. 그림에 보통 클리어런스와 C1클리어런스, C0클리어런스에서의 강성치의 차이를 나타낸다. 그림에 나타낸 바와 같이 예압의 효과는 4방향등 하중의 경우 예압량의 약 2.8배의 부하까지 효과가 있다. 힙싱수지 습동재나 비끄럼 방식의 공작기계 안내면을 LM가이드로 바꾸는 경우는 볼나사의 강성을 재검토할 필요가 있다. 볼나사의 강성은 축경, 예압량, 리드각, 볼의 권수에 따라서 크게 변화하기 때문에 안내면에 LM가이드를 검토할 경우의 최적 볼나사의 선정에 대해서는 삼익으로 문의 바란다.

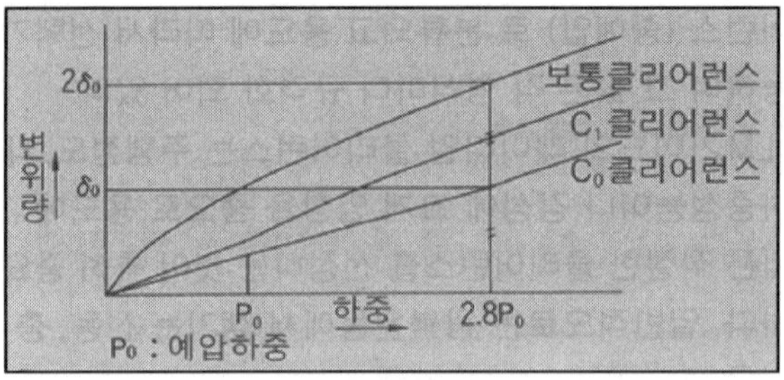

그림 2-40 강성데이터

Q. 01

모멘트 등가계수란 어떤 경우에 쓰이는 것입니까?

A.01 LM가이드를 1개 또는 2개 밀착으로 사용하는 경우 LM가이드에 모멘트가 작용한다면 블록 중앙부와 비교하여 블록 양단부의 부하가 커집니다. 이 때문에 모멘트 등가계수를 모멘트 값에 곱하여 하중 계산을 할 필요가 있습니다.

Q. 02

자바라는 수직과 횡방향으로도 사용할 수 있습니까?

A.02 수평 사용 이외(수직, 횡사용 등)의 경우는 중간판의 수를 늘리고 사용합니다. 이 때문에 신축률이 수평 사용 시와는 다르기 때문에 주의하십시오. 주문 시에는 미리 설치 자세를 지시하여 주십시오.

Q. 03

가이드 클램프 CP-H형은 SHS형에도 사용할 수 있습니까?

A.03 사용 가능합니다만, 클램프 위치를 HSR의 레일과 동등의 위치로 하기 위해 레일 높이의 차이만큼 클램프 설치부에 스페이서를 넣을 필요가 있습니다.

Q. 04

자바라를 설치한 경우 그리스 니플은 장착되지 않는 것입니까?

A.04 볼리테이너형 LM가이드의 경우는 엔드플레이트 측면의 니플 설치 구멍을 사용합니다만, 표준품으로는 이물질의 침입을 막기 위해 구멍을 관통하고 있지 않습니다. 사용하실 경우에는 주문 시에 지시하여 주십시오. 또 그 밖의 형번에 대해서는 블록 측면에 설치 구멍을 추가 가공하는 등으로 대응하고 있습니다.

Q. 05

사이드씰을 나중에 붙이는 것은 가능합니까?

A.05 레일을 빼야 되고 또한 엔드플레이트를 교환하지 않으면 안 되기 때문에 별도의 연락을 주십시오.

Q. 06

QZ, LaCS를 나중에 붙이는 것은 가능합니까?

A.06 원칙적으로 QZ, LaCS의 추후 부착은 불가능합니다.

Q. 07

레일 연결부의 클리어런스는 어느 정도입니까?

A.07 연결부의 클리어런스 허용치는 대략 볼 지름의 3분의 1 정도를 목표로 하고 있습니다. 단차는 매우 작게 하기 바랍니다.

Q. 08

JR형의 레일 설치는 어떤 방법으로 합니까?

A.08 JR형의 레일에는 설치 구멍이 가공되어 있지 않기 때문에 클램프용 고정구 JB형, 클램프용 철판 JT형을 사용하여 고정합니다. 용접에 의한 설치도 가능합니다만, 클램프의 설치를 추천합니다. 또, 레일 상하 방향의 강성이 높기 때문에, 짧은 스트로크라면 레일의 양단만 고정하여 사용하는 것도 가능합니다.

Q. 09

JR형의 레일 클램프용 고정구의 설치 피치는 어느 정도면 좋습니까?

A.09 사용 조건에 의하기 때문에 특별히 정해져 있지 않습니다. 일반적으로 200 mm 정도를 목표로 하고 있습니다만, 작용 하중, 사용 속도 등에 의하여 조절하십시오. 또한 수직 사용, 역 사용의 경우는 고정구를 많게 하여 용접과 병용하는 것을 추천합니다.

Q. 10

레일에서 블록을 빼도 괜찮습니까?

A.10 리테이너형 제품은 레일에서 블록을 빼도 볼이 탈락하지 않습니다. 또 그 밖의 형번으로는 볼 지지 타입과 탈락 타입이 있고, 탈락 타입은 레일에서 블록을 빼내면 볼이 탈락합니다. 탈락 타입에는 블록이 빠지지 않도록 전용 치구나 스토퍼가 준비되어 있으므로 필요한 경우는 말씀해 주십시오.

Q. 11

앤드씰이나 사이드씰의 설치 및 분리는 구입 후에도 할 수 있습니까?

A.11 엔드씰은 형번에 따라 엔드플레이트와 함께 나사로 고정하고 있는 것이 있기 때문에 씰을 제거하면 엔드 플레이트도 함께 제거되어 고장의 원인이 됩니다. 또, 사이드씰도 엔드플레이트를 제거하지 않으면 분리되지 않기 때문에 구입 후의 설치, 분리는 할 수 없습니다. 자세한 내용은 별도로 구입처나 관련 업체로 문의 바랍니다.

Q. 12

LM가이드 사용 시 수평 사용 이외(상하, 역사용, 횡사용 등)의 경우 주의점은 무엇입니까?

A.12 형번에 따라 하중 방향으로 부하 할 수 있는 허용 하중이 변합니다. 레이디얼형 LM가이드의 경우는 역레이디얼 방향, 횡방향의 기본정(동)정격 하중의 값에 주의하십시오. 가능하다면 4방향 등하중형의 LM가이드의 사용을 추천합니다. 또, 레일 설치 볼트의 강도에도 주의가 필요합니다. 탑재 하중이 큰 경우는 설치하는 피치를 하프 피치로 하는 것을 추천합니다. 또, 횡사용의 경우는 볼트에 전단 하중이 걸리지 않도록 설치 베이스에 맞대어 설치해 주십시오.

Q. 13

기계 가공하지 않은 러프한 설치면이라도 LM가이드를 사용할 수 있습니까?

A.13 LM가이드는 설치면 오차 흡수 능력이 뛰어납니다만, 형번에 따라 설치면의 오차를 흡수할 수 있는 능력이 다릅니다. 특히 LM가이드 JR형은 오차 흡수 능력이 우수하고, 반송장치 등의 러프한 설치면에도 대응할 수 있습니다.

축의 평행도 허용오차	상하레벨 허용오차
JR25 100	400
JR35 200	500
JR45 300	800
JR55 400	1000

다른 형번에 대한 설치면의 허용 오차에 관해서는 당사 종합 카탈로그의 취부면의 허용오차를 참조하십시오.

Q. 14

LM가이드를 1축으로 사용할 경우, 주의점은 무엇입니까?

A.14 LM가이드를 1축으로 사용하는 경우, 큰 모멘트 하중이 작용한다면 부하 분포가 국부적으로 커지고 수명이 단축될 수도 있습니다. 또, LM가이드의 부하 분포가 국부적으로 커지면, 볼나사에 레이디얼 하중이 작용할 우려가 있고 볼나사가 파손되는

원인이 됩니다. 이 때문에 LM가이드는 2축 평행으로의 사용이 이상적입니다만, 스페이스 등의 관계상 1축으로 사용된 경우는 레일 폭이 넓은 SHW・HRW형의 사용이나 블록 수를 늘리고 큰 모멘트를 받을 수 있도록 하는 등의 배려가 필요합니다.

Q. 15

LM가이드를 테이블에 끼워 사용하고 싶습니다. 블록 폭 치수의 공차는 어느 정도입니까?

A.15 블록 폭(W치수)의 공차는 일반 공차 중급이 됩니다만, 인로우에 하는 경우는 미리 공차를 지정해 주시기 바랍니다.

Q. 16

LM가이드 위치 결정 정도는 어느 정도입니까?

A.16 미끄럼 안내와 비교하여 가볍게 움직이므로 미세한 운동이 얻어집니다. 수치 제어 장치 등으로 지정된 위치에 정확하게 멈추는 일이 가능하고, 구동 측의 정도에 의합니다만, 나노 이송도 가능합니다. 또한, 피칭・요동이 위치 결정 정도에 영향을 주기 때문에 주의 바랍니다.

Q. 17

고체 윤활도 가능합니까?

A.17 사용 조건에 의합니다만, 제작 검토가 필요합니다. 별도의 문의 바랍니다.

Q. 18

그리스의 급유 간격은 어느 정도입니까?

A.18 리테이너형 이 아닌 LM가이드의 급유 간격은 기본적으로는 100㎞입니다만, 사용 조건이나 환경, 분위기, 온도에 따라 다르므로 상황에 따라 조절하십시오. 또한, 볼 리테이너형 LM가이드나 윤활장치 QZ를 사용하는 것은 장기간 메인터넌스 프리가 실현 가능합니다.

Q. 19

그리스 봉입량은 어느 정도입니까?

A.19 블록 공간 용적의 30%~60%로 하고 있습니다. 봉입량은 형번에 따라 다르기 때문에 별도의 문의 바랍니다.

Q. 20

사용온도가 200℃를 초과하는 경우 온도계수는 얼마입니까?

A.20 200℃에 있어서 온도 계수는 사용온도 범위를 초과하기 때문에 설정되어 있지 않습니다. 고온용 LM가이드 사용한다면 150℃까지의 대응이 가능합니다.

Q. 21

하중과 변위량, 모멘트와 경사의 계산은 가능합니까?

A.21 LM가이드는 대부분의 형번에 있어 강성 데이터를 준비하고 있습니다. 데이터는 레이디얼, 역레이디얼, 횡하중 블록의 변위 및 MA, MB, MC모멘트와 블록의 경사 관계를 그래프화 한 것입니다. 강성 데이터는 블록 1개에 대한 것입니다만, LM가이 드를 복수개 사용한 경우의 변위에 대하여도 당사에서 개발한 강성 해석 소프트를 사용하여 계산이 가능하므로 문의 바랍니다.

Q. 22

SSR이나 SNR의 등가하중 산출방법으로 레이디얼 하중과 횡방향 하중을 동시에 부하받는 경우의 계산식이 없는 것은 무엇 때문입니까?

A.22 SSR이 나 SNR형의 경우, 레이디얼 하중과 횡방향 하중을 부하한 전동 홈이 다르기 때문에 레이디얼 하중과 횡방향 하중은 나누어 생각합니다. 어느 쪽이든 조건이 열악한 쪽으로 계산하십시오.

Q. 23

R가이드의 수명계산은 LM가이드의 수명계산 방법과 같습니까?

A.23 기본적으로 동일합니다만, 하중의 방향에 주의 바랍니다.

Q. 24

LM가이드의 수명계산을 하는 경우 어떤 조건이 필요합니까?

A.24 LM가이드에 작용하는 질량이나 외력의 크기와 방향 및 작용하는 위치, 블록 길이, 레일 길이 등 LM가이드의 배치 추력의 위치, 속도 조건 등이 필요합니다. LM가이드의 수명 계산을 의뢰하실 때는 LM가이드 수명 계산 데이터 시트를 활용하시기 바랍니다.

Q. 25

JR형에 HSR형의 자바라를 설치해도 됩니까?

A.25 설치 치수가 동일하므로 설치는 가능합니다만, JR형은 레일 높이가 높기 때문에 HSR형 용의 자바라를 사용하는 경우는 아래로부터 이물질이 들어갈 우려가 있습니다. 이 때문에 JR형 전용 자바라 JJR형의 사용을 추천합니다.

Q. 26

LM가이드의 최대 사용 속도는 얼마입니까?

A.26 사용 조건에 의하므로 한마디로는 결정할 수 없습니다만, 볼리테이너형 가이드에서는 300 m/min로의 사용 실적이 있으므로 별도의 문의 바랍니다.

Q. 27

LM가이드치 허용 하중은 어느 정도입니까?

A.27 LM가이드는 충실한 라인업에 의하여 폭넓은 하중에 대응하고 있습니다. 정적허용 하중의 값은 작은 것으로는 RSR3W형의 470N에서, 큰 것으로는 NR100형의 1300kN까지 있습니다. 사용 조건이나 설치 자세에 따라 선정하십시오.

Q. 28

메인터넌스 프리로 사용 가능한 LM가이드는 있습니까?

A.28 일반적인 환경에서의 사용으로는 리테이형 LM가이드에 초기 봉입된 그리스만으로도 충분히 대응 가능합니다. 또 윤활제가 손실될 것 같은 환경에서의 사용에 있어서도 리테이너형 LM가이드에 윤활장치 QZ를 설치하는 것으로도 메인터넌스 프리를 달성할 수 있습니다. 사용 조건의 검토 후 옵션을 구성하는 것에 의하여 메인터넌스 프리가 가능해집니다.

Q. 29

표준 이외의 R가이드도 제작이 가능합니까?

A.29 과거에 실적이 있는 것에 관해서는 제작 가능합니다. 실적이 없는 것에 대해서는 치구부터 제작하여야 되기 때문에 비용과 납기가 문제 됩니다. 특수 R의 제 작 실적에 대해서는 별도의 문의 바랍니다.

Q. 30

레일 설치 구멍의 특수피치는 가능합니까?

A.30 하프 피치 (표준 피치의 반)라면 HCR형 이외는 가능합니다. 그 밖의 피치는 H급 이하의 특수 대응이 됩니다.

Q. 31

레일의 뒷면 탭 타입은 모든 정도 등급으로 제작 가능합니까?

A.31 레일 탭 타입은 P등급까지 제작됩니다.

Q. 32

습동 저항을 가능한 작게 하고 싶습니다. 어떻게 하면 좋습니까?

A.32 습동 저항을 작게 하기 위해서는 LM가이드의 씰 저항과 구름 저항을 억제할 필요가 있습니다. SR형, HSR형, CSR형, HCR형에는 씰 저항이 작은 엔드씰(LL씰)이 있습니다. 또한, LM가이드의 구름저항은 예압이 걸리면 커지기 때문에 목적에 따라 레이디얼 클리어런스를 사용하여 나누는 것도 중요합니다. 또, 사용 그리스는 점성 저항치가 낮은 AFF그리스를 추천합니다.

Q. 33

NSR형의 스테인리스제는 있습니까?

A.33 NSR의 스테인리스 사용은 없습니다. 도금 사양 또는 HSR형 · SR형을 검토하여 주십시오.

Q. 34

클램프 기구가 붙은 LM가이드는 있습니까?

A.34 HSR15 ~ 65형에는 전용 가이드 클램프가 준비되어 있습니다.

Q. 35

LM가이드의 최대 사용 가능한 길이는 얼마입니까?

A.35 레일 1개의 최대 제작 길이는 형번에 따라 다릅니다만, LM가이드는 레일을 연결하여 사용할 수 있기 때문에, 무한하게 직선 운동시키는 것은 가능합니다.

Q. 36

LM가이드의 사이즈로 가장 작은 것은 어느 정도입니까?

A.36 RSR3M형이 가장 작고, 높이 4 mm, 폭 8 mm, 길이 12 mm입니다. 기본 정정격하중은 270N입니다.

Q. 37

자라바의 재질은 무엇입니까?

A.37 JSSR, JSH 등의 표준적인 자바라의 재질은 네오푸렌고무로, NR/NRS, SNR/SNS용 간이 자바라 JN, JSN의 재질은 우레탄 고무입니다. 내열용 자바라의 재질은 본바탕이 유리 섬유, 중간판은 테프론입니다.

Q. 38

씰은 톨루엔에 대하여 사용 가능합니까?

A.38 사용할 수 없습니다.

Q. 39

엔드플레이트에 아세톤이 묻어도 괜찮습니까?

A.39 엔드플레이트는 괜찮습니다만, 씰은 불가합니다. 또, 레일 등에 아세톤이 묻을 경우, 탈지 될 가능성이 있기 때문에 윤활에 주의하십시오.

Q. 40

AP-C처리의 내열 온도는 얼마입니까?

A.40 AP-C처리는 130~140℃, AP-CF처리는 160~180℃가 됩니다.

Q. 41

C캡의 내열 온도는 얼마입니까?

A.41 80℃까지입니다.

Q. 42

비자성 금속으로 만들어진 LM가이드는 있습니까?

A.42 베릴륨 동(銅)제의 LM가이드 실적이 있습니다.

Q. 43

씰의 재질은 무엇입니까 내약품성이 강한 씰은 있습니까?

A.43 형번에 따라 우레탄 고무, 혹은 NBR로 됩니다. 또, 내 약품성에 강한 HNBR을 채용한 씰이 준비되어 있는 형번도 있습니다.

Q. 44

내열 온도는 어느 정도입니까?

A.44 표준의 LM가이드로는 80℃까지 입니다. 그 이상의 환경에서 사용하고 싶은 경우는 150℃까지 사용 가능한 고온용 LM가이드가 준비되어 있습니다. 또한, 그 이상의 온도라도 금속 부품을 사용하는 것에 의하여 대응 가능합니다만, 전동면의 경도가 떨어져 정격하중이 내려가기 때문에 온도계수를 고려 바랍니다.

Q. 45

LM가이드, 볼나사의 사용 온도 범위는 어느 정도 입니까?

A.45 표준품에 있어서 LM가이드라면 고온용 LM가이드 M1시리즈 및 씰 부착으로 150℃까지입니다. 볼나사는 80℃까지 입니다. 저온측은 LM가이드, 나사 모두 -15℃까지입니다.

Q. 46

HCR형을 진공에서 사용하고 싶습니다. 스테인리스제는 제작 가능합니까?

A.46 현재 스테인리스제는 있지 않습니다. 진공에서 사용하실 경우는 엔드플레이 트를 금속제(HCR45~65는 스테인리스제, HCR45, 65는 알루미늄제)로 하여 씰을 제거하고 블록, 레일에 AP-HC처리를 가한 것을 추천합니다. 또한, 최고 사용 온도는 120℃정도까지 합니다.

Q. 47

진공 중에서 LM가이드는 사용할 수 있습니까?

A.47 진공도에 따릅니다만, LM가이드의 스테인리스 시리즈로 씰 없고, 엔드플레이트 금속제, 진공용 그리스를 사용한 대응 실적이 있습니다. (진공용 그리스를 사용할 수 없는 고진공하에 있어서는 고체 윤활 등으로의 대응을 검토할 필요성이 있습니 다.)

Q. 48

물이 관련되는 환경에서 사용할 수 있습니까?

A.48 고내식 LM가이드를 권장합니다. 또, AP-CF 처리를 하고 접촉 스크레이퍼 LaCS를 취부 하는 것도 유효합니다.

Q. 49

LM가이드를 저온에서 사용하고 싶습니다. 주의점은 무엇입니까?

A.49 서리나 얼음이 생성되는 저온에서 사용하는 경우는 엔드플레이트를 스테인리스제로 하고 얼음, 서리, 결로 등에 의한 녹방지 대책으로서 표면 처리하는 것을 추천합니다. 또, 그리스는 저온에서도 구름 저항의 변동이 적은 AFC그리스의 사용을 추천합니다.

Q. 50

LM가이드를 클린룸에서 사용하는 경우 씰을 제거하는 면이 좋습니까?

A.50 클린도가 낮은 경우(Down flow)라면, 그리스의 비산 방지를 위해 씰은 있는 쪽이 좋다고 생각됩니다만, 클린도가 높은 경우는 셀 자체로부터의 먼지 발생이 있기 때문에 제외하는 것을 추천합니다.

Q. 51

가공기에서 스펙터가 난무하는 환경입니다. LM가이드를 사용할 수 있습니까?

A.51 방진 대책이 확실하면 사용은 가능합니다. 적측형 접촉 스크레이퍼 LaCS 및 ZZ씰, 금속 스크레이퍼와의 병용을 추천합니다. 또, 정기적인 메인터넌스를 부탁드립니다. 스펙터가 고온인 채 부착하는 경우는 전부 금속 부재로의 제작을 검토 바랍니다.

Q. 52

LM가이드를 고압 하에서 사용하고 싶습니다. 주의점은 무엇입니까?

A.52 LM가이드를 대기압보다 높은 기압 내에서 사용하는 경우, LM가이드에 사용된 재료의 강도 확인 이외에 금속과 수지의 변형량의 차이에 주의가 필요합니다. 수지의 변형량이 크기 때문에 볼의 순환에 지장을 초래할 가능성이 있습니다. 실제의 사용에 대해서는 별도의 문의 바랍니다.

Q. 53

LM가이드의 설치 구멍에 이물질이 쌓이고 있습니다. 대책은 없습니까?

A.53 LM가이드의 레일 설치 구멍에 가루나 이물질이 꽉 찬다면 LM블록 내부에 혼입 될 가능성이 있습니다. 그러한 경우에는 LM레일 설치 구멍 전용캡 C형이나 블록 내부에 장착하는 이너씰의 사용을 권장합니다. 설치 구멍을 전용캡 C형으로 막고 LM레일 상면과 동일면으로 한 것으로 이물질의 혼입을 막을 수 있습니다. 또한, SNR/SNS형, SHS형, SSR형, NR/NRS형, HSR형, SR형에는 레일상면을 덮는 스틸 테이프가 준비되어 있습니다. 또, 레일 상면에 설치 구멍이 없는 레일 탭 타입이 준비되어 있는 형번도 있습니다.

Q. 54

LM가이드를 옥외에서 사용하는 것은 어떻게 합니까?

A.54 방진이나 녹방지 등의 대책이 필요합니다. 고내식 LM가이드에 더블씰, LaCS를 취부하고 사용하는 것을 추천합니다. 또 레일 설치 구멍을 전용캡 C형으로 막던지, 스틸 테이프의 사용을 추천합니다.

Q. 55

자바라의 내열온도는 어느 정도입니까?

A.55 일반적인 자바라는 80℃이지만, 내열용 자바라는 시트가 유리 섬유제로 사용 최고 온도는 300℃이고, 중간판은 테프론제로 250~300℃까지입니다.

2.6 베어링(bearing)

2.6.1 미끄럼 베어링 특징

[1] 베어링이란

하중이 회준축에 가해질 때, 축의 마찰 저항을 적게 받도록 지지하여 주는 기계 요소이다.

[2] 베어링의 종류

❑ 축에 작용하는 힘의 방향에 따른 분류

- 레이디얼 베어링(radial bearing) : 축에 대하여 직각방향의 하중을 받는 베어링이다.
- 트러스트 베어링(trust bearing) : 축에 대하여 축방향의 하중을 받는 베어링이다.
- 원추 베어링 : 축 방향과 축의 직각 방향의 하중을 합성으로 받는 베어링이다.

❑ 접촉면에 따른 분류

- 미끄럼 베어링(sliding bearing) : 축과 베어링의 면이 직접 접촉하여 미끄럼 운동을 하는 베어링으로, 속도가 느리고 큰 하중을 받는 곳에 쓰인다.
- 구름 베어링(rolling bearing) : 축과 베어링 사이에 볼(ball)이나 롤러(roller)를 넣어서 구름 운동을 하는 베어링으로, 주로 선 접촉이나 점 접촉을 하며 속도가 빠르고 가벼운 힘이 작용하는 곳 쓰인다.
- 공기 베어링 : 기계의 축과 베어링 사이에 고압 공기를 보내어 공기압으로 축을 뜨게 하여 하중을 지지하는 베어링이다.
- 오일리스 베어링(oiless bearing) : 기름으로 더러워지는 것을 꺼리는 방직 기계, 인쇄기, 식품 기계, 냉장고 등의 저속 경하중용 베어링으로 윤활유를 공급하지 않는 곳에 사용된다.

2.6.2 미끄럼 베어링의 특징

베어링(bearing)은 축과 하우징 사이의 상대 운동을 원활하게 하며, 축으로부터 전달되는 하중을 지지하는 요소이다. 일반적으로, 구름 베어링과 미끄럼 베어링으로 구분한다.

미끄럼 베어링(sliding bearing)은 축과 베어링 사이에 윤활유의 유막이 형성되어 미끄럼에 의한 상대 운동을 한다.

축 중에서 베어링과 접하고 있는 축 부분을 저널(journal)이라고 하며, 미끄럼 베어링은 보통 원형으로 가공되어 하우징(housing)에 끼워지기 때문에 부시 베어링(bush bearing)이라고도 한다.

[1] 미끄럼 베어링의 특징

- 회전 속도가 비교적 느린 경우에 사용한다.
- 베어링에 작용하는 하중이 큰 경우에 사용한다.
- 베어링에 충격 하중이 걸리는 경우에 사용한다.
- 진동, 소음이 작고, 그럼 베어링보다 정밀도가 높다.
- 구조가 간단하며, 값이 싸고 수리가 쉽다.
- 시동 시 마찰 저항이 큰 결점이 있다.
- 윤활유 급유에 신경을 써야 한다.

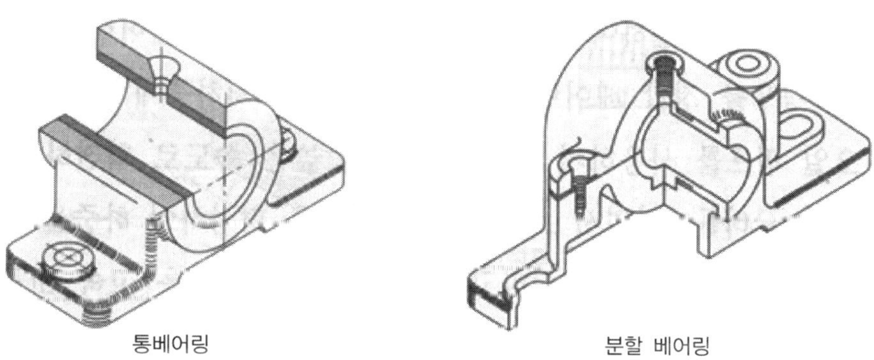

그림 2-41 미끄럼베어링의 구조

2.6.3 베어링의 종류

[1] 축에 작용하는 힘의 방향에 따른 분류

- 레이디얼 베어링(radial bearing) : 축에 대하여 직각방향의 하중을 받는 베어링이다.
- 트러스트 베어링(trust bearing) : 축에 대하여 축방향의 하중을 받는 베어링이다.
- 원추 베어링 : 축 방향과 축의 직각 방향의 하중을 합성으로 받는 베어링이다.

[2] 접촉면에 따른 분류

- 미끄럼 베어링(sliding bearing) : 축과 베어링의 면이 직접 접촉하여 미끄럼 운동을 하는 베어링으로, 속도가 느리고 큰 하중을 받는 곳에 쓰인다.
- 구름 베어링(rolling bearing) : 축과 베어링 사이에 볼(ball)이나 롤러(roller)를 넣어서 구름 운동을 하는 베어링으로, 주로 선 접촉이나 점 접촉을 하며 속도가 빠르고 가벼운 힘이 작용하는 곳에 쓰인다.
- 공기 베어링 : 기계의 축과 베어링 사이에 고압 공기를 보내어 공기압으로 축을 뜨게 하여 하중을 지지하는 베어링이다.
- 오일리스 베어링(oilless bearing) : 기름으로 더러워지는 것을 꺼리는 방직 기계, 인쇄기, 식품기계, 냉장고 등의 저속 경하중용 베어링으로 윤활유를 공급하지 않는 곳에 사용된다.

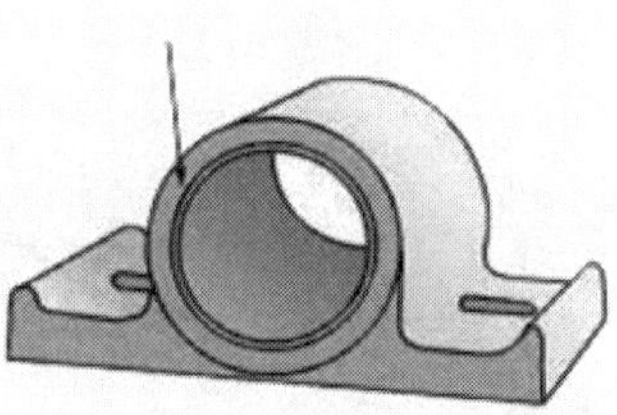

그림 2-42 미끄럼 베어링

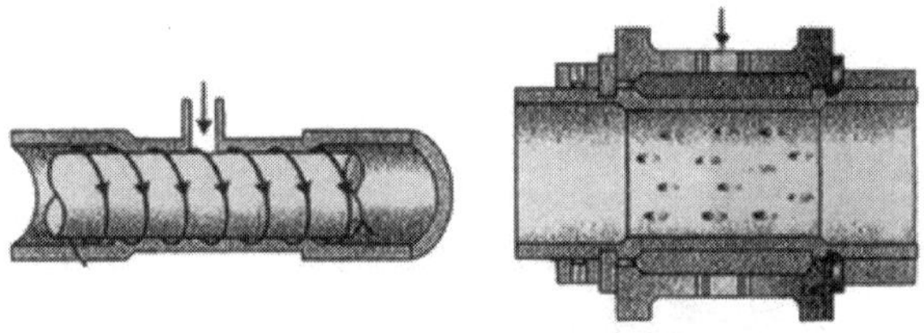

그림 2-43 공기 베어링

2.6.4 미끄럼 베어링의 윤활

윤활의 의미는 윤활제 등에 의하여 마찰을 감소시키고 발생하는 열을 제거하는 것을 의미한다. 윤활의 형태는 유체 윤활, 경계 윤활, 극압 윤활의 세 가지가 있다.

유체 윤활은 완전 윤활이라고도 하며, 마찰면 사이에 유체 역학적으로 충분히 두꺼운 점성 유막이 형성된 상태를 말한다.

경계 윤활은 윤활 부위에 하중이 증가하거나, 속도가 저하되어 유막의 두께가 얇아져 유압만으로는 하중을 지탱할 수 없는 상태의 윤활이다.

극압 윤활은 하중이 증가되어 흡착 유막으로는 하중을 지탱할 수 없고, 국부적인 금속의 융착과 전단이 반복되어 접촉 금속 부분이 융착 되어 늘어 붙는 상태의 윤활이다.

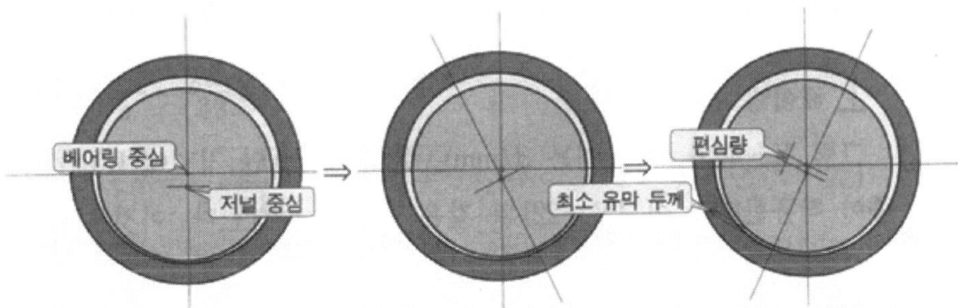

(a) 정지 상태 (b) 회전 초기 상태 (c) 회전 정상 상태

그림 2-44 미끄럼 베어링의 유막 형성

2.6.5 미끄럼 베어링의 재료

[1] 미끄럼 베어링 재료의 구비 조건

- 녹아 붙지 않아야 한다.
- 마찰에 의한 마멸이 적어야 한다.
- 면압 강도와 강성이 커야 한다.
- 피로강도가 커야 한다.
- 열전도도가 좋아야 한다.
- 내부식성이 좋아야 한다.
- 제작, 수리가 요이하며 저렴해야 한다.

[2] 미끄럼 베어링 재료

❑ **금속 재료**

- 주철, 황동, 청동

내마멸성이 높고 충격에 강하나 고속회전에서 녹아 붙기 쉬워, 단일체 베어링으로 저, 중속용에 사용

• 화이트 메탈(white metal)

주석(Sn), 아연(Zn), 납(Pb), 안티몬(Sb)의 합금으로 성능이 우수하여, 내연기관을 비롯한 각종 기계의 베어링으로 사용.

• 켈밋(kelmet)

구리와 납의 합금으로 피로강도와 내열성이 높아 고속 하중의 내연 기관용으로 사용.

• 카드뮴 합금

화이트 메탈에 비하여 피로강도와 내열성이 높아 고하중의 내연기관에 사용.

• 알루미늄 합금

내마멸성이 높아 고속. 고하중 베어링에 사용하나, 산화피막의 생성으로 축이 손상되기 쉽다.

• 오일리스 베어링 합금(oilless bearing metal)

금속분말을 가압・소결하여 성형한 것으로, 기름을 사용하기 곤란한 방직기계, 인쇄기, 식품기계, 냉장고 등과 같이 저속이며 경하중을 받는 기계에 사용.

❑ 비금속 재료

• 흑연

고체 윤활제의 역할을 함으로 별도의 윤활제 없이 사용.

• 플라스틱

윤활유가 없는 상태에서도 비교적 마찰 계수가 작고 가벼우며, 내식성이 우수함.

• 고무

물과 같이 저점도 윤활제의 역할을 하여 마찰계수가 작고, 충격이나 진동의 흡수성이 우수

• 리그넘 바이티

단단하고 기름을 잘 품는 나무여서 윤활유를 수시로 공급할 수 없는 수차나 펌프 등의 주축과 선박의 프로펠러축의 베어링 재료로 사용

2.6.6 구름 베어링 특징

[1] 구름 베어링의 특성

베어링은 미끄럼 베어링과 비교하여, 다음과 같은 특성을 가지고 있다.

- 기동 마찰 토오크가 작고, 기동 마찰 토오크와 운전 마찰 토오크와의 차이가 비교적 삭다.
- 국제적으로 표준화 및 규격화가 이루어져 있으므로, 호환성이 있고 교환 사용이 가능하다.
- 베어링의 주변 구조를 간략하게 할 수 있고, 보수 및 점검이 용이하다.
- 일반적으로 레이디얼 하중 및 스러스트 하중을 동시에 독립적으로 받을 수 있다.
- 고온 및 지온에시의 사용이 비교직 용이하다.
- 예압을 가하여 베어링의 강성을 높일 수 있다.

[2] 베어링 형식에 따른 분류

구름 베어링의 형식을 분류할 때 보통 전동체의 종류에 따라 보올 베어링 및 로울러 베어링으로 구분하며, 또 베어링이 지지할 수 있는 하중의 방향에 따라 레이디얼 베어링과 스르스트 베어링으로 나누고 있다. 일반적인 레이디얼 베어링은 스러스트 하중을 받을 수 있고, 또 어떤 종류의 스러스트 베어링은 레이디얼 하중을 받을 수 있기 때문에, 베어링이 받을 수 있는 하중에 따라 레이디얼 베어링과 스러스트 베어링으로 명확하게 구분할 수는 없지만 대부분 크게 받을 수 있는 하중 쪽으로 분류한다.

베어링 형식의 분류는 앞서 기술한 것 이외에도, 궤도륜의 형태, 접촉각 및 로울러의 형상 등에 따라서 분류되며, 베어링 제조업체의 CATALOG에도 통상적으로 이 같은 분류법으로 표시되고 있다.

이외에 베어링 사용상의 전문적인 용도에 의해서도 분류하는 경우가 있다.

[3] 구름 베어링의 구소

베어링이 지지하는 하중의 방향에 따라 하중 방향이 반지름 방향이면 레이디얼 베어링(radial bearing), 축방향이면 스러스트 베어링(thrust bearing)이라고 한다.

구름 베어링의 구조 및 명칭은 외륜과 내륜, 그리고 회전체와 회전체의 간격을 유지시켜 주는 리테이너로 구성되어 있다. 그러나 스러스트 베어링의 경우에는 내륜과 외륜 대신에 회전륜과 고정륜으로 구분한다.

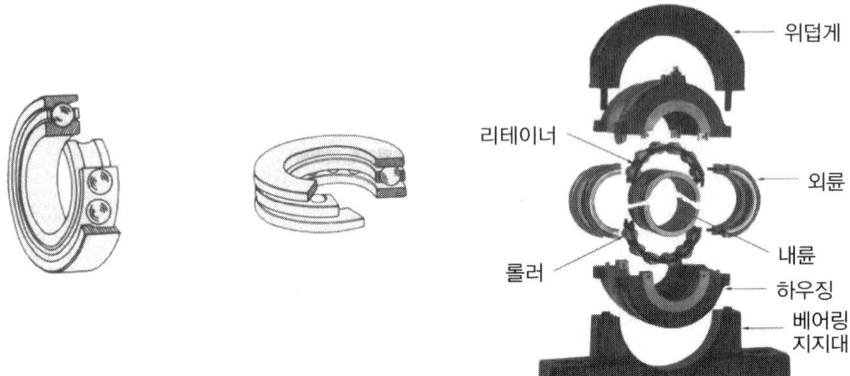

(a) 레이디얼 베어링 (b) 스러스트 베어링

그림 2-45 구름 베어링의 구조와 명칭

[4] 구름 베어링의 종류

[표 2-5 구름베어링의 종류와 특징]

종 류	특 징	종 류	특 징
 단열 깊은 홈 볼 베어링	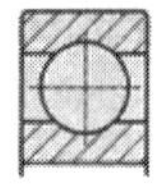 • 구조가 간단하고 고정밀도로 제작이 용이하다. • 고속 회전에 적당하며, 일반적으로 가장 많이 사용한다.	 원통 롤러 베어링	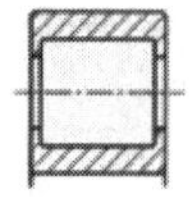 • 레이디얼 방향의 부하 용량이 크고 중하중 충격 하중에 적당하다. • 고속 회전에 적당하며, 일반적으로 가장 많이 사용한다.
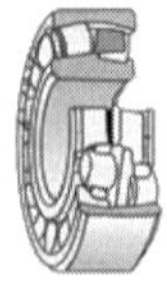 심형 볼 베어링	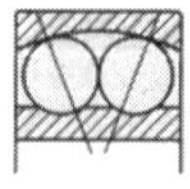 • 외륜 궤도면이 구면이므로 조심성이 있으며, 축과 베어링 상자면에 처짐이 발생할 경우에 적당하다.	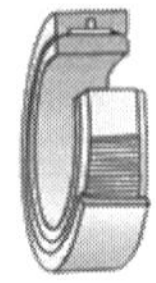 니들 롤러 베어링	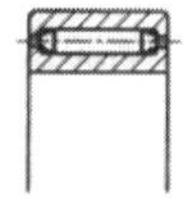 • 전동체가 침상이며 내외륜의 두께가 얇아 바깥지름이 작다. • 감상이 크며 정밀도가 좋다.

종 류	특 징	종 류	특 징
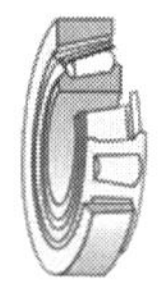 테이퍼 롤러 베어링	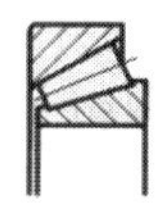 • 중하중 충격 하중에 적당하다.	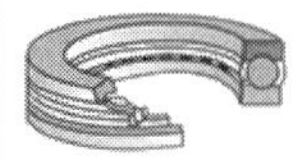 스러스트 볼 베어링	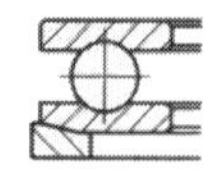 • 스러스트 하중에 사용하고 고속 회전에는 부적당하다. 하중이 한 방향인 것은 단식, 양 방향인 것은 복식을 사용한다.

[5] 구름 베어링의 호칭

❑ 구름 베어링 호칭 번호의 구성

기본 기호			보조 기호					
치수 계열 기호	안지름 번호	접촉각 번호	내부 치수	실 · 실드	궤도륜 모양	베어링의 조합	레이디얼 내부 틈새	정밀도 등급

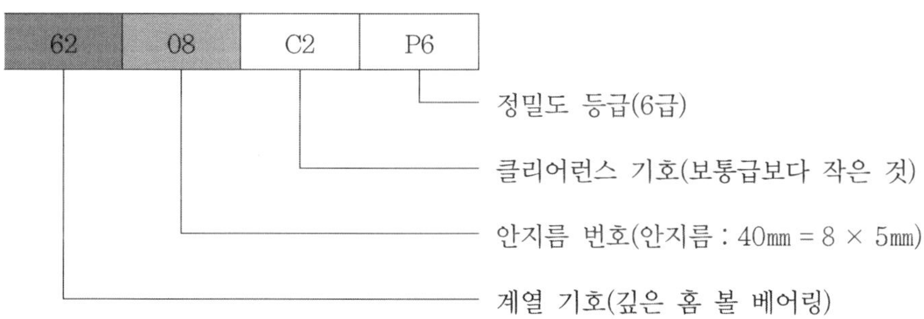

그림 2-46 구름 베어링의 호칭

❑ 구름 베어링 기본 기호

[표 2-6 베어링의 계열기호]

베어링의 형식		단면도	형식기호	치수계열 기호	베어링 계열 기호
깊은 홈 볼 베어링	단열 홈 없음 비분리형	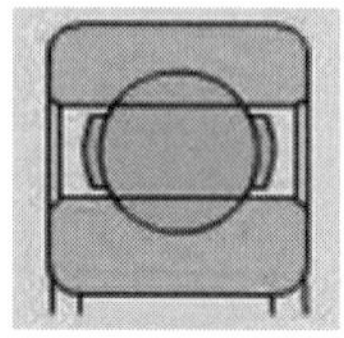	6	17 18 19 10 02 03 04	67 68 69 60 62 63 64
앵귤러 볼 베어링	단열 비분리형	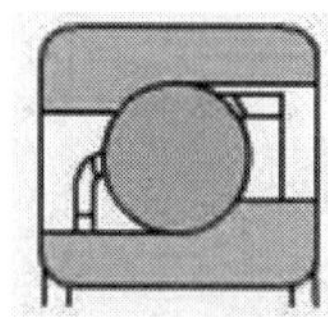	7	19 10 02 03 04	79 70 72 73 74
자동 조심 볼 베어링	복력 비분리형 외륜 궤도 구면	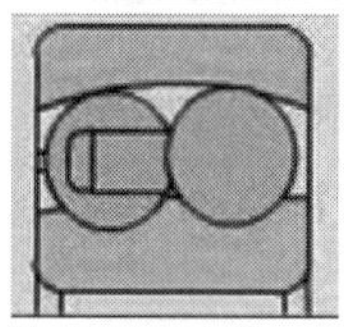	1	02 03 22 23	12 13 22 23
	단열 외륜 양쪽 턱붙이 내륜 턱 없음		NU	10 02 22 03 23 04	NU10 NU2 NU22 NU3 NU23 NU4
원통 롤러 베어링	단열 외륜 양쪽 턱붙이 내륜 한쪽 턱붙이	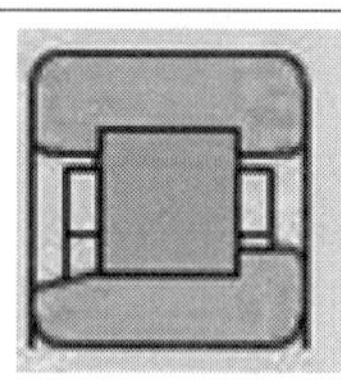	NJ	02 22 03 23 04	NJ2 NJ22 NJ3 NJ23 NJ4
	단열 외륜 양쪽 턱붙이 내륜 한쪽 턱붙이 내륜 이완 리드붙이	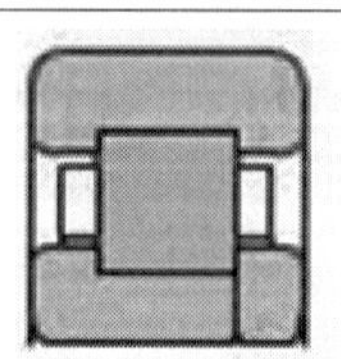	NUP	02 22 03 23 04	NUP2 NUP22 NUP3 NUP23 NUP4

	단열 외륜 양쪽 턱붙이 내륜 한쪽 턱붙이 L형 이완 리드붙이	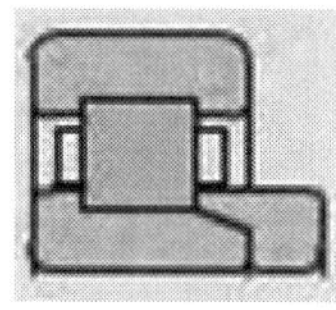	NH	02 22 03 23 04	NH2 NH22 NH3 NH23 NH4
	단열 외륜 턱 없음 내륜 양쪽 턱붙이	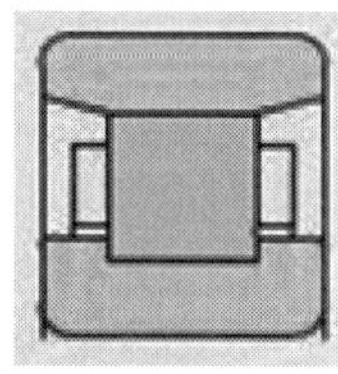	N	10 02 22 03 23 04	N10 N2 N22 N3 N23 N4
	단열 외륜 양쪽 턱붙이 내륜 양쪽 턱붙이	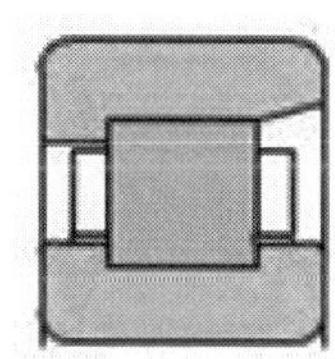	NF	10 02 22 03 23 04	NF10 NF2 NF22 NF3 NF23 NF4
	복렬 외륜 양쪽 턱붙이 내륜 턱 없음	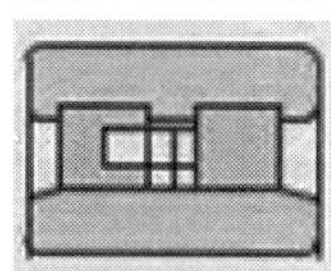	NNU	49	NNU49
	복렬 외륜 턱 없음 내륜 양쪽 턱붙이	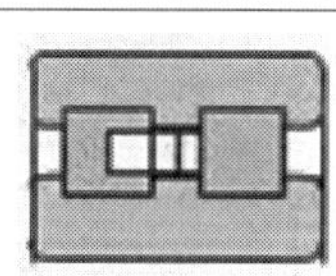	NN	30	NN30
솔리드형 니들 롤러 베어링	내륜 붙이 외륜 양쪽 턱붙이	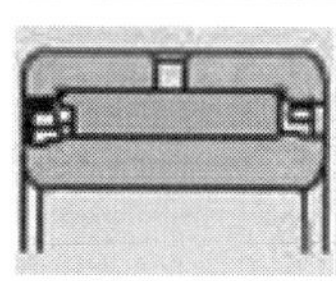	NA	48 49 59 69	NA48 NA49 NA59 NA69
	내륜 없음 외륜 양쪽 턱붙이	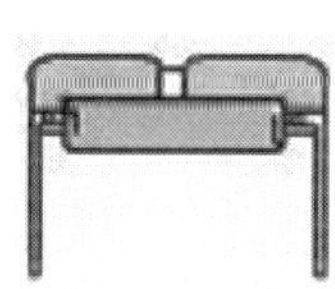	RNA	–	RNA48(2) RNA49(2) RNA59(2) RNA69(2)
테이퍼 롤러 베어링	단열 분리형	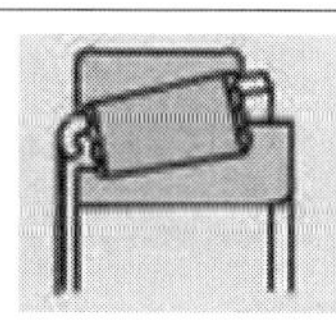	3	29 20 30 31 02 22 22C	329 320 330 331 302 322 322C

				32 03 03D 13 23 23C	332 303 303D 313 323 323C
자동 조심 롤러 베어링	복렬 비분리형 외륜 궤도 구면	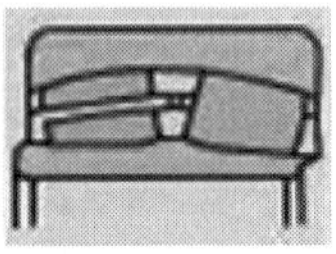	2	39 30 40 41 31 22 32 03 23	239 230 240 241 231 222 232 213(3) 223
단식 스러스트 볼 베어링	평면 자리형 분리형	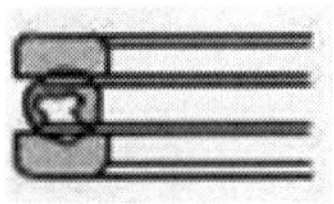	5	11 12 13 14	511 512 513 514
복식 스러스트 볼 베어링	평면 자리형 분리형	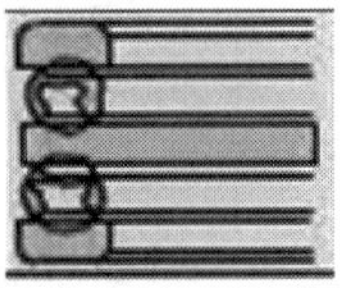	5	22 23 24	522 523 524
스러스트 자동 조심 롤러 베어링	평면 자리형 단식 분리형 하우징 궤도 반궤도 구면	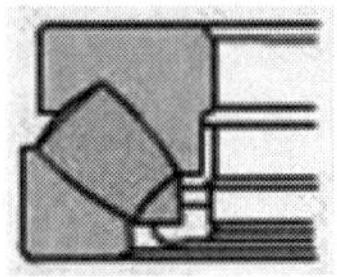	2	92 93 94	292 293 294

제 3 장 축 이음(coupling)

3.1 축 이음(coupling)

3.1.1 축 이음이란

축 이음은 두 개의 축을 서로 연결하여 한 축에서 다른 축으로 동력을 전달하는 것이다.

- 운전 중에 동력 전달을 끊을 수 없다.
- 운전 중 전동을 단속할 수 있는 것은 클러치(clutch)이다.

❑ 축의 구분

- 주축(main shaft) : 원동기에서 직접 동력을 받는다. (제1축)
- 선축(line shaft) : 주축에서 동력을 받는다. 중간축으로 분배 역할을 한다.
- 중간축(counter shaft) : 선축에서 동력을 받는다. 필요시에 속도 조절하여 동력 전달한다. 예) spindle, 차축, 엔진 크랭크축, 플렉시블축 등이 있다.

3.1.2 축 이음의 선정시 검토사항

[표 3-1 축이음의 선정]

구동기와 피동기에 관한 것	전달동력, 전달토크, 회전속도 회전속도(속도계수) 구동축과 피동축의 종류(부하계수), 운전 조건 동력 전달성의 특성, 축의 치수
설치에 관한 것	축의 설치방법(축과 축 이음의 끼워 맞춤) 축 이음의 크기, 축 중심 간의 어긋남
사용 환경에 관한 것	사용 장소의 주위 상황 윤활의 가부, 보수의 용이성, 소음, 안전
기 타	신뢰성(동력전달), 가격, 구입의 용이성

3.1.3 축 이음의 분류

[표 3-2 축이음의 분류]

<table>
<tr><td rowspan="6">축이음</td><td rowspan="3">축선이 동일한 선상에 있을 경우</td><td rowspan="2">고정 커플링
(rigid coupling)</td><td>원통 커플링</td><td>• 머프커플링
(muff coupling)
• 마찰원통 커플링
(friction coupling)
• 클립 커플링
(clip coupling)
• 클램프 커플링
(clamp coupling)
• 셀러 커플링
(seller's coupling)</td></tr>
<tr><td colspan="2">플랜지 커플링(flange coupling)</td></tr>
<tr><td>플렉시블 커플링
(flexble coupling)</td><td colspan="2">• 프랜지 커플링
(flexble flange coupling)
• 기어형(grard type coupling)
• 체인형(chain type coupling)
• 고무 커플링
(rubber shaft coupling)
• 금속스프링 커플링
(steel flex coupling)</td></tr>
<tr><td>축선이 평행인 경우</td><td colspan="3">올덤 커플링(oldhams coupling)</td></tr>
<tr><td rowspan="2">축선이 교차할 경우</td><td rowspan="2">유니버설 커플링
(universal coupling)
(일명, 自在축 이음)</td><td colspan="2">부등속형 자재 축 이음</td></tr>
<tr><td colspan="2">등속형 자재 축 이음</td></tr>
</table>

3.2 커플링의 종류 및 특징

3.2.1 고정 커플링(rigid coupling)

- 두 축이 반드시 일진선상인 축 이음에 사용한다.
- 축방향 이동이 없는 데 사용한다.
- 연결해야 할 두 축을 볼트 또는 키를 사용하여 하나로 결합하여 고정시키는 커플링이다.

[1] 원통 커플링(cylindrical coupling)

❑ 머프 커플링(muff coupling)

- 주철제의 원통 속에서 두 축을 맞대어 맞추고 키를 고정하는 구조가 가장 간단하다.
- 축 지름과 전달동력이 아주 작은 기계의 축 이음에 사용한다.
- 인장력이 작용하는 축 이음에는 부적절하다.

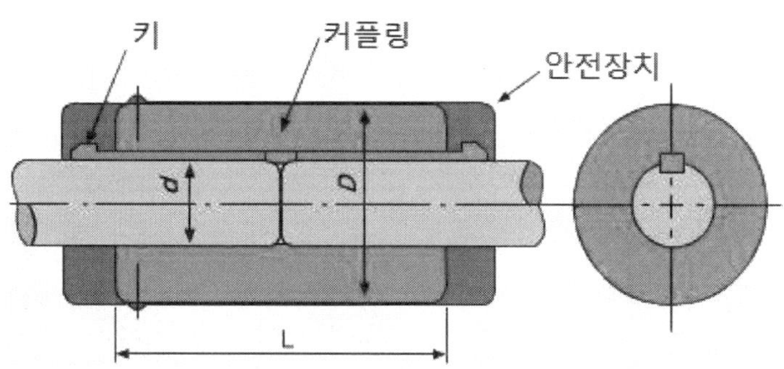

원통의 길이 L = 3d (대형 축), 4d (소형 축)

원통의 지름 D = (1.8 ~ 2.0)

그림 3-1 머프커플링의 구조와 명칭

❑ 마찰 원통 커플링(friction coupling)

- 바깥 둘레가 반 원뿔형으로 된 2개의 주철제 분할 원통을 두 축의 연결 부분에 씌우고 연강제의 링(ring)을 끝에서 두드려 박아 죄어 맨 커플링이다.

• 큰 토크 전달에는 적합하지 않다.
• 설치 분해가 쉽고 설치가 쉽다.
• 긴 전동축이나 150 mm 이하의 진동이 없는 축 이음에 적합하다.

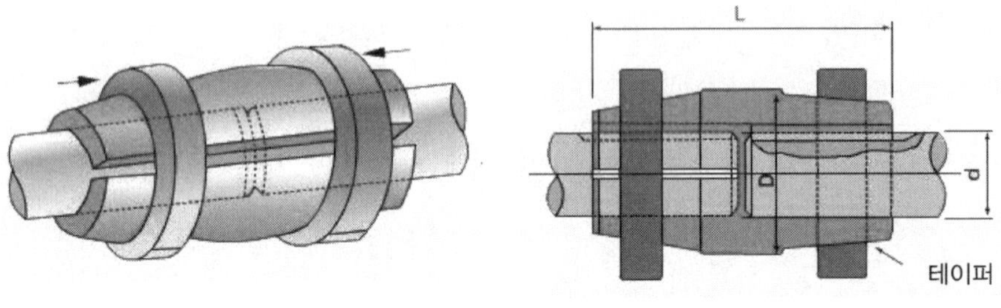

(a) 조립상태 (b) 단면

원통의 길이 L = 3d (3.3 ~ 4)d

원통의 지름 D = (1.8 ~ 2.0)

원추부의 테이퍼 1 : 20 ~ 1 : 30

그림 3-2 마찰 원통 커플링의 구조

❑ 클램프 커플링(clamp coupling)

주철 또는 주강제의 반원통을 볼트로 죄어 매고 두 축을 공통의 키로 연결한 분해 조립이 쉬운 커플링으로 축 지름이 200 mm 이하에 사용한다.

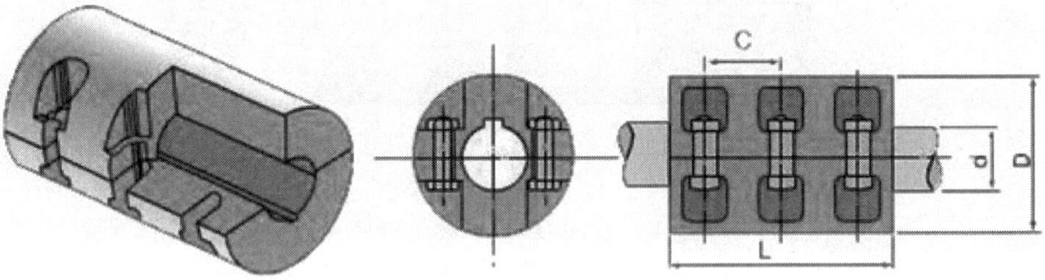

원통의 길이 L = (3.5~5.2)d

원통의 지름 D = (2~4)d

볼트 사이 거리 : C = (1.2~1.7)d

그림 3-3 클램프 커플링의 구조

❑ 셀러 커플링(seller's coupling)

머프 커플링을 개량한 것으로, 바깥면이 원뿔형인 주철제 안통 2개를 양쪽에 원뿔형인 주철제 바깥 통에 끼워 3개의 긴 볼트로 결합한 후 두 축에 페더 키로 고정시키는 커플링이다.

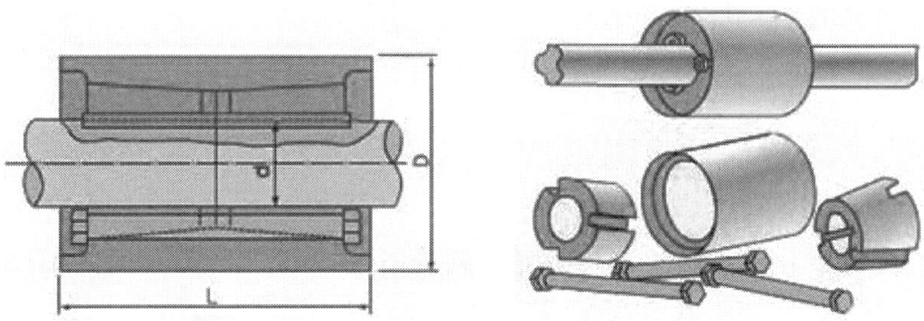

(a) 조립도 (b) 분해도

원통의 길이 L = (3.3～4)d

원통의 지름 D = (2.7～4)d

원추부의 테이퍼 1 : 7～1 : 10

그림 3-4 셀러 커플링의 구조

[2] 프렌지 커플링(flange coupling)

두 축 끝에 프렌지를 끼워 키로 고정하고 리머 볼트로 결합시키는 커플링이다. 확실한 전달 토크가 가능하다.

대형 기계(축 지름 200 mm 이상) 부분에 많이 사용한다.(고속회전의 프로펠러 축, 선박의 엔진 축)

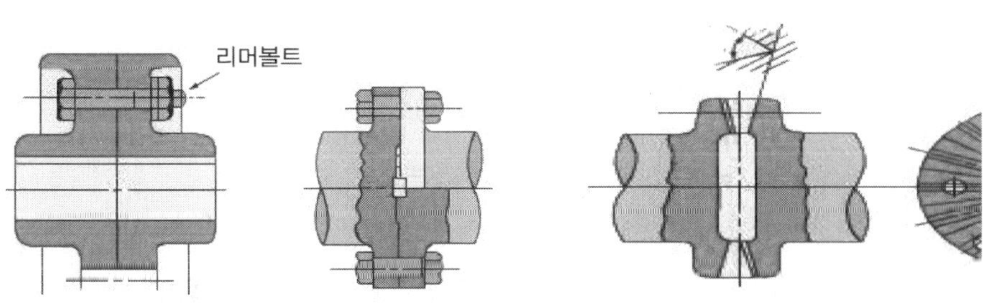

(a) 프렌지 커플링 (b) 일체 프렌지 커플링 (c) 세레이션 커플링

그림 3-5 프렌지 커플링

[3] 고정 커플링(rigid coupling)의 중심내기

- 고정 커플링(rigid coupling)은 축심의 어긋남을 될 수 있는 데로 최소로 해야 한다.
- 아래의 그림과 같이 straight edge를 Shaft에 대고 눈으로 확인한다.
- 빛의 통과 여부를 A, B, C, D 4점에서 확인하고 빛이 통과하지 않을 정도로 조절한다.
- a, b의 틈새 오차도 A : C, B : D에서 최대 0.05 mm 이내로 맞추어야 한다.

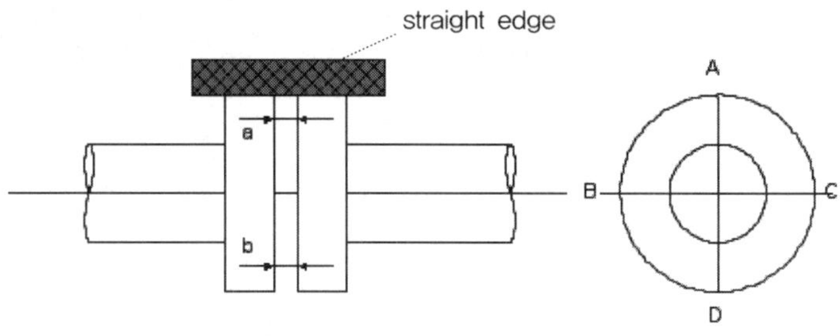

a) flange 에서 중심내기를 할 경우

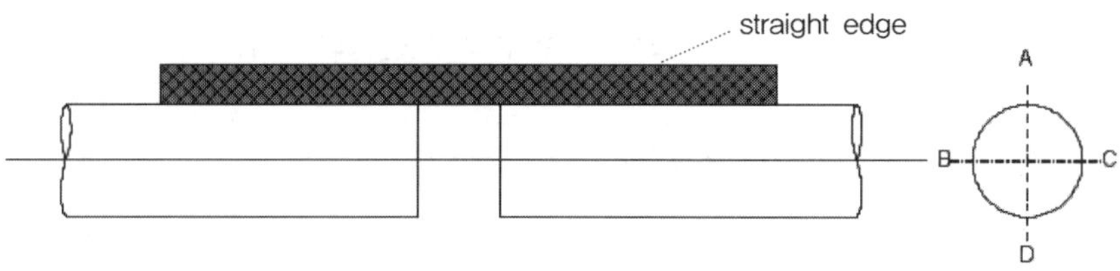

b) shaft 에서 중심내기를 할 경우

그림 3-6 flexible coupling의 잘못된 중심내기

3.3 플렉시블 커플링(flexible coupling)

두 축의 중심선을 일치시키기 어렵거나, 또는 전달 토크의 변동으로 충격이나 진동이 발생할 때 고무, 가죽, 강선 스프링 등을 이용하여 완화시켜 주는 커플링이다.

[1] 탄성체 커플링(elastomeric coupling)

- 충격 및 진동 흡수성이 매우 우수하다.
- 엘리먼트(spider) 교환이 쉽다.
- 윤활 주유가 불필요하여 경제적이다.
- 엘리먼트의 소재가 다양하다.
- 유지보수가 쉽고 빠르며 가격이 경제적이다.
- 대부분 고온과 화학약품에 약하다.
- 금속제 커플링에 비해 비틀림에 약하다.
- 금속제 커플링에 비해 같은 용량일 때 부피가 커져 공간적인 제약을 받을 수도 있다.

❑ 제품의 종류

- 타이어 형(tire type)
- 슬리브형(sleeve type)
- 나이론 슬리브 형(nylon sleeve type)
- 핀 부시 형 (pin & bush type)
- 죠 형(jaw type)
- 도넛 형(dount type)
- 몰드 형(moulded type)

그림 3-7 각종 탄성체 커플링

[2] 금속제 커플링(elastomeric coupling)

- 비틀림에 강하다(tortional stiff)
- 소형으로도 고토르크를 실현시킨다.
- 대부분 고온과 화학약품에 강하다.
- 부식에 강한 소재 사용이 가능하다.
- 대부분 백래쉬 제로(back lash zero)이며, 이는 탄성체에 비해 탁월한 특징이다.
- 윤활 주유로 유지보수가 불편하다.
- 얼라이먼트를 맞추기가 다소 까다롭다.
- 탄성체 카플링에 비해 조립, 분해가 어렵다.
- 금속 간의 마찰로 금속 피로도가 높다.
- 탄성체 커플링에 비해 진동과 충격 흡수율이 낮아 기동부하가 클 수 있다.

❑ 제품의 종류

- 그리드 형(taper grid coupling)
- 기어 형(gear type)
- 디스크 형(disc type)
- 빔 형(beam type)
- 오프셋 형(offset type)
- 스프링 형(spring type)
- 다이아프램 형(diaphragm type)
- 체인 형(chain type)
- 링크 형(link type)
- 유니버설 조인트 형(universal joint type)

그림 3-8 각종 금속제 커플링

[3] 플렉시블 커플링의 종류 및 특징

- 프렌지 플렉시블 커플링(flange flexible coupling)
- 기어 형(geard type coupling)
- 체인 형(chain type coupling)
- 그리드 플렉시블 커플링(grid flexible coupling)
- 고무 커플링(rubber shaft coupling)
- 금속 스프링 커플링(steel flex coupling)
- 유체 커플링(hydraulic coubling)

❑ 프렌지 플렉시블 커플링(flange flexible coupling)

- 이음 볼트에 고무의 부시를 끼워 결합한 탄성을 이용한 커플링이다.
- 축심간의 이긋남을 고무 부시의 변형으로 흡수한다.
- 분해, 결합이 쉬운 일반적인 축 이음에 많이 사용한다.

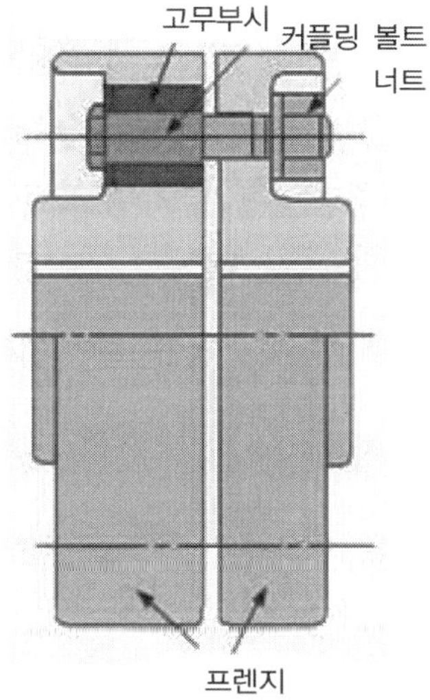

그림 3-9 프렌지 플렉시블 커플링의 구조와 명칭

❑ 기이형 기플링(gear type coupling)

- 외통에 설지힌 힌 씽의 내기어와 내통에 실치한 외기어의 맞물림을 이용한 커플링이다.
- 두 축의 중심선이 다소 어긋나도 토크를 전달할 수 있다.

• 원심 펌프, 컨베이어, 교반기, 발전기, 송풍기, 믹서, 유압 펌프, 압축기, 크레인, 기중기 등의 고속, 고부하 회전축 이음에 사용한다.
• 기어 이의 맞물림 부에는 윤활이 꼭 필요하다.

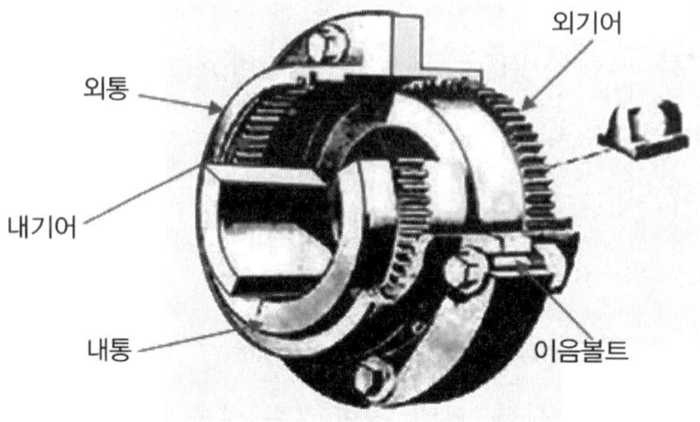

그림 3-10 기어형 커플링의 구조와 명칭

❑ 체인형 커플링(chain type coupling)

• 양 축단에 설치된 스프로킷 휠에 2줄의 체인을 사용하여 두 축 간의 편심 여유를 흡수케 한 커플링이다.
• 허용 전달 토크는 롤러와 스프로킷 사이의 내압에 의해 결정된다.

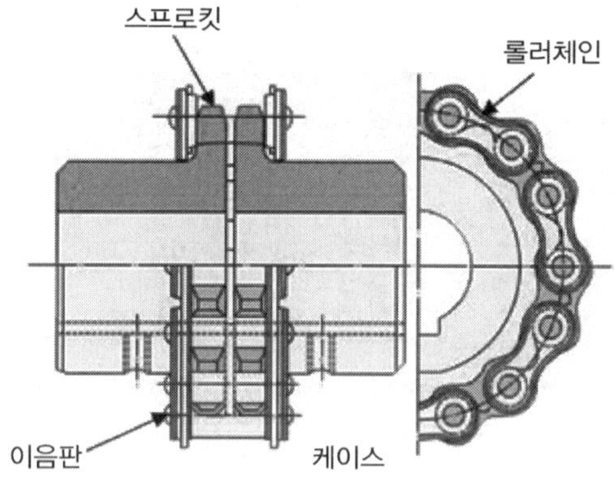

그림 3-11 체인형 커플리의 구조와 명칭

❑ 그리드 플렉시블 커플링(grid flexible coupling)

• 경강선으로 된 그리드(금속 격자)의 탄성을 이용한 커플링이다.
• 두 축의 끝 부분에 홈이 있어 한 쌍의 원통을 키 박음으로 고정한다.

• 양 축의 축 방향 홈이 일직선이 되도록 한 후 S자 모양의 금속 격자를 홈 속으로 넣어 연결한다.

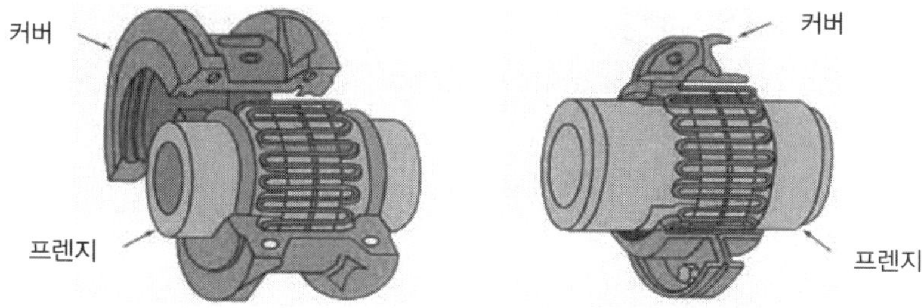

(a) 수평 분할형 (b) 수직 분할형

그림 3-12 그리드 플랙시블 커플링 구조와 명칭

❑ 고무 커플링(rubber coupling)

• 방진고무의 탄성을 이용한 커플링이다.

• 종류가 많으며 그에 따른 각각의 특징들이 많다.

• 장점

− 축 심간의 어긋남의 허용이 크다.

− 진동, 충격을 흡수하는 능력이 크다.

− 복잡한 스프링 특성을 얻는다.

− 소음이 생기지 않는다.

− 윤활이 필요 없고 보수가 비교적 쉽다.

− 2축간의 전기절연이 가능하다.

• 단점

− 큰 토크의 전달이 곤란하다.

− 외형이 커진다.

− 고무의 경면 변화로서 열화 한다.

− 환경조건에 약하다.

(a) 압축형 고무 커플링

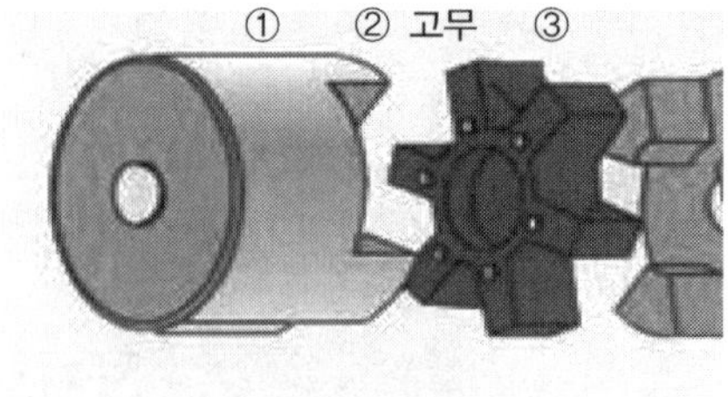

(b) 압축형

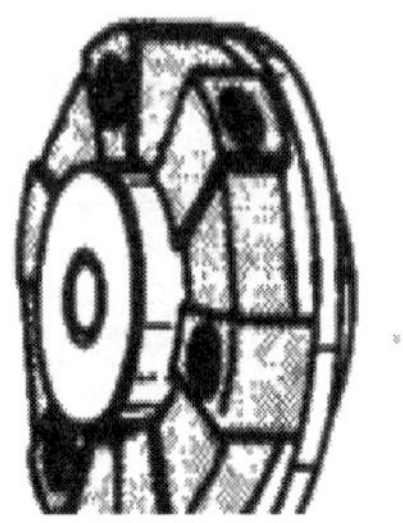

(c) 압축-인장형

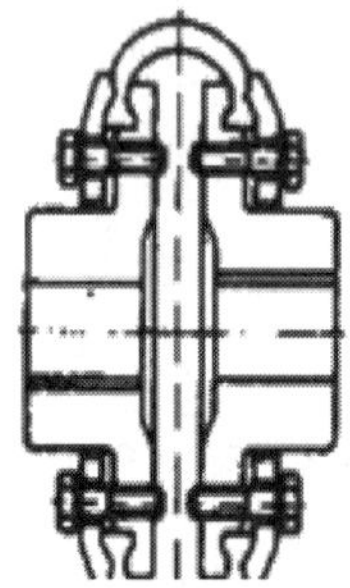

(d) 전단형(다이어형)

그림 3-13 고무 커플링

❑ 금속 스프링 커플링(steel flex coupling)

- 휨 재로서 금속 스프링을 사용한 커플링이다.
- 고속, 큰 토크의 전달, 백 래시가 없다, 높은 비틀린 강성, 내열, 내후성, 수명 등에서 고무 커플링보다 매우 우수하다.
- 윤활을 필요로 하는 것이 많다.

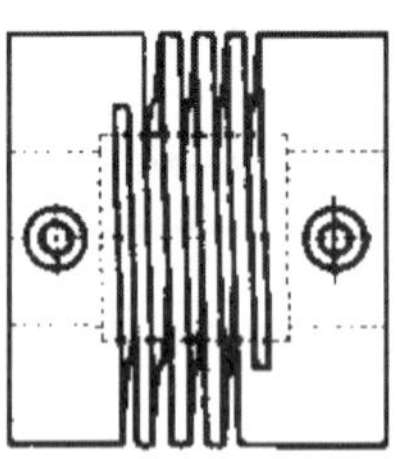

(a) 코일스프링형, 비틀림의 예

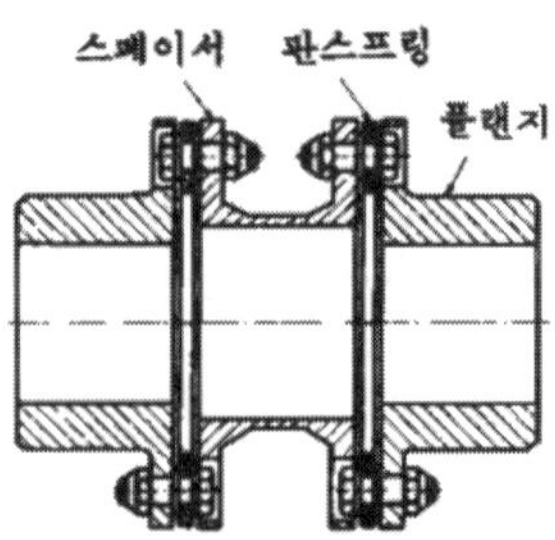

(b) 판스프링형, 원판상의 예

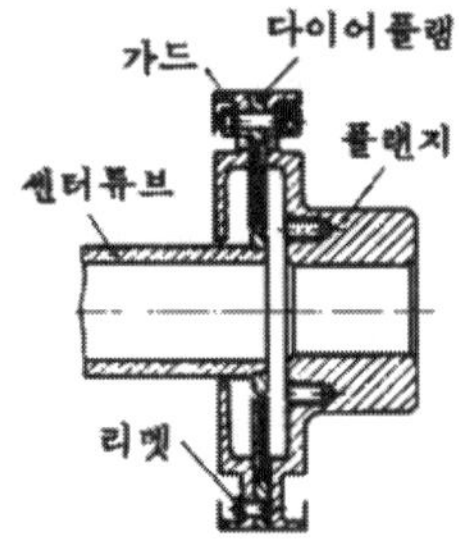

(c) 다이어 플램

그림 3-14 금속 스프링 커플링

3.4 유체 커플링(hydraulic coupling)

- 원동 축에 고정된 펌프 회전에 의하여 에너지를 받은 유체가 종동축에 고정된 터빈 임펠러에 들어가서 종동축을 회전시켜 동력을 전달하는 커플링이다.
- 파우더 및 오일을 이용하여 슬로우 스타트로 모터나 동력전달 계통의 부하를 줄이고 또한 과부하 시 자동적으로 피동부 축과의 연결이 차단되어 모터나 피동기 시스템을 보호하는 기능을 수행하는 커플링이다.

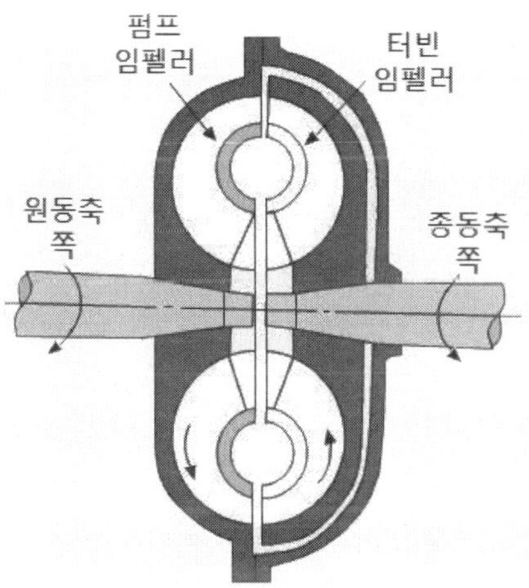

그림 3-16 유체 커플링의 구조와 명칭

3.5 올덤 커플링(oldham coupling)

- 두 축이 평행하며, 두 축 사이의 거리가 비교적 짧은 경우에 사용되는 커플링이다. 조립이 간단한 3piece로 이루어져 있어 높은 비틀림 강성과 편심 비정렬에서도 수용 능력 뛰어나다.
- 대부분의 스테핑 드라이브에 가장 일반적인 용도로 쓰이며 마모 부분을 손쉽게 교체할 수 있다.
- 윤활이 어렵고 원심력에 의해 진동이 발생되며, 고속 회전 이음에는 적당하지 않다.

속도	표준형 원판으로 3,000 rpm 까지
최대하중 토크량	44Nm
표준내경	2~30mm
온도범위	−20~+60℃
절연	필요함
연결방법	클램프 또는 세트 스크류
강도	4.9(single−helix beam 커플링의 강도를 0.27로 볼 때의 강도임)

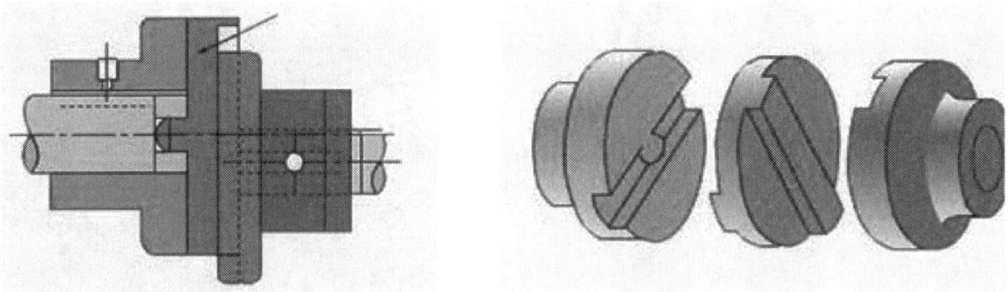

(a 조립도 (b) 분해도

그림 3-17 올덤 커플링의 구조와 명칭

3.6 유니버설 커플링(universal coupling)

- 두 축의 중심선이 어느 각도로 교차되고, 그 사이의 각도가 운전 중 다소 변하여도 자유로이 운동을 전달할 수 있는 커플링이다.
- 공작 기계, 자동차 등의 축 이음에 사용한다.

❑ 훅 커플링(hook's coupling)

- 두 축의 속도 차이를 상쇄시키기 위해 중간축을 이용하여 쌍으로 사용한다.
- 자동차의 후륜 구동차량에 사용한다.

❑ 제파 커플링(rzeppa coupling)

- 중간축이 없다.

• 자동차의 전륜 구동 차량에 사용한다.

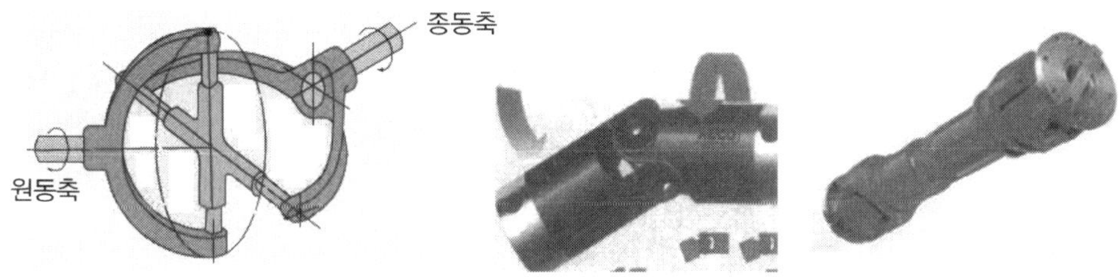

그림 3-18 유니버설 커플링

3.7 기타 소형 정밀 커플링

❑ **벨로즈형 커플링(bellows type coupling)**

- 주름관 모양이나 나선형 홈이 있는 금속 실린더로 되어 있다.
- 두 축의 중심이 일치하지 않을 경우 두 축 사이의 편심을 흡수하면서 두 축을 연결하는 커플링이다.
- 두 축이 만나는 각이 일치하지 않아도 비교적 높은 비틀림 강성을 가지며 백래시가 없다.
- 탁월한 운동성을 지닌 정밀 커플링으로 강성, 축간 유연성, 비틀림의 정도에 따라 세 가지 타입으로 나뉜다.

  short 3-convolution, stretched 2-convolution long, 9-convolution.
- high-end 서보 드라이브, 스캐너, 펄스 제너레이터, 포지셔닝 슬라이드, 미터링 밸브 등에 사용한다.

속도	표준형으로 5000rpm까지
최대하중 토크량	12.5Nm
표준내경	3~20mm
온도범위	−40~+120℃
절연	필요 없음
연결방법	클램프형 또는 세트 스크류형
강도	9.8(single−helix beam 커플링의 강도를 0.27로 볼 때의 강도임)

그림 3-19 벨로즈 형 커플링

❑ 디스크형 커플링(disk type coupling)

- 백 래시 제로인 커플링으로 탁월한 운동성을 지닌 고정밀 커플링으로 기구학적으로 균형된 구조를 이루고 있다.
- high−end 서보 드라이브, 펄스 제너레이터, 스캐너, 포지셔닝 슬라이드 등 고속운동제어 시스템에 사용한다.

속도	표준형으로 5000rpm까지
최대하중 토크량	60Nm
표준내경	3~20mm
온도범위	−40~+120℃
절연	필요 없음, 단 전연재 보어 아답터 사용시 제외
연결방법	클램프형 또는 세트 스크류형
강도	6.7(single−helix beam 커플링의 강도를 0.27로 볼 때의 강도임)

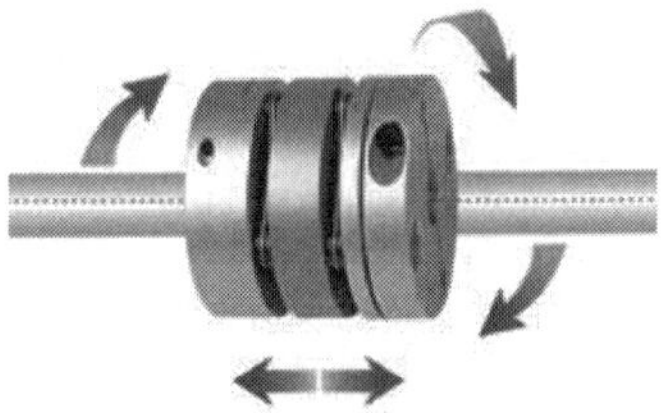

그림 3-20 디스크형 커플링

❑ radial beam coupling

- 백래시 제로인 커플링으로 radial beam으로 형성된 스프링이 편심, 앤드플레이를 완전히 흡수하는 커플링이다.
- 고강성 알루미늄 합금(AI 7075−T6)으로 만들어져 비틀림 강성과 토르크가 높다.
- 정밀한 동심원 일치도(concentricity)와 낮은 관성으로 높은 RPM에서도 사용이 가능하다.
- 정전(正專), 역전(逆傳)이 가능하며, 내구성, 내약품성이 뛰어나다.

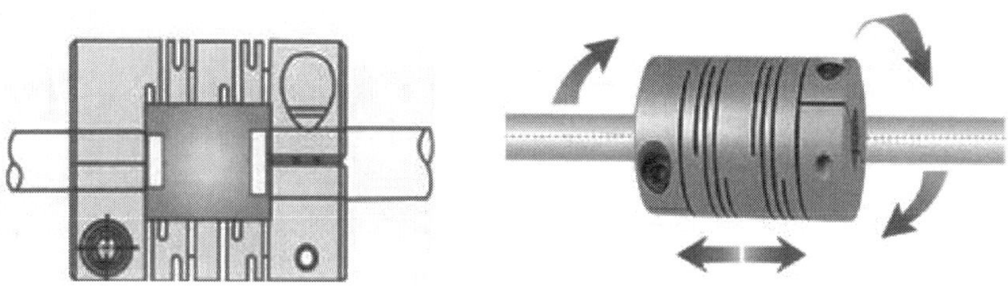

그림 3-21 레이디얼 빔 커플링

❑ 유니렛 커플링

- 제로 백 래시인 커플링으로 부가적인 비정렬 기능을 갖춘 독특한 형상의 커플링이다.
- 축간의 강성(push & pull / 하중 전달)의 기능이 있다.
- 엔코더의 포지션 응용, 미터링 밸브/ 펌프, 옵티컬 시스템, 모터라이즈드 포텐샤미터, 스테퍼, 저속회전 등에 사용한다.

속도	표준형으로 3000rpm까지
최대하중 토크량	3.5Nm
표준내경	3~16mm
온도범위	-20~+60℃
절연	필요함
연결방법	클램프형 또는 세트 스크류형
강도	1.0(single-helix beam 커플링의 강도를 0.27로 볼 때의 강도임)

그림 3-22 유니넷 커플링

❑ 조 커플링(jaw coupling)

- 튀어나온 조와 2개의 허브를 가지고 있으며 조는 축 방향으로 겹쳐 있고 연한 금속 재료 또는 고무 같은 탄성체의 삽입을 통해 꼭 끼워져 결합된 커플링이다.
- 틈새는 두 축 사이에 발생할 수 있는 어느 정도의 분일치를 가지지만, 바람지하지 않은 백래시는 허용할 수 있다.
- 내구성이 탁월하며, 고비 틀림 강성이 있다.
- 별도의 유지보수가 불필요하다. (윤활 주유 불필요)

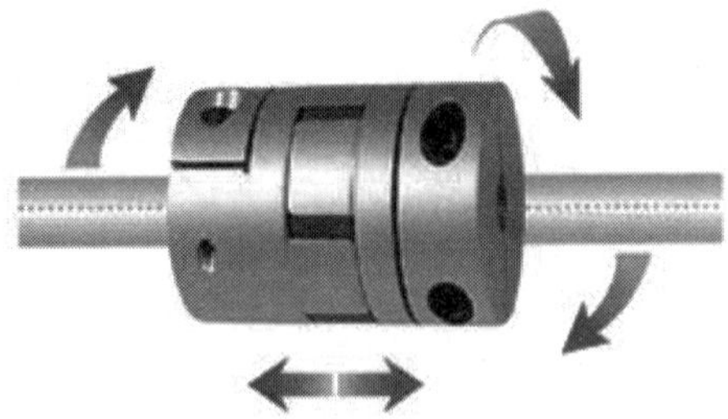

그림 3-23 조 커플링

3.8 커플링의 보전과 분해 조립

3.8.1 커플링 설계 고려사항

❑ 커플링 설계상 고려해야 할 사항

- 회전 균형, 중량 균형 등이 잡혀 있을 것.
- 중심 맞추기가 완전히 되어 있을 것.
- 조립 분해 작업 등이 쉬울 것.
- 가볍고 소형일 것.
- 진동에 대해 강할 것.
- 회전면에 돌기물이 없을 것.
- 전동 능력이 충분할 것.
- 윤활 등은 되도록 필요하지 않도록 할 것.
- 전동 토오크의 특성을 충분히 고려하여 특성에 맞는 형식으로 할 것.

3.8.2 플렉시블 커플링의 중심내기

- 플렉시블 커플링의 경우 축의 어긋남은 그림과 같이 3종류로 생각할 수 있다.
- 커플링의 허용오차 이내로 중심내기를 하는 것이 기본이나 정확할수록 수명이 연장된다.
- 사용 중 베어링의 마모나 그 밖의 이유로 중심에 이상이 생겨도 허용범위 내에

선 트러블(trouble)을 막을 수 있다.

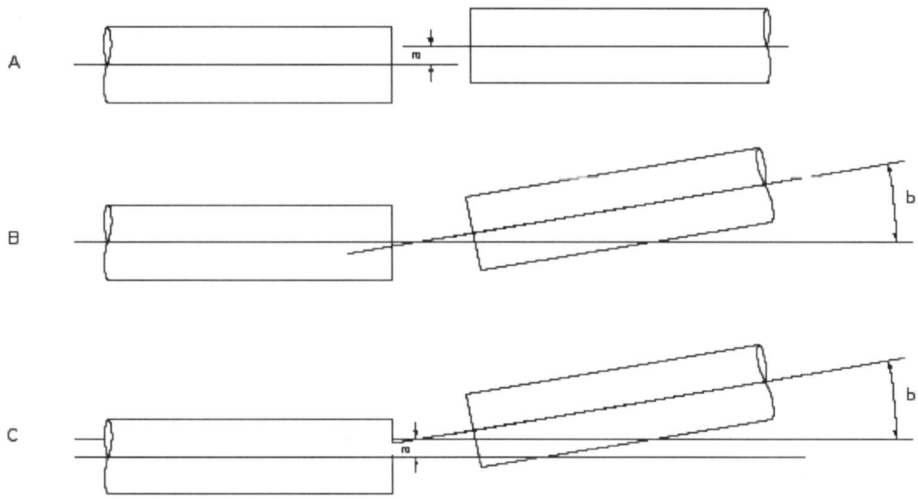

a: 허용오차는 Coupling의 종류에 따라 다르다.
b: 1° ~ 2° 이내

그림 3-15 Flexible Coupling의 잘못된 중심내기

3.8.3 커플링 보전 시 숙지사항

- 커플링은 축의 misalignment를 허용하고 회전각의 torque를 전달한다.
- misalignment 허용치를 초과하는 경우 진동이 발생하고 수명이 급속히 저하되므로 허용범위 내 alignment 조정은 필수적이다.
- 축 중심의 misalignment는
  parallel misalignment (편심 : 양 축의 평행 오차),
  angular misalignment (편각 : 양 축의 각도 오차),
  end float(축의 축 방향 이동) 등이 있다.
- coupling의 수명을 최대화하기 위해선 허용오차의 1/3 수준으로 조립하여 사용한다.

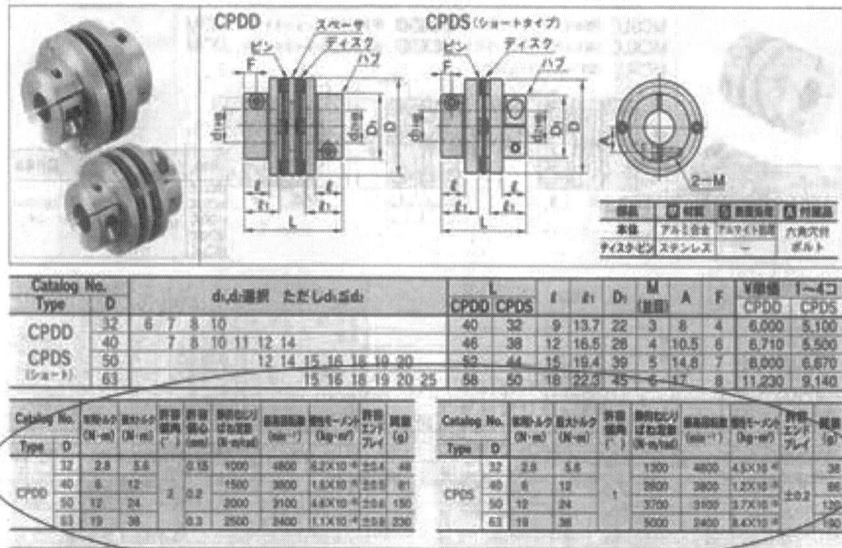

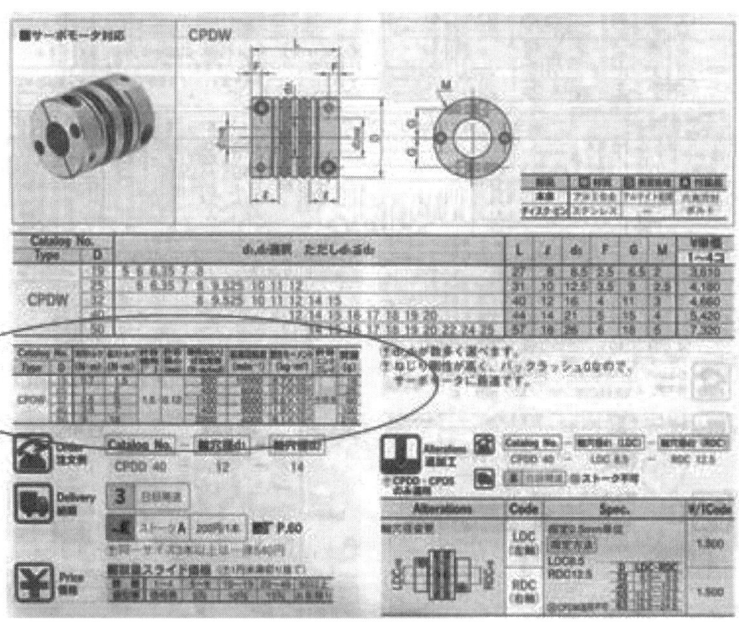

그림 3-24 커플링 규격의 예

3.8.4 자동화 현장에서 주로 사용되는 커플링

그림 3-25 자주 사용되는 각종 커플링

제 4 장 감속기의 이해

4.1 감속기의 이해

4.1.1 감속기의 개념

원동축의 회전력을 정해진 감속비로 감속시켜 힘(torque)을 크게 하고, 분해능을 높여서 피동축에 동력을 전달하는 장치이다.

[1] 감속기의 종류(대표)

- 다단기어 감속기
- 웜기어 감속기
- 유성기어 감속기
- 탄성기어 감속기

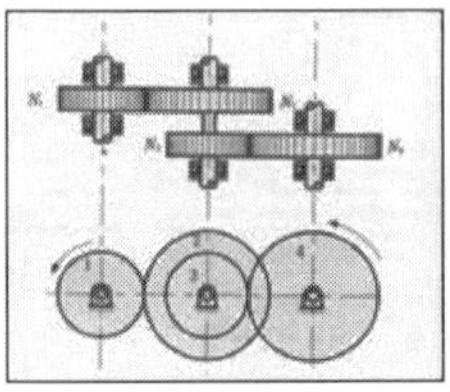

다단기어 감속기

웜기어 감속기

유성기어 감속기

탄성기어 감속기

그림 4-1 감속기의 종류

4.2 감속기의 원리

4.2.1 감속기의 원리(대표)

[1] 다단기어 감속기

스퍼기어(spur gear) 또는 헤리컬기어(herical gear)를 이용하여 10 : 1보다 큰 감속비를 얻고자 할 때에는 복합 기어 열(compound gear train)은 적어도 축에 1개 이상의 기어를 구동하는 기어 열이다. 이것은 병렬이나 직렬-병렬로 이루어져 있으며, 단순 기어열의 직렬연결과는 다르다.

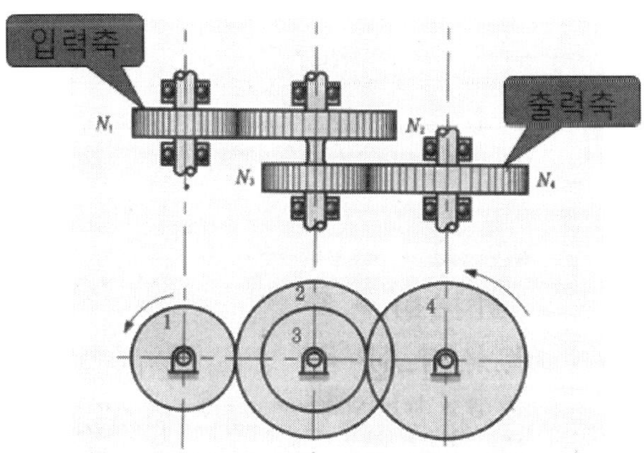

그림 4-2 단(복합) 기어열

[2] 웜기어 감속기

웜 기어는 구동축과 피동축을 직교시킬 수 있는 외에는 2개의 기본 요소로 고 감속화를 얻을 수 있는 점에서 콤팩트한 구동계를 구성하므로 다른 기어류에 비해 가장 우수한 성능을 가지고 있다.

❑ **특징**

- 1단의 웜 감속비로도 큰 감속비 가능.
- 출력 축에서 역회전이 불가능.
- 미끄럼 마찰이 크다.
- 큰 동력 전달용 엇갈림 축 감속기이다.

그림 4-3 웜 기어 감속기

[3] 유성기어 감속기

인터널(internal gear), 선 기어(sun gear), 3대의 유성 기어(planetary gear)로 구성된 감속기이다.

❑ 구조

고전된 internal gear 속에서 sun gear 축의 입력 회전으로 유성기어 축이 감속 회전하는 구조이다.

❑ 특징

- size가 작고 가볍다.(compact & light in weight)
- 튼튼하고 수명이 길다.(long life)
- 입력축과 출력축이 동심이다.(concentric center)
- 에너지 전달 효율이 높다.(high efficiency)

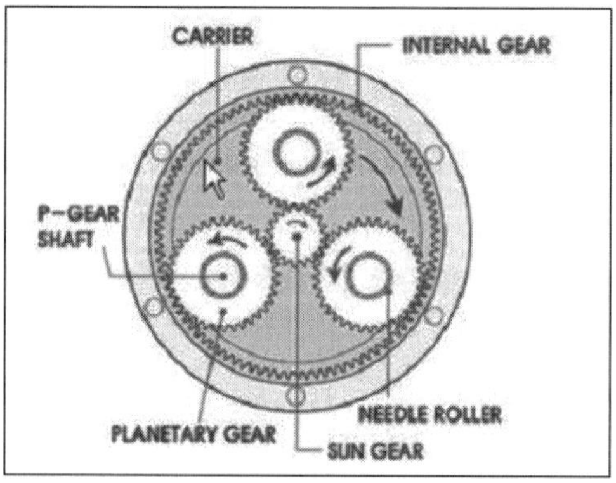

그림 4-4 유성기어 감속기

4.2.2 감속기의 선택(대표)

① 설비가 필요로 하는 감속비를 갖추고 있는지 확인.

② 감속기 입력축과 구동부와 접속 가능한 구조일 것.

③ 감속기 출력축과 피동부와 접속 가능한 구조일 것.

④ 입력축의 회전수 및 토르크를 수용할 수 있는 사양일 것.

⑤ 출력축이 원하는 토르크 와 회전수가 맞아야 한다.

⑥ 취부 위치와 방법이 설계치와 맞아야 한다.

⑦ 각 작업 조건 등을 고려하여야 한다.(내열 온도, 진동 발생 여부, 브레이크 부착 여부, 사후 급유 조건 등)

⑧ 백 래쉬 여부에 따라 감속기 기종을 선택한다.

⑨ 구동부의 회전수에 따라 감속기 기종을 선택한다.

⑩ 구동축과 피동축이 평행, 동일선상, 직교, 교차 여부에 따라 감속기의 선택이 달라진다.

- 위의 내용은 감속기를 선택하기 위한 일반적인 항목이라 할 수 있다.
- 그 외 옵션으로 감속기어의 열처리 방법과 연마 여부를 지정하는 경우도 있다.
- 그 외 윤활유 급유장치를 추가로 요구하는 경우도 있기도 하다. 또한 고속 장시간 운전되는 경우는 윤활유의 냉각에 대하여도 옵션으로 지정하는 경우도 있다.

4.3 감속기의 용도

4.3.1 감속기의 용도(대표)

[1] 다단기어 감속기

- 소형 감속기로 주로 생산되어 많이 적용되고 있다.
- 모터의 출력은 수 와트에서 400와트 정도에서 많이 적용되며, 감속비 역시 다

양하게 메이커 별로 차이는 있지만 대부분 3 : 1 ~ 180 : 1 정도의 감속비를 가진 감속 장치가 많이 생산되고 있다.

- 구동축과 피동축이 일직선 또는 평행인 경우에 적용되는 감속 방법이다.

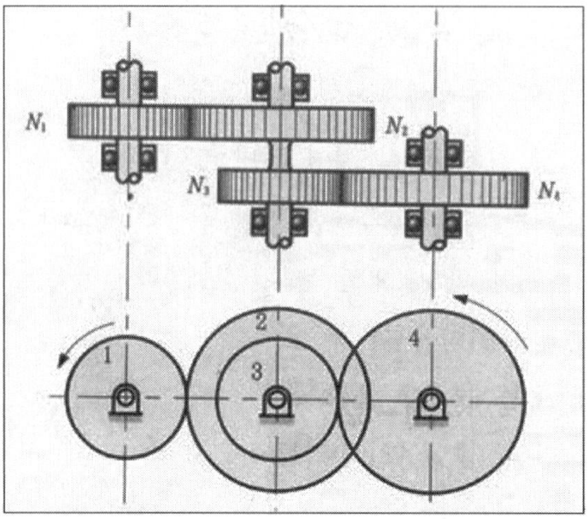

그림 4-5 2단 (복합) 기어 감속기

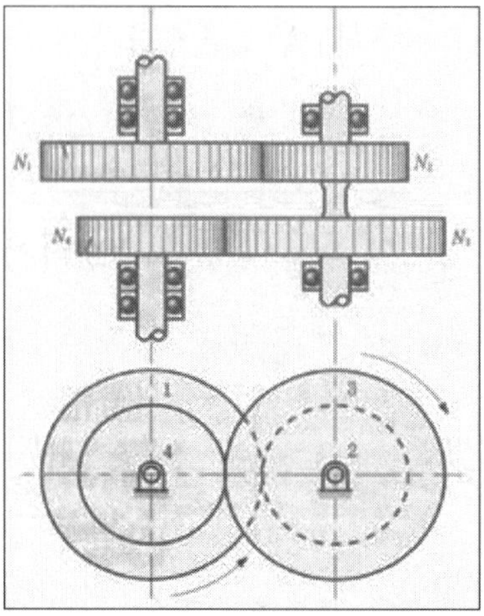
그림 4-6 복귀형 복합 기어 감속기

[2] 웜 기어 감속기

- 중형, 대형 감속기로 주로 생산되어 많이 적용되고 있다.
- 모터의 출력은 수십 와트에서 수백 마력 정도에서 많이 적용되며, 감속비 역시 다양하게 메이커 별로 차이는 있지만 대부분 수십 : 1 ~ 수백 : 1 정도의 감속비를 가진 감속 장치가 많이 생산되고 있다.
- 구동축과 피동축이 교차하는 경우에 적용되는 감속 방법이다.
- 웜 나사가 1줄 나사인 경우 웜 나사 1 회전 시 웜 기어가 한 피치씩 돌아간다. 이 경우 웜 휠의 이 수가 곧 감속비가 된다.
- 웜 휠에서 웜 샤프트를 돌리는 일은 불가능하다.

그림 4-7 1줄 웜 감속기

[3] 유성기어 감속기

- 소형 감속기로 입력의 속도가 고속인 경우 많이 적용되고 있다.
- 모터의 출력은 수십 와트에서 수백 와트와 정도에서 많이 적용되며, 감속비 역시 다양하게 메이커 별로 차이는 있지만 대부분 수백 : 1 정도의 감속비를 가진 감속 장치가 많이 생산되고 있다.
- 주로 air driver, 전동 driver 감속기에 많이 적용된 사례를 볼 수 있다.
- 구동축과 피동축이 동일선상일 경우에 적용되는 감속 방법이다.
- 링기어가 부가된 더욱 유용한 배열이고, 링기어를 고정하고 유성 운동을 하도록 하고 있다. 또 태양기어, 링기어, 암이 모두 중심이 같은 중공축에 대해서 운동하고 가가이 가속도를 입력 또는 출력으로 사용할 수 있디.
- 유성 기어열의 운동은 관찰을 통해 결정하는 것은 매우 어렵고 계산이 필요하나.

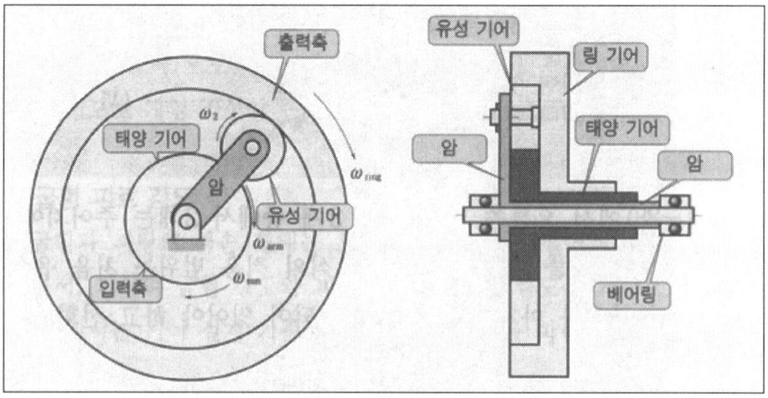

그림 4-8 링 기어가 출력축인 유성 기어 감속기

4.4 하모닉 드라이버(harmonic drive)

4.4.1 하모닉 드라이버 구성

금속의 탄성 역할을 응용한 하모닉 드라이브는 3개의 기본부품(웨이브 제네레이터, 플렉스플라인, 서큘러 스플라인)으로 구성되어 있다.(형상적으로 4종류의 기본 요소로 되어있는 종류도 있지만, 작동 원리는 같음)

이 정밀한 모션을 만들어 내는 하모닉 드라이브 독자의 메커니즘은 이(齒)의 맞물리는 모양에서 볼 수가 있습니다.

그림 4-9 하모닉 드라이버의 구조와 명칭

[1] 하모닉 드라이버 구성 부품

❑ 웨이브 제네레이터

타원형의 외주(外周)에 내, 외륜(內, 外輪)이 플렉시블 한 볼베어링을 끼워 넣은 부품, 베어링의 내륜은 캠에 고정되어 있지만, 외륜은 볼을 매개로 해서 탄성(彈性) 변형을 한다.

일반적으로 입력축에 취부(取付)시켜 사용한다.

그림 4-10 웨이브 제네레이터의 구조와 명칭

❑ 플렉스플라인

얇은 컵(CUP)형상의 금속탄성체의 부품, 개구부의 외주면에 이(치)가 새겨져 있다. 컵의 밑바닥을 다이아프램이라고 부르며 통상 출력축에 취부하여 사용한다.

❑ 서큘러 스플라인

강체(剛體)의 링 형상의 부품, 내주면(內周面)에 이(齒)가 새겨져 있고, 플렉스플라인보다 잇수(齒數)가 2매 또는 4매 많게 되어있다. 일반적으로는 케이싱에 고정되어 사용한다.

4.4.2 하모닉 드라이버 동작 원리

플렉스플라인은 웨이브제너레이터에 따라서 타원 형상으로 변형되고 타원의 장축 부분에서 서큘러 스플라인과 이가 맞물리며 단축 부분에서는 이가 완전히 떨어진 상태로 된다.

서큘러 스플라인을 고정하고, 웨이브 제너레이터를 시계방향으로 회전시키면 플렉스플라인은 탄성변형하고, 서큘러스플라인 과의 이가 맞물린 위치가 순차적으로 이동해 간다.

웨이브 제너레이터가 1회전하면 플렉스플라인은 서큘러 스플라인보다 잇수가 2개 적기 때문에 웨이브 제너레이터의 회전 방향과는 잇수 2개분이 이동한다.

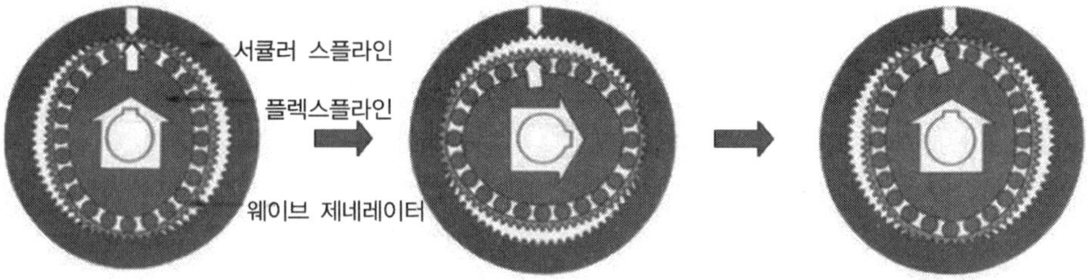

0°　　　90°　　　360°

그림 4-11 하모닉 드라이버의 동작 원리

4.4.3 하모닉 드라이버 형번 구성 및 표기방법

<u>CS</u> – <u>25</u> – <u>100</u> – <u>2A – GR</u> – <u>SP</u>
①　②　③　④　⑤

① **기종명** : 기본형상을 말한다.

CS라 함은 cup-style의 약자이며, 이외에 CSS, CSF, SHF, FB, FR, FD 등이 있다.

② **형번(size)** : 크기를 나타낸다.

#8~#100까지 나누어져 있다.

③ **감속비** : 감속 비율의 크기를 나타낸다. 일반적으로 감속비 50~320까지의 감속이 가능하다. 일반적으로 제작 가능한 감속비는 정해져 있다.

(감속비는 기종에 따라 카탈로그를 참고할 것)

④ **정도** : 컴포넌트형의 정밀도를 나타낸다.

2A-GR : 고정도형(lost motion 0.4~1.5분 이하)

2A-G : 일반 정도형(lost motion 9분 이하)

⑤ SP(special) : 각종 특주 내용을 말한다.

W/G : 주로 HUB구멍 사양 변경(적용 모터에 따라)

F/S : 뽑기 탭 추가 및 취부 구멍 사양 변경

C/S : pin hole, 뽑기탭 추가 및 취부 구멍 사양 변경

4.4.4 하모닉 드라이버 종류

[1] 하모닉드라이브/아큐드라이브

그림 4-12 하모닉 드라이버와 아큐드라이브

[2] 슈퍼미니시리즈

그림 4-13 하모닉 드라이버 슈퍼미니 시리즈

[3] CS시리즈/위상조정유니트/범용감속기

그림 4-14 하모닉 드라이버 표준품 시리즈

[4] 로타리모션 AC서보 액츄에이터

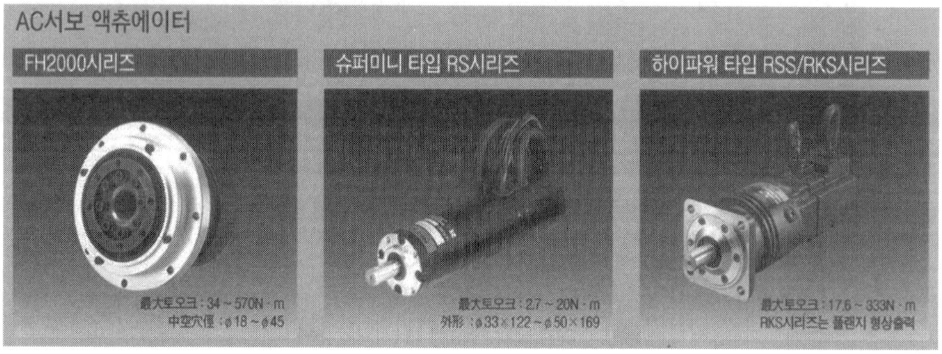

그림 4-15 AC서보 액추에이터

[5] 로타리모션 DC서보 액츄에이터

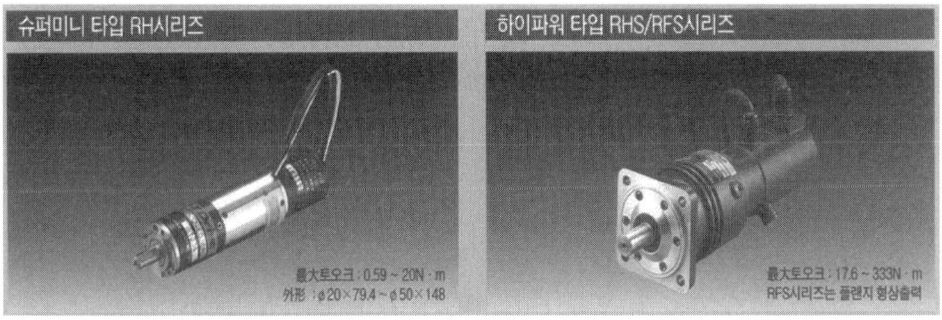

그림 4-16 로타리모션 DC서보 액츄에이터

[6] 리니어모션 리니어 액츄에이터

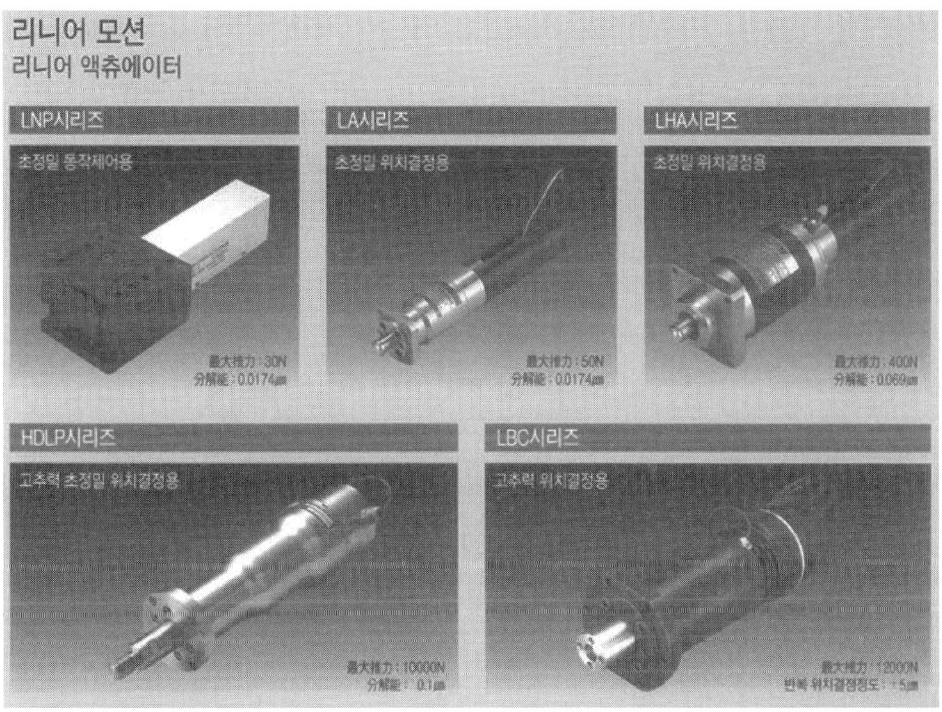

그림 4-17 리니어모션 리니어 액츄에이터

[7] CS형 기어 헤드

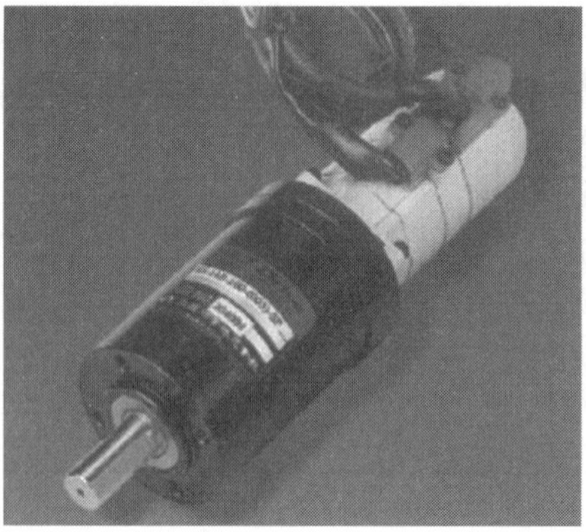 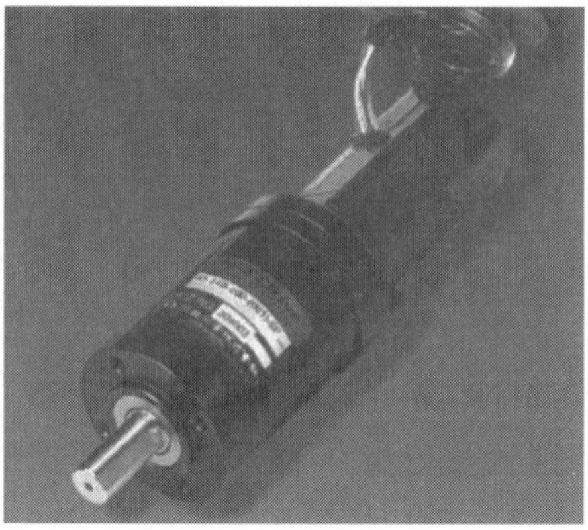

그림 4-18 CS형 기어 헤드

[8] CSF형 기어 헤드

그림 4-19 CSF형 기어 헤드

제 5 장 타이밍 벨트(timing belt)

5.1 타이밍 벨트

5.1.1 구조 및 재료

타이밍 벨트는 4개의 구성요소로 이루어져 있으며 구성요소별 특징과 재료는 다음과 같다.

- **항장체** : 고강도, 저신율, 뛰어난 굴곡성을 가진 glass fiber cord, steel계, SUS계, kevlar를 주로 사용한다.
- **이(齒)고무** : 뛰어난 전단강도와, 내열성, 내마모성을 가진 합성고무 및 우레탄을 사용한다.
- **하면 범포** : 벨트와 풀리의 마찰 부분을 보호하며 내열, 내마모, 내유성을 가진 고신장성 나일론 포를 사용한다.
- **커버 고무** : 항장체를 보호하며 배면구동의 경우 마찰에 의한 마모를 방지한다.

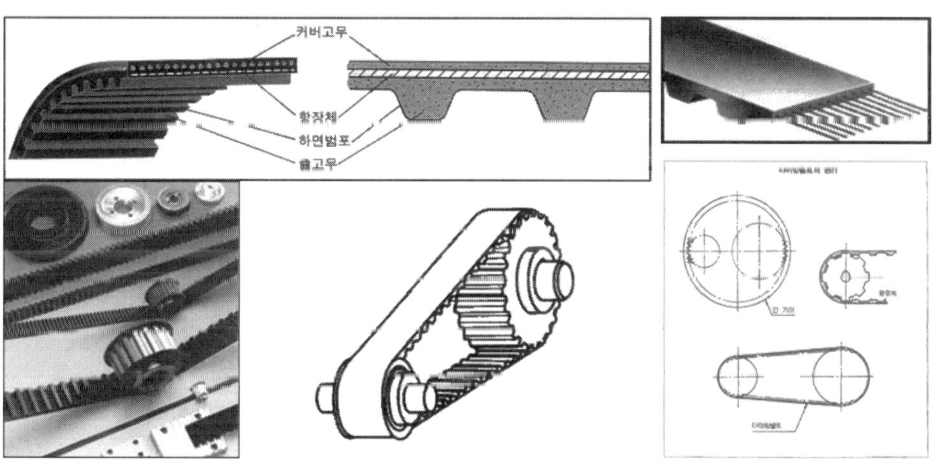

그림 5-1 타이밍 벨트의 구조와 원리

5.1.2 특징

[1] slip이 없는 정확한 전동

齒붙이 벨트로서 풀리의 홈과 정확하고 부드러운 맞물림으로 미끄럼이나 속도의 변화가 거의 없다. 또 저신율과 백 레시(back-lash)의 극소화로 체인과 기어의 전동보다 더욱 정확하게 전동 효과를 얻을 수 있다.

[2] 유지 보수의 간편

타이밍 벨트는 윤활이 필요가 없으므로 급유장치가 필요 없고, 저신율의 벨트로 초기 장착 후에는 장력 조정이 불필요하다. 아울러 협소한 공간에서도 유지보수가 간편하다.

[3] 콤팩트한 디자인

강도가 높고 가벼우며 얇을 뿐 아니라 굴곡성이 우수하여 작은 풀리와 짧은 축간거리의 설계가 가능하므로 설치 공간을 최소화할 수 있다.

[4] 높은 초기 장력 불필요 및 높은 효율

타이밍 벨트 전동은 마찰에 의한 구동이 아니므로 높은 초기 장력이 필요하지 않으며, 축 하중을 작게 할 수 있으므로 베어링 부하의 극소화는 물론 마찰열에 의한 전동 손실의 방지로 높은 효율을 얻을 수 있다.

[5] 광범위한 부하 용량

타이밍 벨트는 소형 면도기용 벨트에서부터 수백 KW의 그라인더나 압출기, 대형 컴프레서에 이르기까지 아주 넓고 다양한 산업분야에 사용되고 있다.

[6] 경량화, 저소음 가능

마력당 설계 중량의 경량화가 가능하므로 고속전동과 휴대용 장치에 적합하며 고속회전에서의 소음도 줄일 수 있다.(체인이나 기어 전동에 비해 소음이 매우 적다.)

[7] V벨트보다 휨 저항이 적다.

기계적 강도, 내마모성, 내유성, 내후성이 우수한 재질로 벨트가 제작될 수 있다.

5.1.3 발달과정

[1] 타이밍 벨트의 초창기(power grip timing belt)

- 초창기는 사다리꼴의 이 형태로서 윤활유가 불필요하며 정확하며, 작은 전동과 이송에 이용되었다.
- 다른 벨트보다 동기성이 좋고 다른 전동 요소보다 소음의 감소 효과가 큰 것이 장점이었다.
  (CTB : classical timing belt)

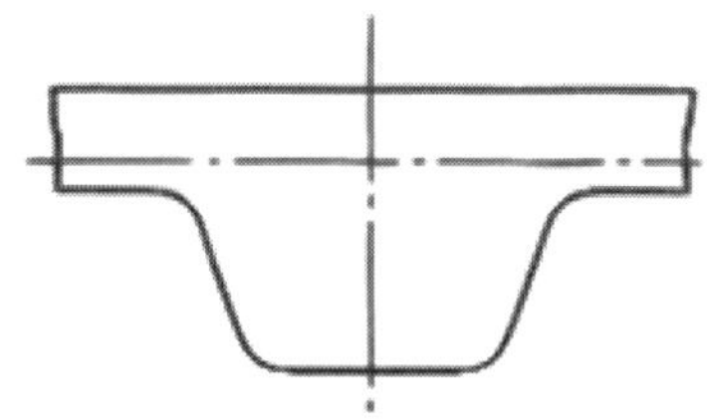

(a)

[2] 둥근 이 형태(power grip HTD belt)

- 일반타이밍벨트의 사다리꼴형 벨트의 이 뿌리 부분(그림의 화살표)에 집중되는 부하를 이의 모양을 둥글게 하여 이 전체에 토크를 분산시킴으로써 고토크에도 적합하도록 개발된 벨트이다.(b)
  (HTD : high torque drive)

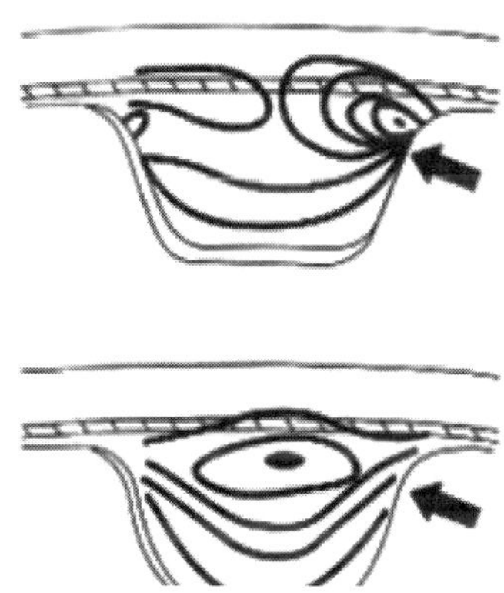

(b)

[3] 발달된 둥근 이형태(power grip GT belt)

- 벨트와 풀리의 치형이 거의 같으며, 부드러운 이형상의 풀리와 벨트가 맞물려 높은 전동 능력을 발휘하도록 만들었다.
- 최소의 백 레시(backlash)와 고토크에서의 정확한 전동 성능에 소음의 감소, 높은 신뢰와 긴 수명을 갖게 되었다.(c)

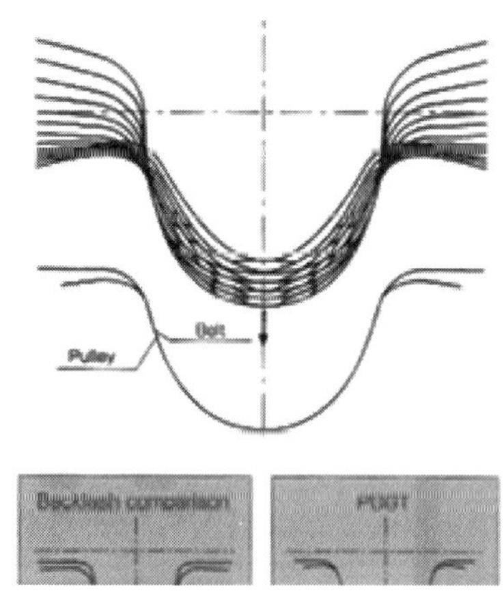

(c)

그림 5-2 타이밍 벨트의 치형과 발달과정

[4] power grip GT2(MR2)

- HTD의 성능을 더욱 개선한 타입으로서, power grip GT는 고속회전, 콤팩트 디자인, 정밀 위치제어가 필요한 경우 이상적이다.

[5] poly chain GT2

- 종전의 타이밍벨트 HTD나 power grip GT2형에 비교하여 폴리우레탄 수지에 강철보다 인장강도가 크다는 꿈의 섬유 kevlar를 사용하여 HTD에 비해 전동장치 부분(벨트 풀리와 샤프트 등)의 크기를 33%(GT2는 그 이상) 이상 줄일 수 있었다.
- 벨트와 풀리의 폭을 무려 60%나 줄여도 그 강도가 오히려 4배나 증가된 벨트이다.
- chain에 비해 수명은 5배나 연장되며, 실질적으로 보전, 관리가 필요 없는 벨트로서 종전의 타이밍벨트류에 비해 5% 이상의 유지관리비 절감이 가능하다.

5.1.4 일반적인 특징 비교

[표 5-1 전동요소별 일반적인 특징 비교]

구 분		타이밍 벨트	V벨트	롤러체인	기어
동기성		×	◎	◎	◎
전동효율		△	◎	◎	◎
내충격성, 소음진동		◎	○	△	×
설치 공간	고속 경부하	○	◎	×	△
	저속 중부하	×	△	◎	○
윤 활		◎	◎	×	×
베어링 하중		×	○	◎	◎

[주] ◎ : 유리, ○ : 약간 유리, △ : 약간 불리, × : 불리

5.2 종류와 특징

5.2.1 연결방식에 따른 종류와 특징

[표 5-2 연결방식에 따른 벨트의 종류와 특징]

F type(flex type)	특 징
 	• 고장력 철심(SUS, kevlar도 사용)을 이음새 없이 연결하여 일체형 금형을 이용하여 제작된 벨트 커버(우레탄 또는 고무)를 접합하여 제작한다. • 장점은 이음새 부분이 없기 때문에 고강도 및 저신율이 뛰어나다. • 단점은 고가이며, 제작기간이 많이 소요된다.(약 3개월) • 기계 축간 길이에 맞추어 임의의 길이로 일체 성형한 타이밍 벨트. • 장축간의 전동, 다축간의 동기 전동, 동기반송에 사용한다.
J type(oint type)	**특 징**
 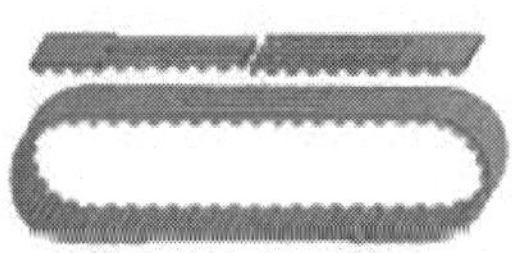	• 고장력 철심(SUS, kevlar도 사용)을 평행하게 연결하여 원하는 길이만큼 절단하여 요구하는 사이즈를 맞춘다. • 장점은 가격이 저렴하며, 구입하기가 쉽다. • 단점은 이음새 부분이 F Type에 비해 강도 및 저신율이 떨어진다. • 장력에 크게 영향을 주지 않는 부분에 많이 사용한다. • 동기반송, 클린 반송 등 다양한 반송, 경부하 전동에 사용한다.
L type(linear type)	**특 징**
 	• 고장력 철심을 평행하게 연결한 open-end 벨트이다. • 심선이 평행하게 매설되어 뒤틀림 등의 변형이 없이 안정된 동기 전동이 가능하다. • 정도를 크게 요구하지 않는 주행축에 볼스크루 대신 주행 요소로 사용되며 저가의 장비 설계가 가능하다. • 동기전동, 왕복운동에 사용된다.

5.2.2 일반용 타이밍 벨트의 종류

• MXL, XL, L, HL, XH, XXH 6단계로 나뉘어져 있으며, 이음매가 없다.

[표 5-3 일반용 타이밍 벨트의 종류]

형 별	타이밍 벨트의 형상	피치(mm)	벨트의 폭	
			호칭폭	mm
MXL		2.032	3.2 4.8 6.4 9.5 12.7	3.2 4.8 6.4 9.5 12.7
XL		5.080	25 31 37 50	6.4 7.9 9.5 12.7
L		9.525	50 75 100	12.7 19.1 25.4
HL		12.700	75 100 150 200 300	19.1 25.4 38.1 50.8 76.2
XH		22.225	200 300 400	50.8 76.2 101.6
XXH		31.750	200 300 400 500	50.8 76.2 101.6 127.0

5.2.3 강력 PX 타이밍 벨트의 종류

- 일반형 타이밍 벨트보다 전동능력이 1.6~2배 크다. 소음은 3~6 db 낮다.
- P2M, P3M, P5M, P8M, P14M 5단계로 나뉘어 있다.

[표 5-4 강력 PX 타이밍 벨트의 종류]

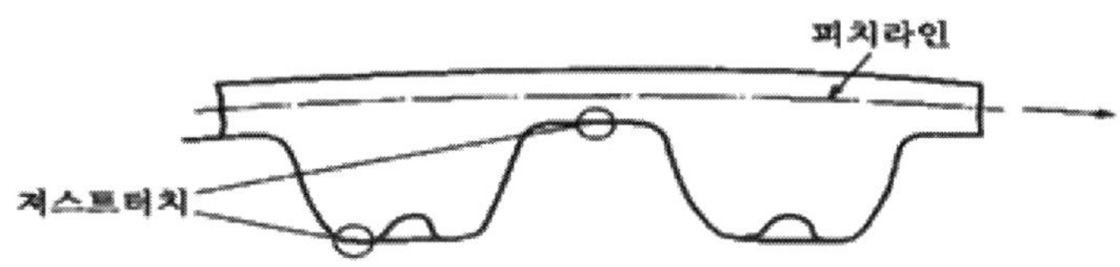

형 별	타이밍 벨트의 형상	피치(mm)	벨트의 폭(mm)	
P2M		2	25	6.4
			31	7.9
			37	9.5
			50	12.7
P3M		3	50	12.7
			75	19.1
			100	25.4
P5M	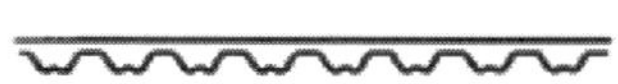	5	75	19.1
			100	25.4
			150	38.1
			200	50.8
			300	76.2
P8M		8	200	50.8
			300	76.2
			400	101.6
P14M		13	200	50.8
			300	76.2
			400	101.6
			500	127.0

5.2.4 이(齒, tooth) 형상에 따른 분류

[표 5-5 이의 형상에 따른 분류]

Tooth Profile	벨트TYPE	PITCH (mm)	PLD (mm)	hb (mm)	ht (mm)
일반타이밍 벨트 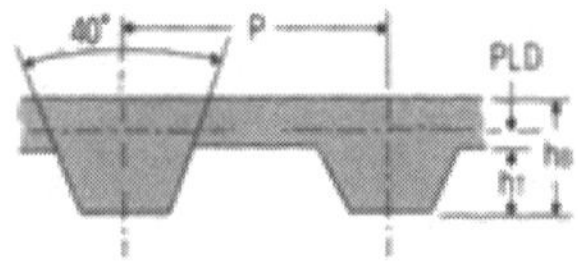 ※ XL TYPE은 압력각 50°임	MXL	80/100″	0.254	1.14	0.51
	XL	1/5″	0.254	2.30	1.27
	L	3/8″	0.381	3.50	1.91
	H	1/2″	0.686	4.00	2.29
	XH	7/8″	1.397	11.40	6.35
	XXH	11/4″	1.525	15.20	9.53
HTD 타이밍벨트 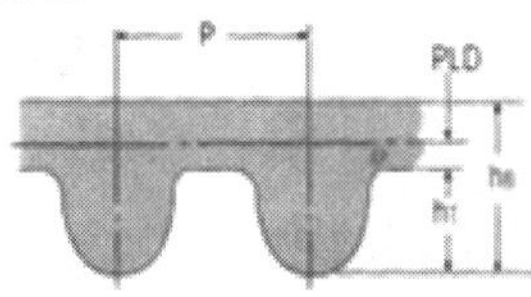	3M	3.0	0.381	2.40	1.20
	5M	5.0	0.571	3.80	2.10
	8M	8.0	0.686	6.00	3.40
	14M	14.0	1.397	10.00	6.00
	20M	20.0	2.160	13.20	8.40
POWERGIRP GT(GATES) 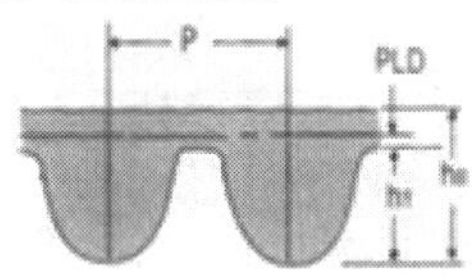	2M	2.0	0.254	1.52	0.71
	3M	3.0	0.381	2.41	1.12
	5M	5.0	0.571	3.81	1.92
	8M	8.0	0.686	5.60	3.40
	14M	14.0	1.397	10.00	6.00
POWERGIRP GT(UNITTA) 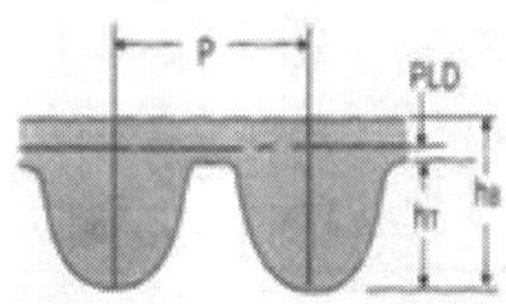	1.5GT	1.5	0.230	1.0	0.56
	2GT	2.0	0.254	1.38	0.75
	3GT	3.0	0.381	2.40	1.14
	5GT	5.0	0.571	3.80	1.93
	8YU	8.0	0.686	5.20	3.02
Poly Chain GT 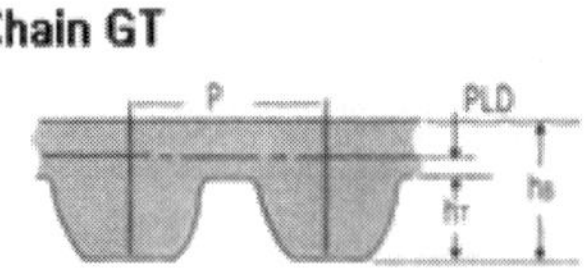	8M	8.0	0.800	5.90	3.4
	14M	14.0	1.400	10.20	6.00
STPD 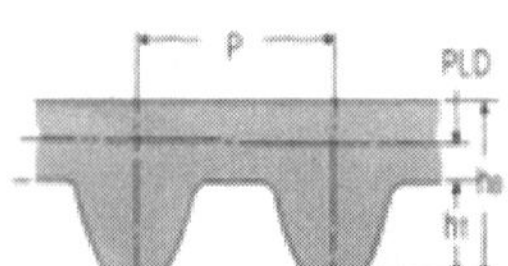	S2M	2.0	0.524	1.36	0.75
	S3M	3.0	0.381	1.94	1.14
	S4.5M	4.5	0.381	2.70	1.71
	S5M	5.0	0.480	3.41	1.91
	S8M	8.0	0.686	5.30	3.05
	S14M	14.0	1.397	10.20	5.30

5.2.5 타이밍 벨트 기호

[표 5-6 MXL 타이밍 벨트]

MXL TIMING BELT(pitch : 2.032 mm/0.08 inch)

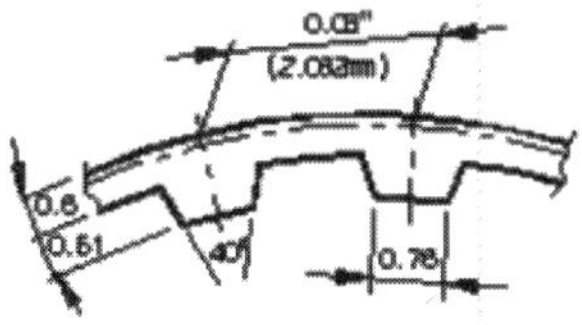

벨트기호(예)

125 MXL 6.4

- 6.4 : 벨트 폭(mm)
- MXL : 벨트타입
- 125 : 잇수(Number of Teeth)

폭기호	벨트폭 (inch)	벨트폭 (mm)
3.2	0.125	3.2
4.8	0.19	4.8
6.4	0.25	6.4
7.9	0.31	7.9
9.5	0.37	9.5

길이 기호	치수	피치길이		길이 기호	치수	피치길이		길이 기호	치수	피치길이	
		(in)	(mm)			(in)	(mm)			(in)	(mm)
45MXL	45	3.60	91.44	114MXL	114	9.12	231.65	239MXL	239	19.12	485.65
48MXL	48	3.84	97.54	115MXL	115	9.20	233.68	240MXL	240	19.20	487.68
50MXL	50	4.00	101.60	118MXL	118	9.44	239.79	250MXL	250	20.00	508.00
52MXL	52	4.16	105.66	120MXL	120	9.60	243.84	256MXL	256	20.48	520.19
53MXL	53	4.24	107.70	121MXL	121	9.98	245.87	265MXL	265	21.20	538.48
54MXL	54	4.32	109.73	122MXL	122	9.76	247.90	280MXL	280	22.40	568.96
55MXL	55	4.40	111.76	123MXL	123	9.84	249.94	281MXL	281	22.47	570.99
56MXL	56	4.48	113.79	125MXL	125	10.00	254.00	290MXL	290	23.20	589.25
59MXL	59	4.72	119.89	126MXL	126	10.08	256.03	295MXL	295	23.60	599.44

[표 5-7 S2M 타이밍벨트]

S2M BELT(pitch : 2.0 mm, PLD : 0.254 mm)		폭기호	벨트폭(mm)
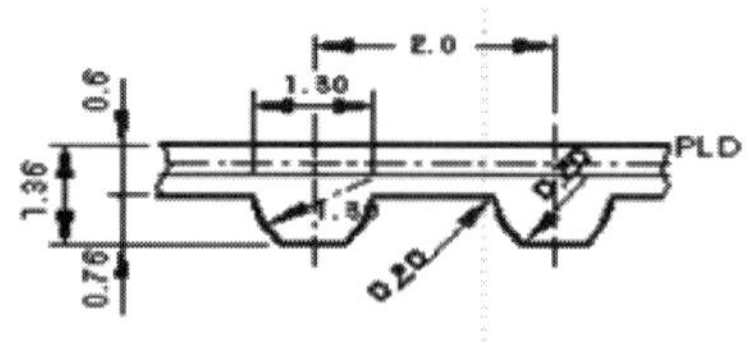	벨트기호(예) B – BELT 40 – 벨트폭 S – Super Torque 2M – 벨트形 160 – 벨트길이	40 60 100	4 6 10

호칭기호	잇수	피치길이 (mm)	호칭기호	잇수	피치길이 (mm)	호칭기호	잇수	피치길이 (mm)
S2M 80	40	80	S2M 172	86	172	S2M 320	160	320
S2M 88	44	88	S2M 180	90	180	S2M 328	164	328
S2M 90	45	90	S2M 190	95	190	S2M 354	177	354
S2M 98	49	98	S2M 200	100	200	S2M 360	180	360
S2M 100	50	100	S2M 210	105	210	S2M 370	185	370
S2M 112	56	112	S2M 212	106	212	S2M 376	188	376
S2M 118	59	118	S2M 220	110	220	S2M 396	198	396
S2M 122	61	122	S2M 224	112	224	S2M 400	200	400
S2M 124	62	124	S2M 230	115	230	S2M 426	213	426
S2M 126	63	126	S2M 236	118	236	S2M 448	224	448

5.3 타이밍 벨트 선정방법

[1] 1단계 : 구동조건의 결정

- 부하
- 축회전
- 속도비
- 중심거리
- 작동
- 부가적 특수 드라이브 조건 참조(풀리 직경 한도, 주변 환경 등)

[2] 2단계 : 설계 마력 계산

- PD = Pm × Ks
- PD = 설계 마력
- Pm = 모터 마력
- Ks = 서비스 팩터(Service Factor) Ks = k1 + k2 + k3

[3] 3단계 : 벨트 type의 선정

[벨트 타입 “H”]

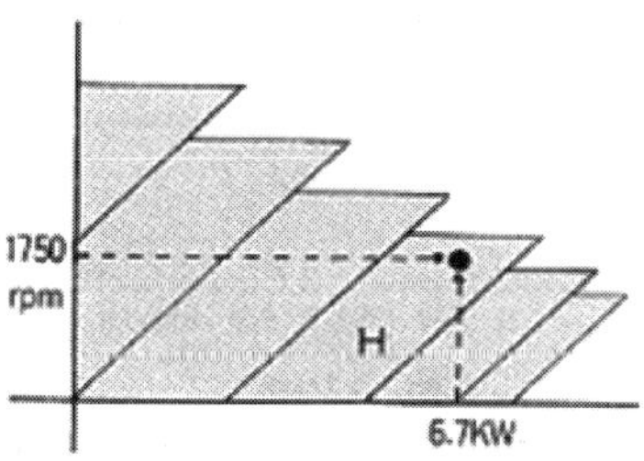

[4] 4단계 : 타이밍 벨트 풀리의 결정

- 풀리 직경을 체크한다.
- 대풀리 직경을 D라고 하면 D = 소풀리의 직경(d) × 속도비

벨트 type “H”를 선정함

[5] 5단계 : 벨트 길이와 중심거리 계산

- 잠정적인 중심거리(C')를 사용해서 벨트 길이를 계산한다.

$$L' = 2C' + 1.57(D + d) + (D - d)^2/4C'$$

L′ : 계산된 벨트 길이(mm)

C′ : 잠정적인 중심거리(mm)

D : 대풀리 PITCH 직경(mm)

d : 소풀리 PITCH 직경(mm)

- 계산된 벨트 길이에 가장 가까운 표준 벨트를 선택한다.
- 정확한 중심거리의 재계산

$$C = \frac{b + \sqrt{b^2 - 8(D-d)^2}}{8}$$

[6] 6단계 : 벨트 폭의 계산

$$W \geq PD/Pr \times F$$

W : 벨트 폭
PD : 설계마력
Pr : 1 inch 벨트 폭당 마력비율
F : 맞물려 닿는 잇수

[7] 7단계 : 작동

5.4 벨트의 이상 현상과 대책

[표 5-8 벨트의 망실 현상과 대책]

연 번	이상현상	발생원인	대 책
1	길이방향으로 누더기처럼 된 경우 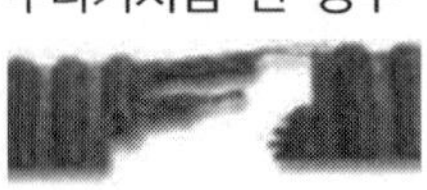	• 타이밍 벨트가 다른 부분과 접촉했을 때. • 과도한 설치(과도한 장력). • 벨트 풀리에서 이탈.	• 타이밍 벨트의 커버가 맞게 설치되었는지 점검한다. • 적정 장력으로 설치한다. • 사용법에 따라 다시 점검한다.
2	이부분이 잘려 나간듯 망실된 경우 	• 낮은 장력 세팅. • 타이밍 벨트의 설치가 잘못된 상태.	• 적정 장력으로 다시 설치한다. • 원인규명을 한다.
3	벨트의 이부분이 마모된 경우 	• 벨트의 적정 장력이 아닐 때. • 벨트 풀리 부분의 마모로 인하여.	• 적정 장력으로 다시 설치한다. • 벨트 풀리를 교환한다.

연 번	이상현상	발생원인	대 책
4	이부분 전체가 밀려난 망실인 경우 	• 과도하게 낮은 장력일 때. • 주행 중의 벨트 장력 손실로.	• 적정 장력으로 재조작 한다. • tensioner의 나사가 조여져 있는지 점검한다.
5	벨트 뒷부분 균열이 발생한 경우 	• 사용 온도보다 고온이 벨트에서 발생했을 때. • 온도가 사용 온도보다 낮을 때	• 정비나 주변 환경에 대하여 좀 더 정확한 원인을 규명한다.
6	전체의 이부분에 심한 마모가 발생할 경우 	• 과도한 장력일 때 • 온도가 사용 온도보다 낮을 때	• 적정 장력으로 재조정한다. • 벨트 풀리를 교체한다.
7	벨트에 오일로 인한 오염이 발생한 경우 	• 축계(베어링 등) 오일 누유 현상이 있는 경우.	• 오일시일 등 축계 요소를 확인한다.
8	이부분의 끝자락에 마모가 발생할 경우 	• 요철(flange)이 파손된 경우. • Misalignment(설치가 적정치 않을 때)	• 벨트 풀리를 교환한다. • 타이밍 벨트의 중심을 재조정한다.

5.4.1 벨트의 사용중에 발생하는 현상에 대한 원인과 대책

[표 5-9 벨트의 사용중 현상과 원인]

현 상	원 인	대 책
과도한 소음 (NOISE)	MISALIGNMENT DRIVE	ALIGNMENT 조정
	장력의 부적합	장력의 조정
	BACKSIDE IDLER	INSIDE IDLER로 교체
	폴리의 마모	풀리의 교체
	프랜지(Flange)의 변형	프랜지(Flange)의 교체
	벨트의 과속	재설계
	벨트의 풀리 불일치	저정벨트 혹은 풀리의 교체
	과소한 직경	재설계
	과부하	재설계
장력의 감소	약한 구조(받침)	구조의 보강
	풀리의 과마모	풀리 재질 변경
	고정 축간거리 (FIXED CENTER DISTANCE)	INSIDE IDLER 사용
	과먼지 발생	구동부위 카바
	과부하	재설계
	과소한 직경	재설계
	과열 발생	PRIME MOVER의 전도 상태 점검
	비정상 벨트의 열화	주위 온도를 85℃ 이하로 낮춤
벨트의 TRACKING (左右로 흔들림)	프랜지(Flange) 없는 폴리	재조정
	축간거리가 소풀리의 8배 이상일 때	PARALLEL ALIGNMENT 조정
	벨트 측면의 과마모	ALIGNMENT 조정
프랜지(Flange) 파손	벨트의 프랜지(Flange)를 떨어지게 함	ALIGNMENT 조정
	취급 부주의	취급 조심함
벨트 측면 과마모	프랜지(Flange)의 파손	프랜지(Flange)의 수리
	벨트 폭이 과대	적정 폴리 사용
	장력의 과소	장력 재조정
	프랜지(Flange) 표면의 거칠음	프랜지(Flange) 수리
	비정상 TRACKING	ALIGNMENT 조정
	벨트의 GUARD 등 충격	방해물 제거 및 INSIDE IDLER 사용
	장력의 과소 및 과대	장력 재조정
	프랜지(Flange) 없는 풀리에서	ALIGNMENT 조정
	벨트의 벗어 남	ALIGNMENT 조정

현 상	원 인	대 책
齒의 과도마모	풀리의 상이	적정 풀리 사용
	마모된 풀리	풀리 교체
	풀리의 齒의 거칠어짐	풀리 교체
	손상된 풀리	풀리 교체
	불량 풀리	풀리 교체
	벨트의 GUARD 등 충격	방해물 제거 및 INSIDE IDLER 사용
	과부하	재설계
	풀리 재질의 경도 불량	내마모성 재질로 변경
	과도한 먼지	벨트 보호(PROTECT BELT)
	BUSHING, 풀리의 부적합	적정 설치
齒의 SHEAR	과도 쇼크(Shock) 부하	재설계
	6 이하의 TIM	재설계
	풀리 과마모	풀리 교체
	BACKSIDE IDLER	INSIDE IDLER
	벨트와 풀리의 불일치	적정 풀리 교체
	MISALIGNMENT	ALIGNMENT 조정
	과소 장력	장력 재조정
항장체의 전달	과도 쇼크(Shock) 부하	재설계
	과소 직경	재설계
	장착 전 취급, 저장 잘못	적정 취급
	먼지 등 이물질	PROTECT DRIVE
	풀리 과마모	교채
	풀리 내마모성이 약함 (PLASTICS, ALUMINUM 등)	재질 변경
풀리의 이상 마모	MISALIGNMENT	ALIGNMENT 조정
	과도 먼지 발생	구동부위 카바
	과부하	재설계
	과소 및 과대 장력	장력 재조정
	불량 벨트 사용	POLY CHAIN GT사용
	과소 직경	재설계
벨트 CRACKING	BACK IDLER	INSIDE IDLER
	초저온	주위를 예열함
	강한 화학약품에 노출	구동부위 카바
	BUSHING, 폴리의 부적합	적정 설치
	MISALIGNMENT	ALIGNMENT 재조절

현상	원인	대책
過熱 발생(벨트, 베어링, 하우징 및 샤프트)	장력의 과소 및 과도 불량 벨트 불량 폴리	장력 재조정 POLY CHAIN GT사용 적정 폴리 사용
진동	과소 및 과대 장력 BUSHING, KEY의 헐거워짐	장력 재조정 재설치

5.4.2 타이밍 벨트 사용 시의 주의사항 ⚠ 주의

- 벨트는 유리섬유(glass fiber)를 항장체로 쓰기 때문에, 벨트를 작은 크기나 날카롭게 접지 않는다. 항장체의 파손으로 벨트의 수명 단축의 원인이 된다.
- 벨트가 허용 한계 이상으로 날카롭게 접혀졌다면, 벨트를 풀리나 둥근 막대에 걸어 놓아 꺾인 자국이 생기지 않도록 한다.
- 벨트와 풀리를 교체할 때는 동일한 벨트와 풀리를 사용한다. 다른 것을 사용하면 수명 저하의 원인이 될 수 있다.
- 벨트 보관은 −10℃ ~ +40 ℃ 온도와 습기가 없고 직사광선이 닿지 않게 보관하는 것이 좋다.
- 무거운 벨트와 풀리의 운반이나 장착 시 적절한 장비를 이용하며 보다 편리하게 설치를 할 수 있다.
- 안전을 위해 벨트와 풀리를 포함해 회전체에 커버를 하며, 머리카락, 장갑, 의복 등이 작동 중에 말려 들어가지 않도록 한다. 그리고 벨트나 풀리의 파손된 부분이 튕겨 나오지 않도록 항상 주의를 한다.
- 벨트의 유지 보수와 검사, 교체 시 주의사항.
  - 스위치를 끄고, 벨트와 풀리가 완전히 정지했을 때 작업을 실시한다.
  - 벨트 분리 후 기계가 회전할 때는 움직이는 부분을 고정 후 작업한다.
  - 작업 중 사고로 스위치가 켜지지 않도록 한다.
- 폐기할 벨트를 소각하지 않는다.(유독 가스의 발생함.)

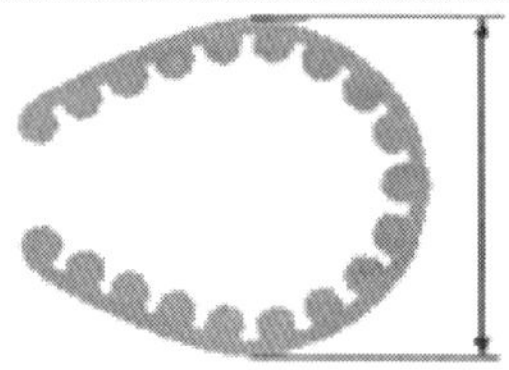

Tolerance

1.5GT	7mm	MXL	10mm
2GT	10mm	XL	20mm
3GT,3M	15mm	L	30mm
5GT,5M	25mm	H	50mm
8YU,8M	40mm		
14M	70mm		

그림 5-3 최소한의 벨트 접기 허용한계

5.5 타이밍 벨트의 사용

5.5.1 아이들러

- 벨트의 장력을 조정하기 위해 축간거리를 조정하기보다는 아이들러를 사용하는 경우가 많다.
- 장시간 일정 이상의 부하가 걸리지 않도록 아이들러를 고정식으로 하며 벨트가 완만한 쪽에 사용한다.
- 내측은 큰 풀리 근처에 설치하고, 외측 타이밍 아이들러는 작은 풀리 근처에 설치한다.
- 아이들러 풀리의 설치 위치 (바깥쪽 : 벨트의 등부분, 벨트의 안쪽 : 齒 부분)

[표 5-10 아이들러 설치]

구 분	내측 아이들러	외측 아이들러
설치형상	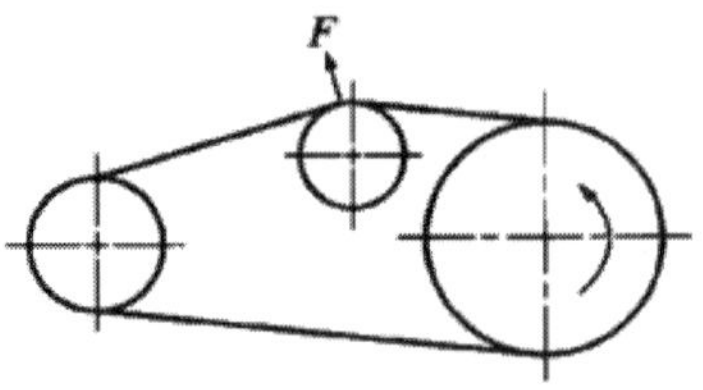	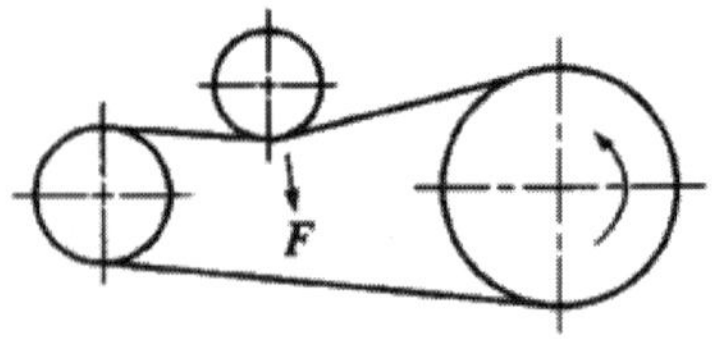
아이들러 결정방법	최소 풀리 잇수 이상의 풀리로 한다.	최소 풀리 직경의 1.2배 이상으로 크라운이 없는 평풀리로 한다.

5.5.2 텐션 풀리 ⚠ 주의

- 텐션 풀리는 축간거리가 고정되어 있을 때 벨트에 장력을 주는 풀리이다.
- 텐션 풀리의 설치 위치. (바깥쪽 : 벨트의 등부분, 벨트의 안쪽 : 齒 부분)

❑ 텐션 풀리(Tension Pulley)의 위치

- 원칙적으로 텐션 풀리(tension pulley)는 벨트의 장력이 느슨한 쪽에 설치한다.
- 작은 풀리에서의 벨트 점핑(jumping)과 접촉 각도의 증가가 목적 일 때는 목적 풀리에 가깝게 설치하는 것이 효과적이다.

5.5.3 타이밍 벨트 풀리

타이밍 풀리를 사용할 때는 최소 풀리경 이상의 풀리를 사용한다.

- 접촉 각도 (Θ) 30도 이상의 teeth – in – mesh(TIM)이 3 이나 [그림 5-4] 이상이 되도록 한다.
- 접촉 각도가 30도 이하 일 때는 벨트를 누르는 풀리의 힘(F)이 초기 장력(Ti)의 1/2 이하가 되어야 한다.
- 벨트는 점핑하기 쉽고, 벨트의 이 부분의 마모와 소음을 일으킬 수 있다.

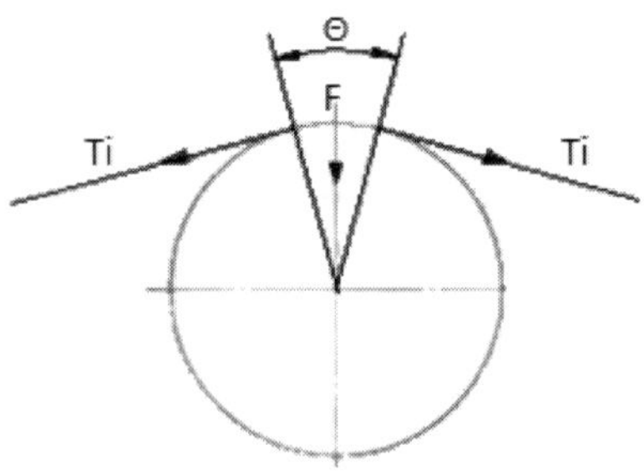

$$\begin{aligned} F &= 2Ti \times \sin\frac{\theta}{2} \\ &= 2Ti \times \sin\frac{30}{2} \\ &= 2Ti \times 0.2588 \\ &= 0.5176Ti \\ &\fallingdotseq 0.5Ti \end{aligned}$$

그림 5-4 접촉각이 30° 일때

5.5.4 풀리의 얼라인먼트

사용 중 벨트의 수명을 가장 크게 좌우하는 요인이다.

얼라인먼트가 불량하면 벨트의 측면이 마찰 손상되거나, 심한 경우는 가이드 프렌지를 넘어가서 망가지는 경우가 있어 허용오차 내에서 설계하는 것이 중요하다.

[표 5-11 타이밍 벨트의 얼라인먼트 방법]

벨트 종류	전 품종			
벨트폭(mm)	30 이하	30~50	50~100	100 이상
허용평행도	0.005 이하	0.004 이하	0.03 이하	0.02 이하
θ'(분)	17 이하	13 이하	10 이하	6 이하

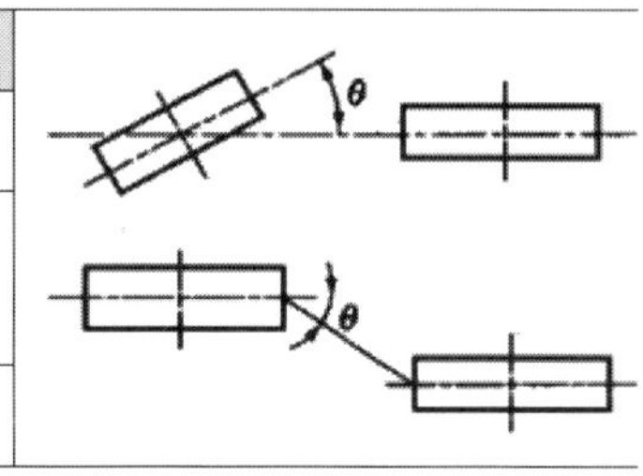

5.5.5 풀리의 정열

- 타이밍 벨트 가동 시, 벨트는 풀리의 중앙에 머물러 있지 않고 풀리의 한쪽으로 가서 프렌지(flange) 부분에 닿는 경향 (벨트의 사행)이 있다.
- 풀리 정열이 완전하지 않으면, 벨트가 프렌지(flange)를 강하게 압박할 수 있으며. 이 때문에 벨트의 측면 마모와 파손뿐만 아니라 벨트가 프렌지(flange) 위를 타고 올라가 벨트가 절단되는 수도 있다.
- 벨트의 항장체의 신율이 매우 작기 때문에 풀리 정열이 매우 나쁘면, 벨트 양쪽의 장력의 차이로 인해 벨트의 수명저하의 원인이 된다.
- 풀리 정열은 가능한 한 정밀해야 하며, 다음의 표 허용치 이내로 해야 한다.

[1] 풀리를 정열 하는 법(how to adjust pulley alignment)

- 축간거리가 1 m 이하인 경우는 자 등을 사용한다. 자를 한쪽 풀리에 정밀하게 밀착한다.
- 축간거리가 1 m 이상인 경우는 실을 사용한다. 두 풀리에 실이 맞을 때까지 실을 옮긴다.

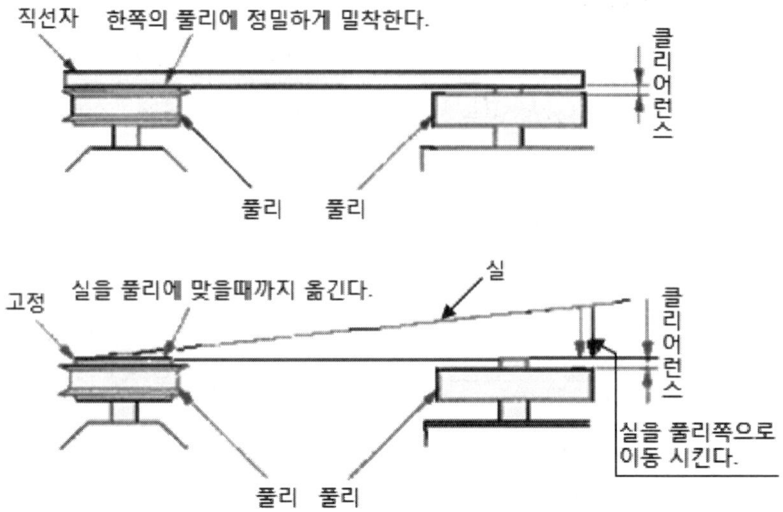

그림 5-4 풀리의 정열 방법

⚠ **주의**

- 타이밍 벨트 소재는 신율이 극히 작은 재질로 되어 있기 때문에 축간거리가 이론적인 축간거리 보다 클 때는 벨트 장착이 불가능하며, 무리한 힘을 주어 벨트를 장착하면 벨트의 파손되는 경우도 있다.
- 벨트의 피치 길이(pitch length)의 허용 오차가 매우 작기 때문에, 풀리 외경과 축간거리(이(tooth, 齒) 사이의 간격)가 벨트의 설치 장력에 큰 영향을 준다.
- 축간거리의 조절이나, 적절한 장력이 될 때까지 장력의 조절이 필요하다.

[2] 프렌지(flange)의 장착(flange Installation)

- 만약 풀리의 정열에 약간의 오차가 있어도, 타이밍 벨트는 풀리의 한쪽으로 치우치는 경향이 있다.
- 벨트는 중립적으로 움직이게 되어있으나 [그림 5-5]과 같은 경우는 벨트가 한쪽으로 치우친다.

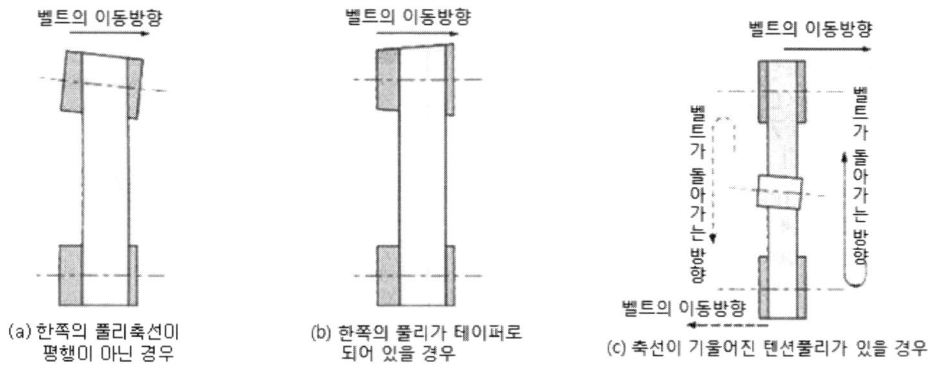

그림 5-5 올바르지 못한 풀리의 정열

- 타이밍 벨트 사용 시는, 벨트가 풀리에서 이탈되지 않도록 풀리의 양쪽에 프렌지(flange)를 장착한다. (a), (b)
- 축간거리가 작은 풀리 직경의 8배 이하 일 때는 한 풀리 양쪽에 프렌지(flange)를 장착해야 한다.[그림 5-7]

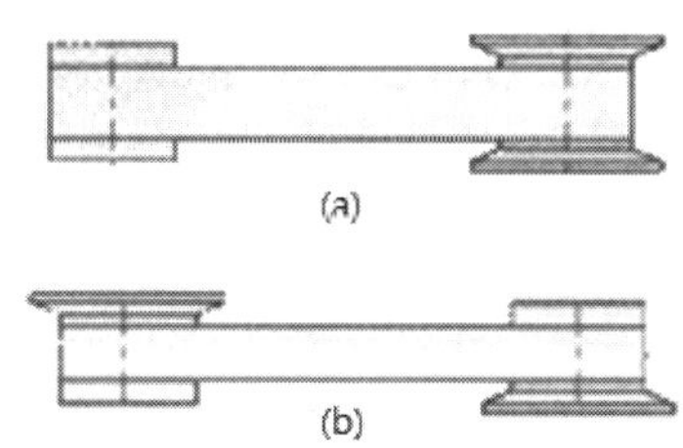

그림 5-6 풀리 프렌지의 장착

- 양쪽 풀리의 반대쪽에 프렌지를 한 개씩 장착한다.
- 축간거리가 작은 풀리 직경의 8배 이상 일 때는 양쪽 풀리 모두에게 프렌지를 장착해야 한다.

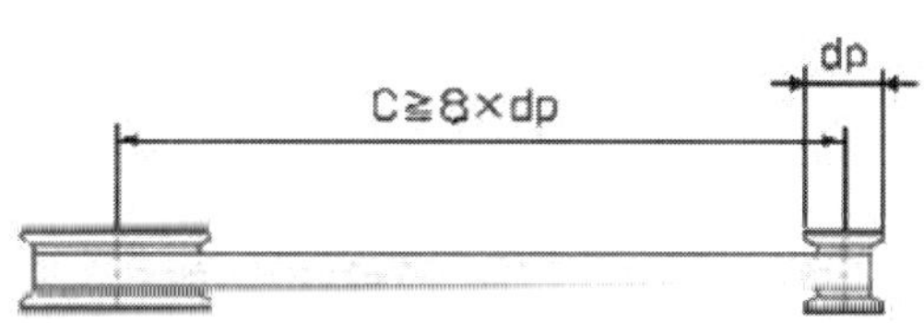

그림 5-7 축간거리가 풀리 지경의 8배 이상일때

❑ 다축 풀리 구동(multi-pulley drive)

(a)와 같이 풀리를 교대로 양쪽 프렌지를 장착하거나 (b)와 같이 풀리의 한쪽에 교대로 장착한다.

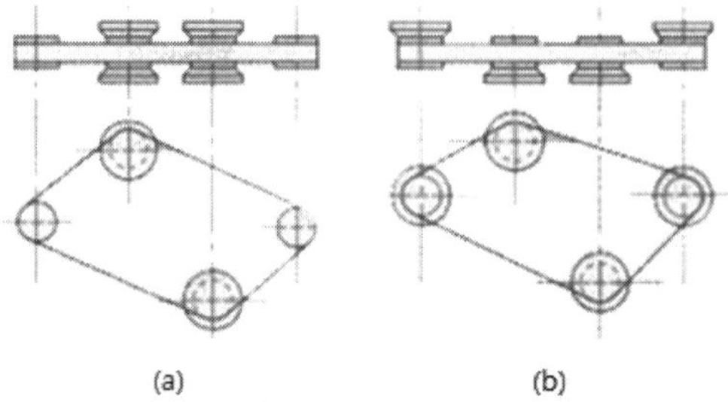

그림 5-8 다축풀리 구동일때의 프렌지의 위치

5.5.6 타이밍 벨트의 사용 시 일반적 주의 사항

❑ 소음 · 진동

- 타이밍 벨트는 소음이 낮은 전동요소이나 그중에서도 강력 PX 타이밍 벨트가 특히 저소음이다.
- 전동 중 타이밍 벨트의 진동은 적지만 방진을 고려하여
  - 축간거리를 가급적 짧게 한다.
  - 축간거리가 길 경우에는 아이들러를 사용한다.
  - 가급적 무리한 고속전동은 피한다.

5.5.7 벨트의 장력 측정

[1] 간단한 측정 방법

- 힘(Td)을 두 풀리 스판(span)의 중심이 되는 곳의 벨트 상면에 가한다.
- 벨트의 변형이 스판(span) 길이의 1/64 만큼 되게 한다.
- 운전 중에도 일정하도록 모터와 베어링 스탠드를 고정하고 실시한다.

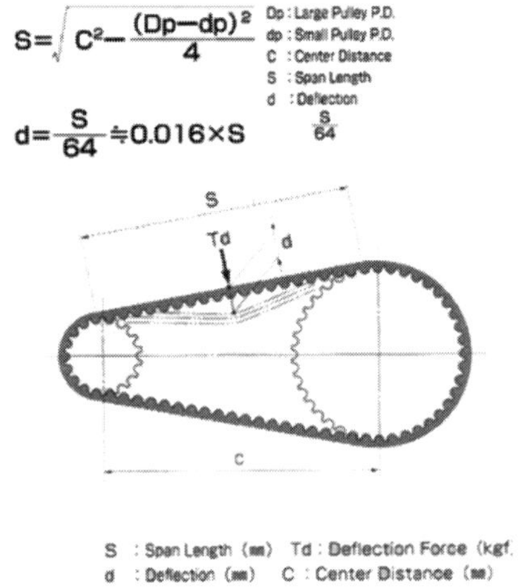

그림 5-9 타이밍 벨트의 장력

[2] 음파 텐션 게이지로 측정

• 벨트 장력 측정의 원리 : 두 풀리에 걸려있는 벨트에 충격을 주면, 벨트에서 고주파 성분과 충격 성분(Impact component)이 포함된 불규칙적인 파장을 발생하면서 진동하다가 점차 자기 고유의 파장으로 진동하는 주파수를 잡아 미리 계산된 공식에 의해 벨트 장력을 계산한다.

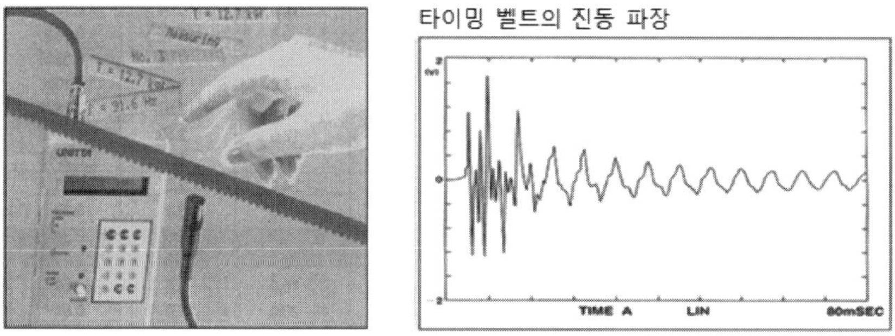

그림 5-12 음파 텐션게이지와 벨트의 진동

5.5.8 타이밍 벨트별 설치 장력

[표 5-12 타이밍 벨트의 장력]

Belt Type	Belt Width (mm)	Installation Tension(Ti) (kgf)	Deflection Force(Td) (kgf)
1.5GT	1.5	0.23	0.0143
	2	0.35	0.0229
	2.5	0.45	0.0281
	3	0.57	0.0356
	4	0.8	0.05
2GT	2	0.44	0.0275
	3	0.65	0.0406
	4	0.96	0.06
	6	1.61	0.1006
	9	2.57	0.1606
	12	3.53	0.2206
	15	4.5	0.2813

Belt Type	Belt Width	Installation Tension(Ti)	Deflection Force(Td)
	(mm)	(kgf)	(kgf)
3GT 3M	4	2	0.13
	6	3	0.2
	9	4.5	0.3
	12	6	0.4
	15	7.5	0.5
	20	10	0.67
5GT 5M	9	5.6	0.4
	15	9.8	0.7
	20	14	1
	25	18.2	1.3
	30	22.4	1.6
	40	30.8	2.2
8YU 8M	20	24	1.8
	25	30	2.3
	30	35	2.7
	40	51	3.9
	50	65	5
	60	78	6
	70	91	7
	85	112	8.6
14M	30	45	3.6
	40	63	5
	55	92	7.3
	70	119	9.5
	85	150	12
	100	182	14.5
	115	213	17
	130	250	20
	150	288	23
	170	325	26

Belt Type	Belt Width	Installation Tension(Ti)	Deflection Force(Td)
	(mm)	(kgf)	(kgf)
MXL	3.2	0.3	0.02
	4.8	0.51	0.03
	6.4	0.78	0.05
	7.9	1.05	0.07
	9.5	1.2	0.08
XL	6.4	1.4	0.1
	7.9	1.96	0.14
	9.5	2.38	0.17
L	12.7	5.2	0.4
	19.1	9.1	0.7
	25.4	13	1
H	19.1	22.1	1.7
	25.4	31.2	2.4
	38.1	49.4	3.8
	50.8	66.3	5.1
	76.2	105	8.1

❑ 벨트의 설치 장력

- 너무 작으면 이가 들뜨는 현상으로 동기전동을 하기가 어렵게 될 수 있다.(벨트의 피치 라인이 풀리 외경의 외측에 있기 때문이다.)
- 너무 센 경우는 정상 장력인 벨트의 신장은 0.16% 정도이다. 2.0% 이상이 되면 벨트의 이가 풀리의 산에 올라가서 끊어질 위험성이 높고 소음이 크게 발생한다.
- 타이밍 벨트의 교환 시기는 벨트가 늘어나는 것이 거의 없고 한 순간 끊어지는 경우가 많기 때문에 추정 수명으로 결정한다.

❏ 축간거리의 허용 범위(adjustment allowance for center distance)

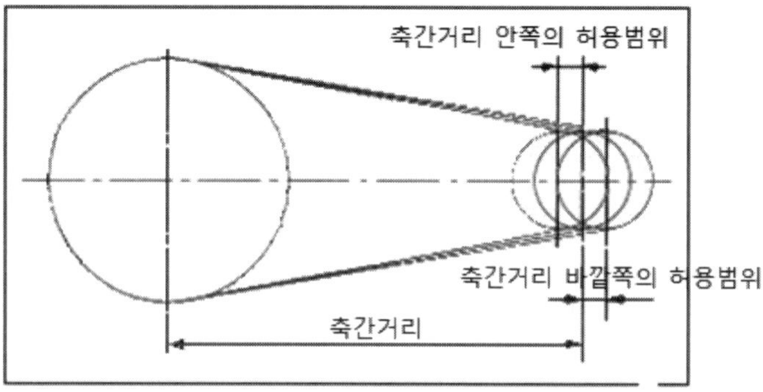

그림 5-13 축간거리의 안쪽과 바깥쪽 허용범위

[표 5-13 벨트별 축간거리 허용 범위]

Power Grip GT & HTD

Inside adjustment allowance Unit(mm)

Belt Type	Minimum Inside adjustment allowance
1.5GT	4
2GT	4
3GT 3M	5
5GT 5M	10
8YU 8M	20
14M	40

Outside adjustment allowance Unit(mm)

Belt Pitch Length	Minimum Inside adjustment allowance
up to 500	3
over 500 to 1000	5
over 1000 to 2000	10
over 2000 to 3000	15
over 3000 to 4000	20
over 4000	30

Power Grip Timing Belt

Inside adjustment allowance Unit(mm)

Belt Type	Minimum Inside adjustment allowance
MXL	4
XL	5
L	10
H	15

Outside adjustment allowance Unit(mm)

Belt Pitch Length	Minimum Inside adjustment allowance
up to 508.0	3
over 508.0 to 990.6	5
over 990.6 to 2032.0	10
over 2032.0 to 3048.0	15
over 3048.0	20

❑ 벨트와 풀리 교체(guidance for replacing belt and pulley)

벨트와 풀리에 다음의 상황이 생기면 즉시 교체한다.

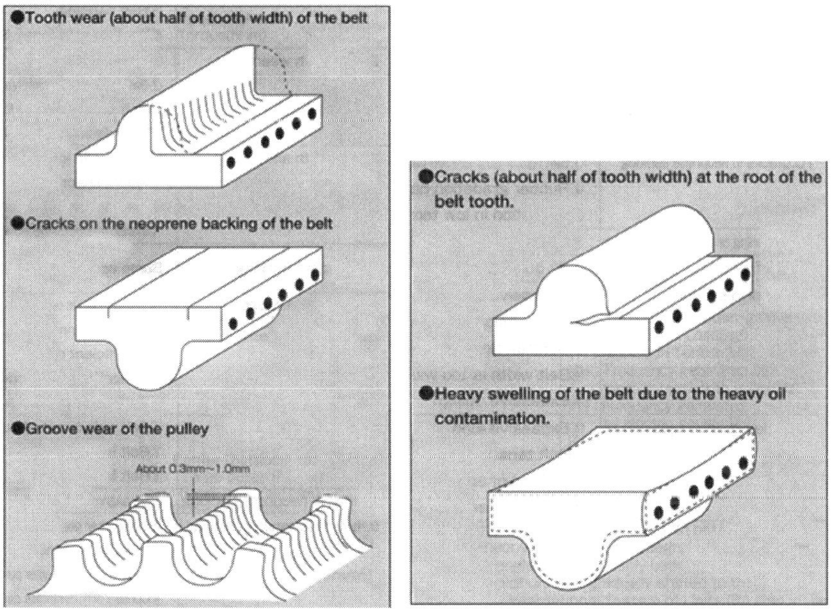

그림 5-14 타이밍 벨트의 이상현상의 예

5.5.9 타이밍 벨트의 응용

[1] 안정된 전동

- 타이밍 벨트는 물림 전동이므로 항상 정확한 전동을 얻을 수 있는 것은 물론이고 설계대로의 성능이 기초부터 벨트 수명까지 안정되게 계속 유지시킨다.
- 벨트의 늘어남이나 주유 등의 메인터넌스는 전혀 필요 없다.

[2] 레이아웃 싱의 자유도

- 타이밍 벨트는 플렉시블하며 다축의 구동에 적합하다.
- 양면 타이밍 벨트에 의한 역전 축 구동도 많이 이용되고 있다.
- 2축 구동에 있어서도 높은 설치 장력을 필요로 하지 않으므로 축의 위치를 고정한 채로 인장 무조정으로 사용되는 경우도 있다.

[3] 회전각·위치 결정 제어용의 전동

- 타이밍 벨트의 중요한 사용 목적이며 정밀도가 높은 톱니에 대한 회전각 제어가 가능하다.
- X-Y 플로터와 같이 벨트 자체에 이동체를 설치하고 직선 운동을 시키는 방식도. 많이 이용되고 있다.
  - 물림 운동에 의한 속도 변동
  - 정역전 시의 백 레시
  - 부하에 의한 벨트의 신축, 이의 변형 등의 성능이 중요하다.

[4] 소음 대책

- 체인이나 기어와 비교하면 대폭적인 소음 감소 효과가 있다.
- 타이밍 벨트는 진동이 정확하기 때문에 반대로 모터 진동을 주게 되어 소음의 원인이 되는 경우도 있다.

[5] 코스트 다운

- 타이밍 벨트 자체는 비싼 것은 아니지만 코스트 다운을 위하여 풀리의 재료, 가공을 연구할 필요가 있다.
- 기어 열의 중간축의 생략이나 타이밍 벨트의 고감속비를 이용한 기어 헤드의 생략, 와이어에서의 변경에 의한 조립 코스트의 절감을 행할 수 있다.

5.5.10 로봇에 대한 사용

[1] 직행형

- 경량이며 간단한 구조로 이루어져 있다.
- [그림 5-15] 톱니 붙인 벨트의 구동 예이다.

[2] 몸통

- 풀리비에서 감속될 수 있으므로 감속기, 검출기가 일체화되어 구동 유닛으로 사용되고, 구동 유닛의 용량을 줄일 수 있다.

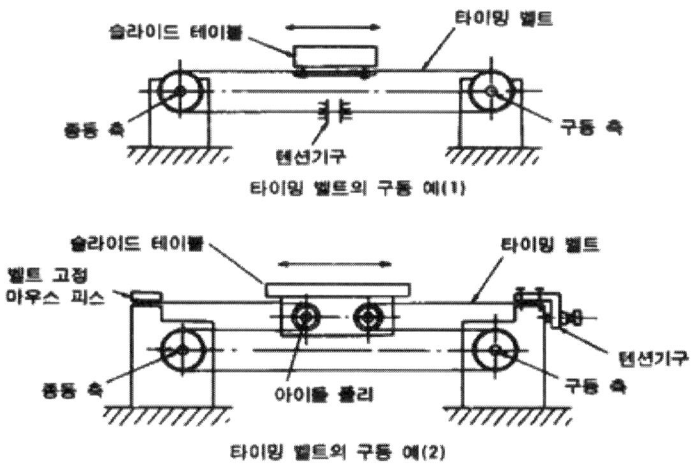

그림 5-15 직행형 로봇의 타이밍 벨트의 구동 예

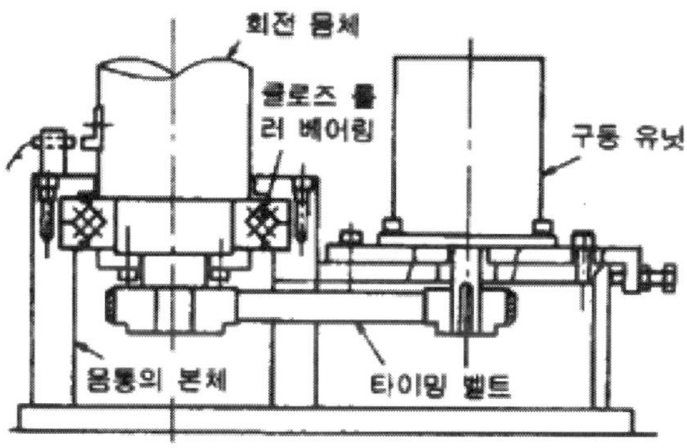

그림 5-16 몸통 구조의 예

5.5.11 사용 목적에 따른 벨트의 선정

- 로봇이나 공작기인 경우, 원동기에 서보 모터가 사용되고 있어서 항상 위치 및 속도의 검출을 행한다.
- 빗나감이나 오차가 발생한 경우(기계 전체에) 그것을 보정하도록 움직인다. 이 경우, 매우 높은 속도로 보정이 행해지기 때문에 벨트 구동계에도 높은 추종성이 요구되고 있다.
- 로봇 등에 많이 사용되고 있는 3M-HTDII, 5M-HTDII 벨트의 특징은
  - 전동 용량은 표준 HTD 벨트와 동등 이상의 고부하 전동이 가능하다.

- 치형은 반원형을 기본으로 한 복합 곡선을 채용하고 있다.
- 작은 치수의 풀리에서도 물림 운동에 무리가 없다.
- 백 레시를 극한까지 줄일 수가 있다.
- 벨트 톱니의 형태와 풀리 톱니의 형태가 잘 일치하며 부하에 의한 벨트 톱니의 변형이 적다.

• 구체적인 벨트의 선정에 대해서는,
  - 타이밍 벨트의 응용은 다양하고 벨트의 종류도 많다.
  - 특히 위치 결정 정밀도가 필요한 사양에서는 벨트의 선정이 곤란한 경우가 많으므로 사용자와 벨트 메이커간의 정보교환을 원활히 해 둘 필요가 있다. 그렇게 함으로써 제품 트러블 방지에 도움이 되고, 나아가서는 기기 메이커 및 벨트 메이커의 개발·개량의 지침이 되기도 한다.

Application Examples

The following illustrations show a few of the many ways that Poly Chain® GT®2 belt drives can be used to transmit both power and motion. Synchronous belt drive systems are amazingly versatile, yet reliable and efficient.

[일반적인 타이밍 벨트의 설치 예]

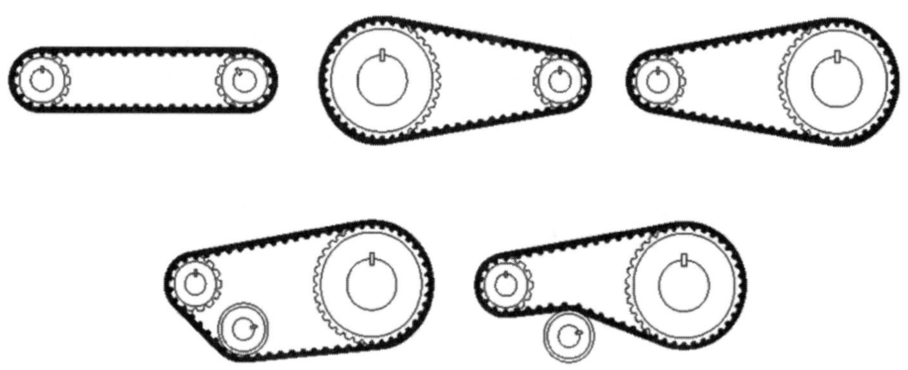

[다축 풀리의 설치 예]

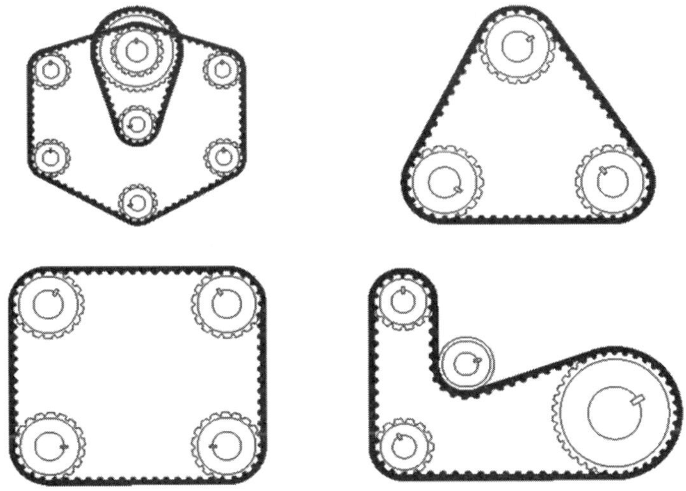

Application Examples

[기타 용도의 타이밍 벨트 설치 예]

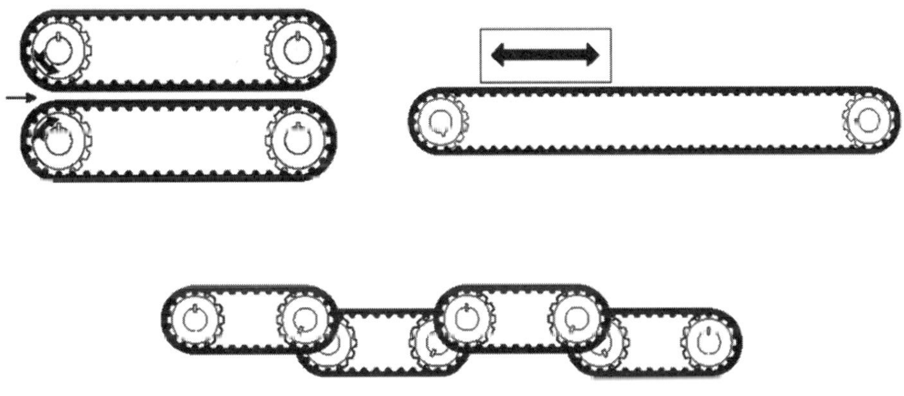

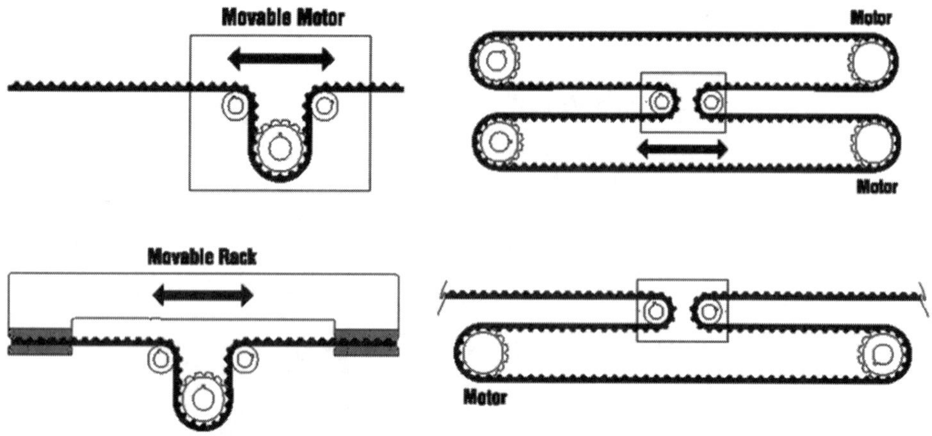
Movable Motor
Motor
Motor
Movable Rack
Motor

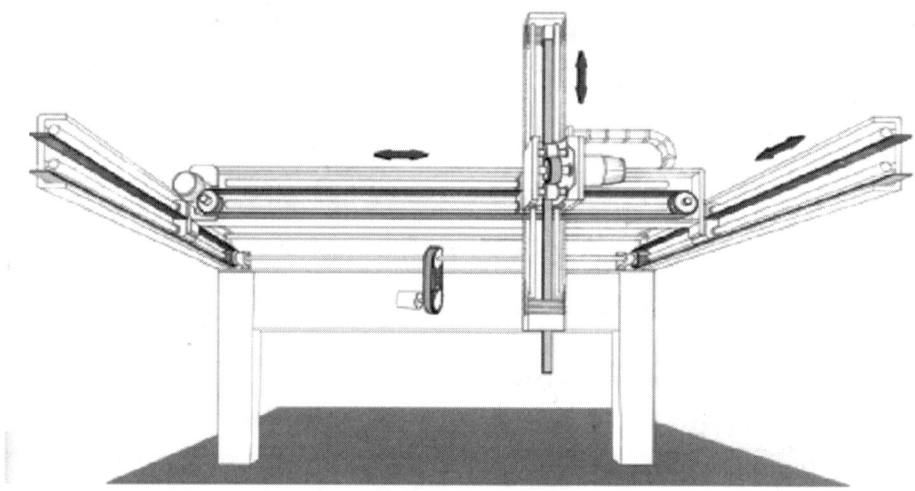

Application Examples

[리이드 스크류 전동의 적용 보기]

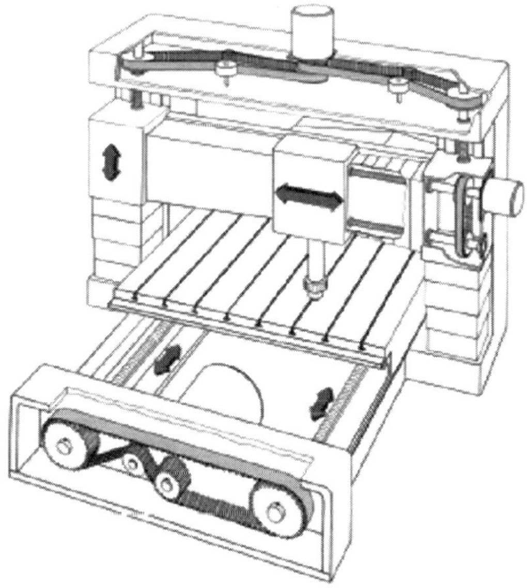

제 6 장 체인, 파워록, 테이퍼부시, 케이블베어

6.1 체인(chain)

6.1.1 체인전동의 뜻과 종류

벨트와 로우프 전동은 마찰력에 의한 전동이지만 체인전동은 스프로킷 휠(sprocket wheel)에 걸어 감아서 체인과 휠의 이(齒)가 서로 물리는 힘으로 동력을 전달시킨다. 주로 축간거리가 짧고 기어 전동이 불가능한 경우에 전동용으로 사용한다.

체인을 형식상 다음과 같이 크게 나눈다.

- 코일 체인(coil chain)
- 디태처블 체인(detachable chain)
- 폐절(閉節) 체인(close chain)
- 블록 체인(block chain)
- 로울러 체인(roller chain)
- 사일런트 체인(silent chain)

이 장에서는 전동체인의 대표적인 로울러 체인을 중심으로 공부를 한다.

6.1.2 체인전동의 특성

- 미끄럼 없이 일정한 속도 비를 얻을 수 있다.
- 초기 장력을 줄 필요가 없으므로 정지 시에 장력이 작용하지 않고 베어링에도 하중이 가해지지 않는다.
- 체인은 길이를 신축할 수 있다.
- 다 축 전동이 용이하다.
- 유지 및 보수가 쉽다.

- 큰 동력을 전달할 수 있다.
- 전동 효율 95% 이상이다.
- 내유, 내열, 내습성이 크다.
- 충격하중 흡수 능력이 있다.
- 축간거리가 4 m 이내에서 적용하여야 한다.

6.1.3 체인의 종류

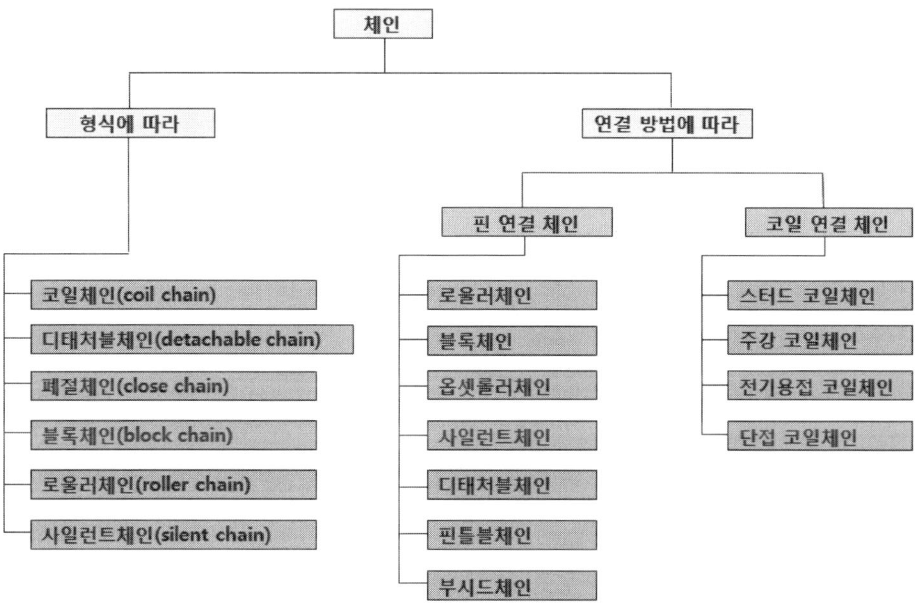

6.1.4 로울러체인의 규격

로울러체인의 크기는 호칭번호로 표시하며 25부터 240 사이에 13종류가 있다. 체인의 호칭번호는 체인의 피치(Inch)를 1/8"(3.175 mm)의 배수로 나타낸다. 예를 들어 피치 3/8"는 1/8"의 3배 이므로 3, 피치는 2" 는 1/8"의 16배이므로 16으로 하며 그 다음에 로울러가 있는 것은 0, 로울러가 없는 것은 5, 경량형은 1을 붙인다.

[표 6-1 로울러체인의 호칭번호(KS B 1407)]

호칭번호	25, 35, 40, 41, 50, 60, 80, 100, 120, 140, 160, 200, 240
호칭 법	단열 로울러체인의 호칭번호는 피치를 3.175mm(1/8")로 나눈 수에 다음의 수를 끝에 붙인다. 0 : 로울러가 있는 것, 5 : 로울러가 없는 것, 1 : 경량형
예 시	① 호칭번호 60 : 피치 19.05㎜(19.05 ÷ 3.175 = 6), 로울러가 있는 것 ② 호칭번호 35 : 피치 9.525 ㎜(9.525 ÷ 3.175 = 3), 로울러가 없는 것 ③ 호칭번호 41 : 피치 12.70 ㎜(12.70 ÷ 3.175 = 4), 경량형 ④ 호칭번호 80-2 : 피치 25.4.70 ㎜(25.40 ÷ 3.175 = 8), 2열 로울러체인

6.1.5 로울러 체인의 구성

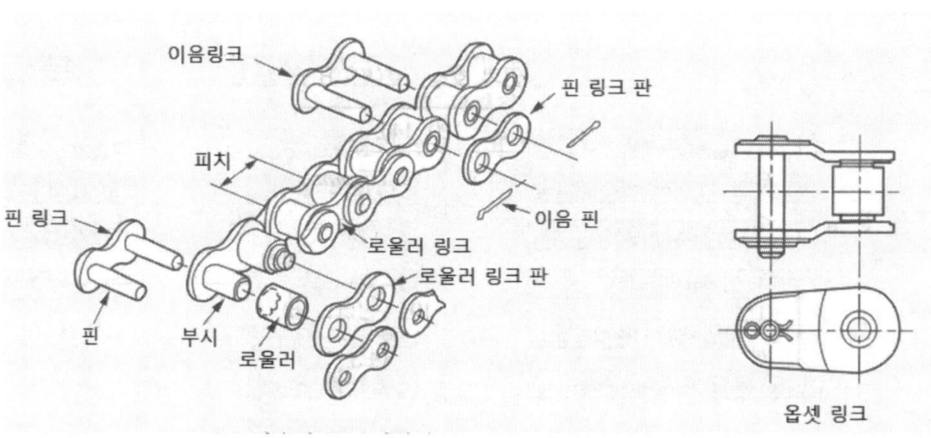

그림 6-1 로울러 체인의 구성과 명칭

그림 6-2 이음 링크 종류

[1] 옵셋 링크(offset link) 용도

링크의 수가 홀수인 경우에는 이음매의 한쪽은 로울러 링크, 다른 한쪽은 핀 링크라서 이음 링크를 사용할 수 없으므로, 이때에는 옵셋 링크를 사용한다.

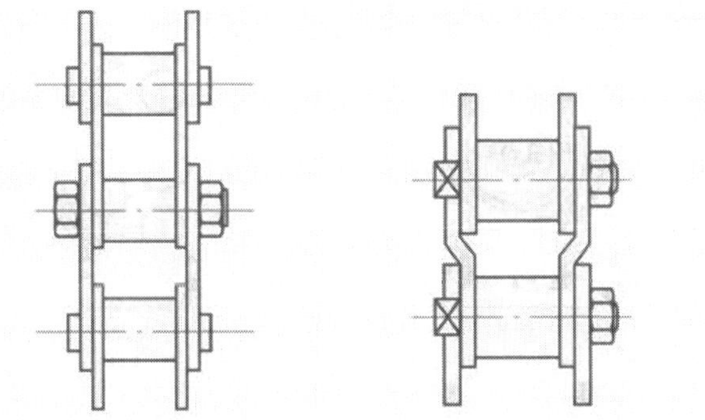

그림 6-3 옵셋 링크

6.1.6 스프로킷 휠(sproket wheel) 구조와 형식

[1] 스프로킷 휠의 구조

그림 6-4 스프로킷 휠의 구조와 명칭

[2] 스프로킷 휠의 형식

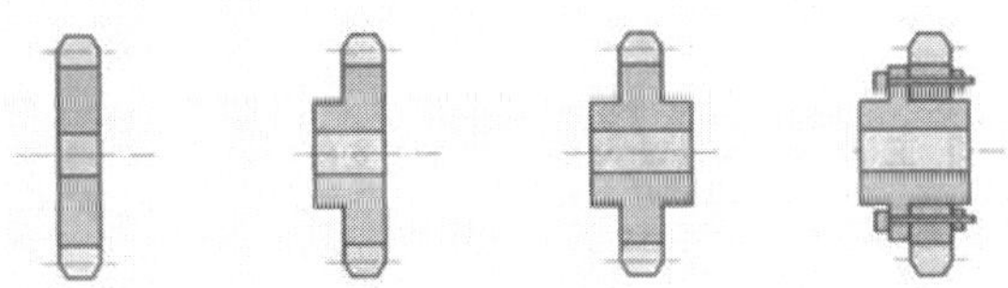

그림 6-5 스프로킷 휠의 형식 종류

6.1.7 로울러체인(roller chain)의 종류

[1] standard roller chain

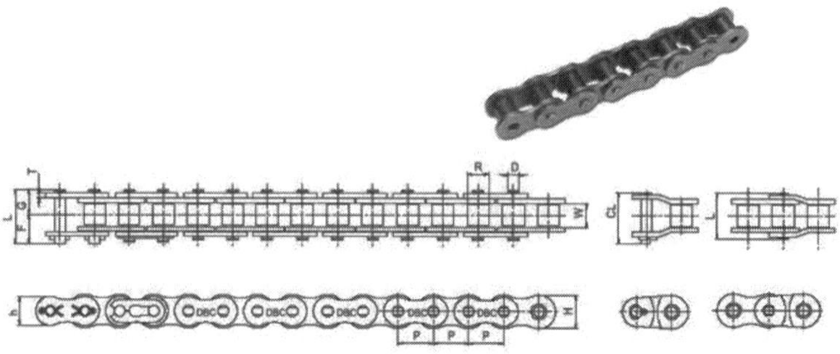

그림 6-6 표준 로울러 체인

[2] attachment roller chain

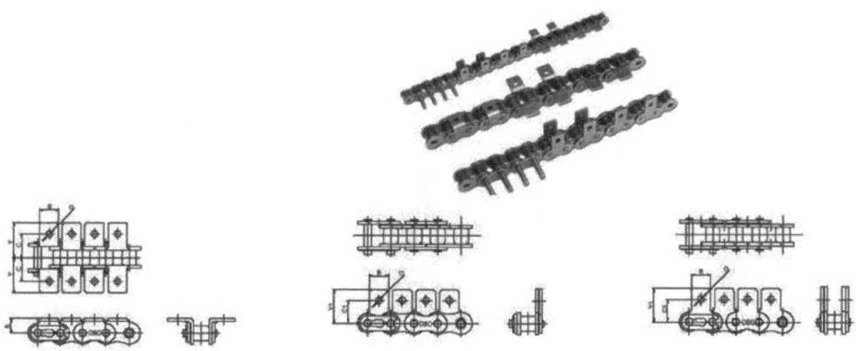

그림 6-7 어테치먼트 로울러 체인

[3] side roller chain

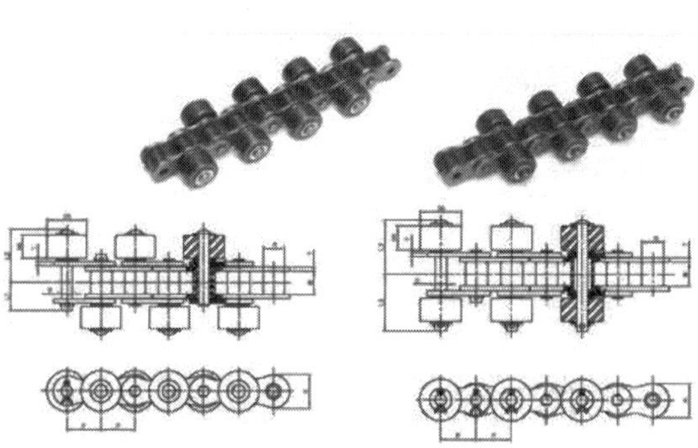

그림 6-8 사이드 로울러 체인

[4] top roller chain

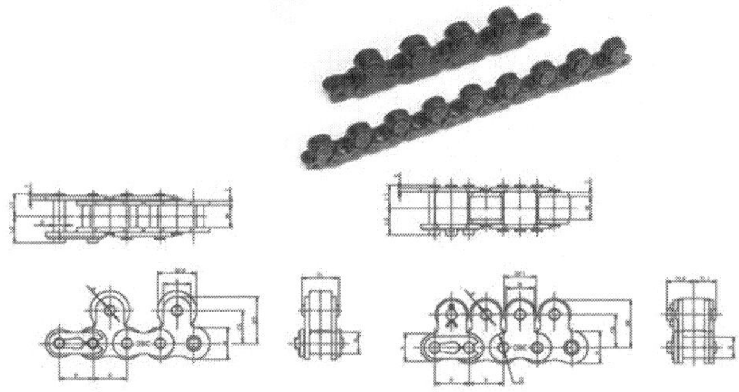

그림 6-9 탑 로울러 체인

[5] double pitch roller chain

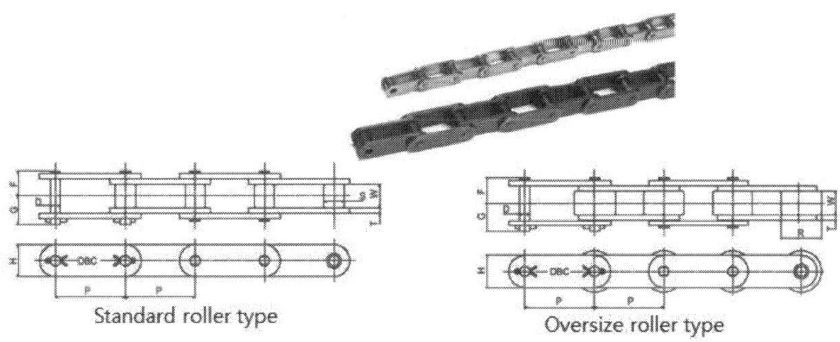

그림 6-10 더블 피치 로울러 체인

[6] 체인 로울러 핀 제거용 공구

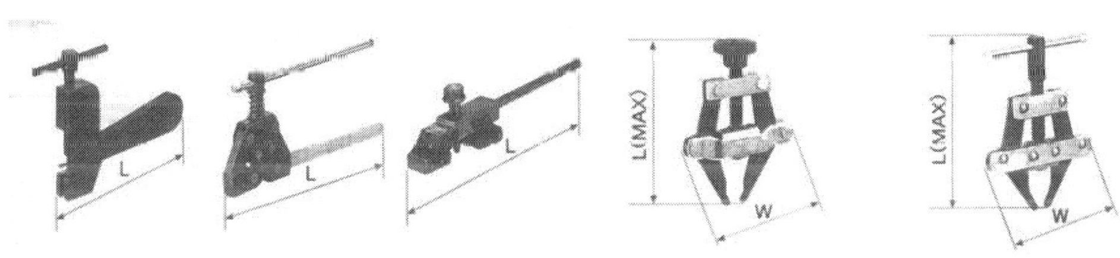

그림 6-11 로울러 핀 제거용 공구

6.1.8 로울러체인(roller chain)의 유지 보수

[1] 체인 및 스프로킷 점검 순서

❑ 운전 중 육안 점검 사항

- 이상 소음이 없을 것.
- 체인이 진동하고 있지 않는가?
- 체인이 스프로킷에 제대로 감겨 있는가?
- 급유 상황은 적정한가? (윤활 형식, 급유량)
- 체인이 Cover와 간섭이 있지 않는가?

❑ 운전 정지 후 점검 사항

- 체인의 이완 측의 이완 정도를 점검한다.
- 체인의 로울러 부위의 마모 정도를 점검한다.
- 윤활 급유 시스템을 점검한다.

[2] 체인 및 스프로킷 점검 및 보수

[표 6-2 체인 및 스프로킷 문제점과 대책]

문제점	원 인	대 책
지나친 소음	1. 스프로킷의 불일 직선	1. 정상적인 구동 조건을 유지하기 위해 비정상적인 하중, 마모, 일직선 정렬 등을 점검해야만 한다.
	2. 불충분한 급유	2. 핀, 부시의 접촉면에 적당량의 급유는 유용하다는 것을 확실하게 하기 위해 급유 장치를 개량 또는 설치하시오.
	3. 베어링의 마모 및 부적당한 설치	3. 마모된 베어링은 전체 회전장치를 불일치시키므로 가능한 한 신속히 교체하시오.
	4. 체인의 지나친 느슨함.	4. 가능한 축간거리를 조정하고 장력 조절장치를 이용해서 장력을 끌어올려 사용하는 것을 고려하시오.

문제점	원 인	대 책
지나친 소음	5. 체인 또는 스프로킷의 마모	5. 체인을 교체한 후 필요하다면 스프로킷도 교체하시오.
	6. 체인 운행의 방해	6. 체인 사이에 끼인 이물질을 제거하시오.
	7. 체인 연결부의 빡빡함	7. 뻣뻣한 링크를 제거하거나 수리하시오.
	8. 무겁거나 맥동하중	8. 가능한 한 부하를 줄이거나 장력 조절장치를 설치하시오.
	9. 너무 큰 체인피치	9. 체인 구동 속도표를 점검하고, 체인 메이커에 문의하여 조처한다.
체인 구동 운행시 발열	1. 급유 장치나 급유 형식이 운전속도와 전달되는 동력에 부적당할 때	1. 급유에서 권하는 형식을 통해 동력전달 능력표를 점검하시오. 만약 급유 장치에 냉각 목적이 적합하지 못할지도 모르니 흐름을 증가시키고 기름통의 능력을 점검하시오.
	2. 윤활유가 충분하지 못할 때	2. 좋은 보전 습관을 일관성 있게 하기 위해 급 유량을 증가하시오.
	3. 체인이 계속적으로 방해 접촉될 때	3. 이물질을 제거하고 불필요한 진동으로부터 체인을 보호하시오.
	4. 운전속도의 전달 동력에 부적합한 체인피치	4. 피치가 조금 작은 동등한 능력의 체인이 요구될지 모르니 최추의 체인 선택을 점검하시오.
체인이 스프로킷 이빨에서 튀거나 오를 때	1. 마모된 체인 또는 스프로킷	1. 필요하다면 체인과 스프로킷을 교체하시오. 구동설계상 양립할 수 있다면 스프로킷을 역전시켜 사용하지 않은 새로운 면을 이용하시오.
	2. 과도한 체인의 느슨함	2. 가능하다면 중심을 조정하거나 장력 조절장치와 같은 끌어올리는 장치를 사용하시오.

문제점	원 인	대 책
체인이 스프로킷 이빨에서 튀거나 오를 때	3. 불확실한 체인의 장착	3. 큰 구동비 때문에 작은 스프로킷의 긴장률을 흡수할 만큼의 잇빨을 가지지 못할지도 모르니, 이 경우 구동 배치가 변 할 수 없다면 끌어올리는 장력 조절 장치 형태가 체인 두름을 증가시키기 위해 필요할지 모르기 때문이다.
	4. 스프로킷 잇빨 사이에 이물질이 들어갈 때	4. 스프로킷 잇빨이 바르게 장착되기 위해 이물질을 제거하시오. 특별한 스프로킷 사용을 고려하시오. 메이커에 의견을 구해보시기 바랍니다.
체인 경직 시동시의 탄력성	1. 체인이나 스프로킷의 마모	1. 필요하다면 체인과 스프로킷을 교체하시오. 구동설계상 양립할 수 있다면 스프로킷을 역전시켜 사용하지 않은 새로운 면을 제공하시오.
	2. 과도한 체인의 느슨함	2. 가능하다면 장력 조절 장치와 같은 끌어올리는 장치를 사용하시오. 만약, 허용된다면 체인의 1피치 또는 그 이상의 피치를 줄이시오.
	3. 무겁거나 맥동하중	3. 가능한 한 부하를 줄이거나 장력 조절장치를 설치하시오.
	4. 지나치게 먼 축간거리	4. 긴 축간거리에는 중간에 장력 조절 장치가 요구된다.
	5. 1개 또는 그 이상의 뻣뻣한 체인 연결	5. 뻣뻣한 링크를 움직이거나 수리하시오.
핀 파괴	일반적으로 핀의 파괴는 체인의 능력에 과대하여 크게 하중을 받을 때 발생	체인의 능력에 지나치다면 체인의 결정을 위해 동력전달 능력표를 점검하시오. 높은 하중 조건이 적당하지 않다면 보다 큰 피치 체인이나 다열의 체인이 요구될지 모릅니다.

문제점	원 인	대 책
링크판 파괴	1. 링크판의 파괴는 피로 한도가 초과한 반복하중을 받음으로써 결과가 나타남.	1. 체인 선택 시 보다 큰 피치 및 다열의 체인이 요구되는지 점검해야 합니다.
	2. 맥동현상에서 역시 링크판 파괴가 시작됨	2. 가능하다면 맥동 현상을 제거하시오. 체인과 스프로킷의 지나친 느슨함을 점검하고 필요하다면 교체하시오.
롤러 또는 부시 파괴	1. 금 간 롤러는 체인의 능력에 관대하게 빠른 속도로 스프로킷 잇빨에 충돌하여 발생	1. 구동 선택 시 작은 피치 체인이나 여러 잇빨의 스프로킷 혹은 다열 체인이 요구되는지를 점검하여야 한다.
	2. 금이 가거나 벌어진 롤러는 저속에서 과도한 하중을 받아 발생	2. 잇빨 기호와 롤러 외경을 준수했다면 축간거리를 조정하시오.
	3. 롤러 외경의 잘못이 스프로킷 잇빨의 파괴를 가져온다.	

6.1.9 체인 및 스프로킷 윤활

[표 6-3 체인 및 스프로킷의 윤활]

급유 형식	급유법	장단점	급유량
①	손치기 급유(저속용) 	체인의 긴장측 과 이완측에서 핀, 롤러링크의 틈새를 향해 오일펌프 또는 브러시로 급유한다. 회전 중에는 위험 하므로 손으로 돌리거나, 스템운전으로 급유한다. 부근에 기름이 튀어서 오염되고, 바닥면이 미끄러운 등 위험성이 많으며 공해 방지상 좋은 방법은 아니다.	매일 아침 가동 시 체인을 점검하여 핀, 롤러부가 건조하지 않을 정도로 급유하다

<table>
<tr><th>급유 형식</th><th>급유법</th><th>장단점</th><th>급유량</th></tr>
<tr><td>②</td><td>적하 급유(저속용)
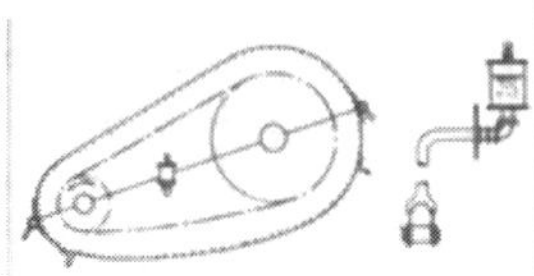</td><td>간단한 케이스를 써서 오일러에서 적하시킨다. 핀, 롤러 링크부에 기름이 떨어지게 연구한다. 케이스 안에 남은 기름을 정기적으로 빼낼 것.</td><td>매일 아침 가동 시 운전 전에 오일이 스핀들에 1분간에 5～10방울 정도 떨어지게 조정한다.</td></tr>
<tr><td rowspan="2">③</td><td>유욕 윤활(중, 저속용)
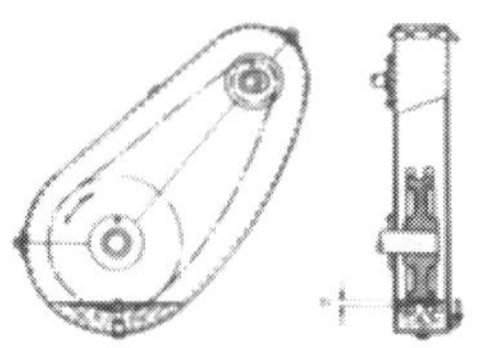</td><td>기름이 누설되지 않는 케이스를 쓰며 스프로킷 하부를 기름 속에 넣어둔다. 유량감소에 주의가 필요.</td><td>체인이 기름 속에 잠겨 있는 부분, h=6～12㎜로 한다.
유량이 지나치게 많으면 열화가 빠르다.</td></tr>
<tr><td>회전에 의한 윤활
(중, 고속용)
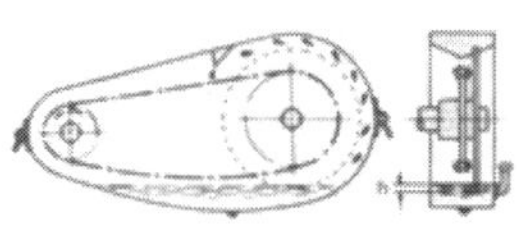</td><td>기름이 누설되지 않는 케이스를 써서 회전판을 부착해서 비말을 받아 적하한다. 회전판의 주속은 200RPM 이상이 필요하며, 체인폭이 125㎜ 이상인 경우는 회전판을 스프라킷 양측에 부착한다. 급유법으로는 거의 완벽하다.</td><td>체인은 기름에 잠기지 않는다. 회전판은 기름속에 잠기고, h=12～25㎜로 한다.</td></tr>
<tr><td>④</td><td>강제 펌프 윤활
(고속, 중하중용)
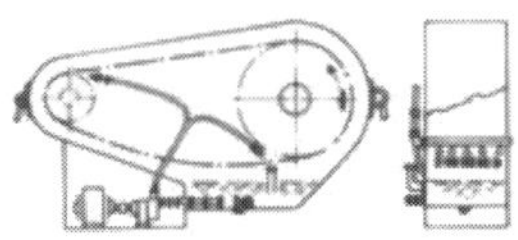</td><td>기름이 누설되지 않는 케이스를 써서 펌프에 의해 강제 순환시킨다.
다열체인에는 개개의 플레이트부에 급유하게끔 급유구를 설치한다.</td><td>1급유에 대한 급유량
<table><tr><th>체인속도
m/분</th><th>급유량
ℓ/분</th></tr><tr><td>500～800</td><td>1.0～2.5</td></tr><tr><td>800~1,100</td><td>2.0～3.5</td></tr><tr><td>1,100~1,400</td><td>3.0～4.5</td></tr></table></td></tr>
</table>

이와 같이 각종의 급유 방법이 있으나 ①, ② 에서는 대략 6개월마다, ③, ④ 에서는 1년마다 체인을 떼내고 세정(洗淨) 점검하여 케이스 속의 청소, 기름 교환 등을 하여야 한다.

이것들을 확실히 하면 체인의 수명을 한층 더 길게 할 수 있다.

6.2 파워록(powerlock) & 테이퍼부시(taperbush)

6.2.1 파워록 이란

power–lock은 원래 학명으로는 "cone–key"라 부른다. 그러나 제작하는 회사마다 상품명을 가지고 홍보를 하다 보니, LPL에서 가장 많이 적용하는 메이커인 일본 "TSUBAKI–EMERSON" 제품인 "power–lock"를 사용하다 보니 LPL에서 통칭되고 있다는 사실을 먼저 인지하여야 한다. 예로 NBK에서는 "clamp–lock", mikipully에서는 "posiI–lock" 등 명칭이 다르다.

파워록 이란 축과 보스 사이에 Key라는 부품을 적용치 않고 축과 보스를 임의의 각도 또는 위치에 체결하여 큰 토르크를 전달할 수 있게 만들어진 부품이다. 다만 체결 시 고정용 볼트가 많아서 다소 번거로움이 있다.

조립과 분해가 용이하고 동력 전달 시 큰 동력을 미끄럼 없이 전달된다는 장점을 가지고 있다.

6.2.2 파워록의 장점

- 장착, 결합의 용이
- 탈착, 분리의 용이
- 비틀림 저항성 우수
- 과부하의 저항성 우수
- 축 길이 방향에서 결합 위치 이동용이
- 축 길이 방향 정렬 오차나 편각 오차 없음
- 유격(백래쉬)으로부터 보호
- 사용 공구의 단순성
- 경제적인 가격
- 사용 가능 축 경 : 5~300 mm

6.2.3 파워록의 용도

- 기어
- 피니언
- 감속기
- 커플링
- V-Pulley
- 클러치
- 타이밍 벨트 풀리
- 체인 스프로킷
- 플라이 휠
- 각종 회전체

6.2.4 파워록의 구조 재질

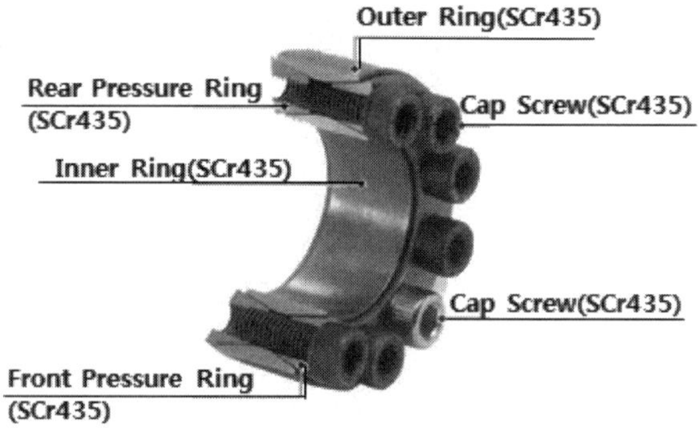

그림 6-12 파워 록의 구조와 명칭

6.2.5 파워록의 종류

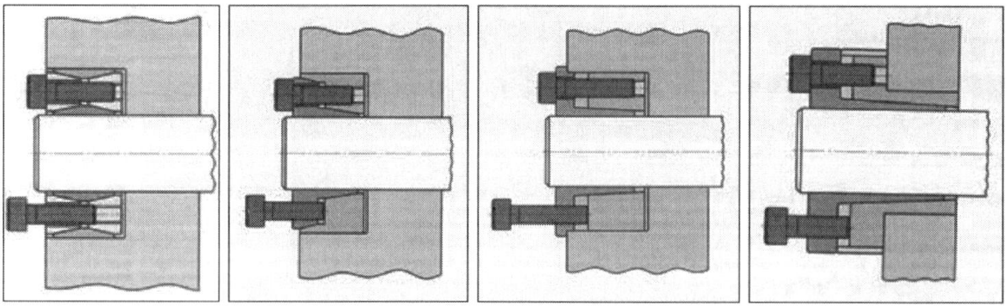

Standard Type | Double Taper Type | Centering Type | Small Hub Type

그림 6-13 파워록의 종류

6.2.6 파워록의 조립 방법

① 부시 및 hub에 붙어 있는 보호용 코팅, 먼지 등을 완전 제거 후, 부시를 풀리의 중심부 hub에 삽입 정렬한다.

② 풀리의 hub, 부시의 나사에 기름 주입, 조립용 볼트를 hub의 나사 구멍에 삽입하고 가볍게 joint 한다.

③ 축을 깨끗이 한 후, hub와 일체가 되도록 맞추어 희망 위치에 놓고, 처음에는 부시가 축에 물리고 나중에는 hub가 부시에 잠기도록 체결한다.

④ 육각 렌치로 다음 표와 같은 토크가 되도록 볼트에 교대로 점차적으로 체결한다.

⑤ 손상을 막기 위해 block나 seleeve를 사용하여 부시의 넓은 쪽을 두드린다. (이것은 부시가 shaft에 수직으로 위치했는지를 확인하기 위함입니다.) 다시 볼트를 조금 더 조입니다. 최대의 파지력을 얻을 수 있도록 두드림과 나사 조임을 반복합니다.

⑥ 만약 key를 삽입해야 하면 부시를 조립하기 전에 shaft keyway에 key를 넣어야 합니다. key는 특히 parallel key와 side fitting이어야 하고 top clearance를 가져야 합니다.

⑦ drive에 부하를 주어 잠깐 가동한 후 정지시켜, 나사의 조임 상태를 다시 점검해야 합니다.

⑧ 비어 있는 구멍을 grease로 채워 먼지 등을 막습니다.

6.2.7 테이퍼부시 란

power-bush는 "cone-key"에서 슬립하게 개발된 부품이다. 파워록과 함께 가장 발달된 형태의 축 고정 장치의 하나다. 그러나 제작하는 회사마다 상품명을 가지고 홍보를 하다 보니, LPL에서 가장 많이 적용하는 메이커인 일본 "TSUBAKI-EMERSON" 제품인 "power-bush"를 사용하다 보니 LPL에서 통칭되고 있다는 사실을 먼저 인지하여야 한다.

예로 NBK에서는 "connection Ring", mikipully에서는 "posi-lock" 등 등 명칭이 다르다.

테이퍼부시는 축과 보스 사이에 key라는 부품을 적용치 않고 축과 보스를 임의의 각도 또는 위치에 체결하여 큰 토르크를 전달할 수 있게 만들어진 부품이다. 파워록보다는 토오크 전달력이 적다. 다만 체결 시 고정용 볼트가 많아서 다소 번거로움이 있다. 조립과 분해가 용이하고 동력 전달 시 큰 동력을 미끄럼 없이 전달된다는 장점을 가지고 있다.

6.2.8 파워 부시의 구조 재질

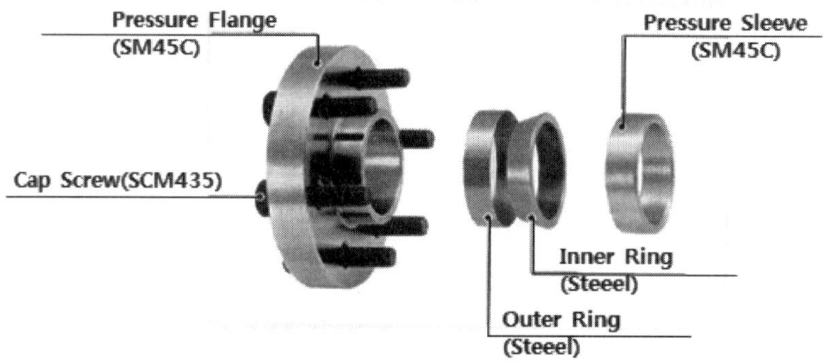

그림 6-14 파워 부시의 구조

6.2.9 파워 부시의 종류

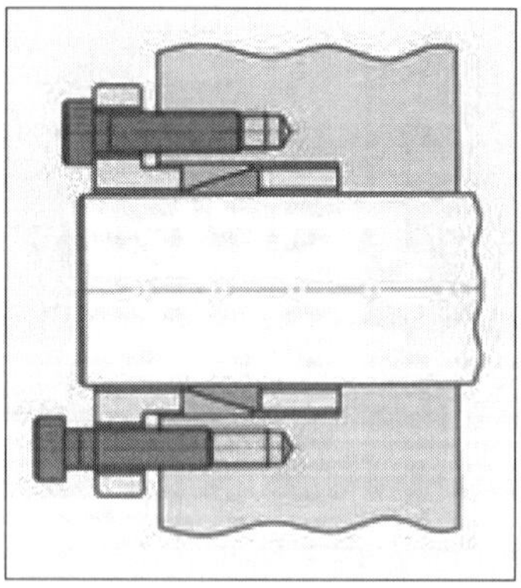

Standard Type

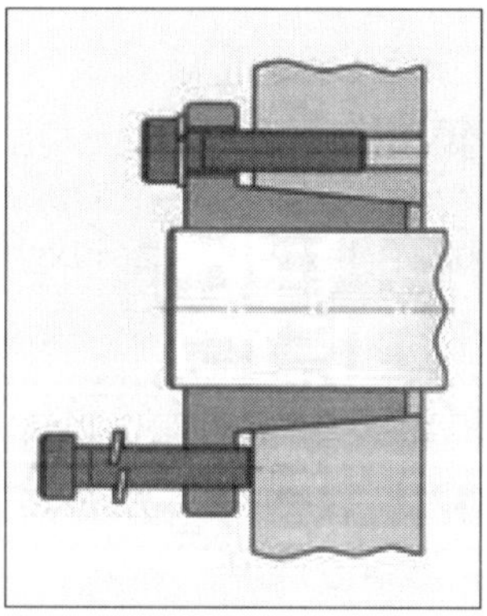

Miniature Type

그림 6-15 파워 부시의 종류

6.2.10 파워 부시의 조립 방법

① 부시와 풀리를 청결한 축에 정열 시킨다. 2개의 결합용 bolt를 렌치를 이용하여 교대로 체결한다.(shaft pulley가 직각 상태로 조립되었는지 확인하면서 교대로 체결한다.)

② 얼마간 가동 후 기계를 정지시켜 스크루를 재체결.(모든 구멍에 그리스를 주입하여 이물질과 녹을 방지토록 한다.)

6.2.11 파워 부시의 분해 방법

① 조립용 bolt를 L렌치 이용하여 뽑아낸다. 뽑아낸 bolt를 분해용 hole에 삽입하여 조인다.(bush와 pulley가 분해된다.)

② 부시와 축의 분해를 위하여 조립용 bolt를 내경 확장 기능형 hole에 손으로 조립한 후 L렌치를 이용하여 반 바퀴 정도 조인 다음 분해한다.

※ 모든 스크루를 느슨하게 푼 후 결합부위에 오일링을 하고 뽑은 스크루를 분해용 구멍에 넣어 조임으로써 부시가 허브와 축으로부터 이탈된다.

6.3 케이블 베어(cableveyor)

6.3.1 케이블 베어

케이블 베어는 cable, hose 등을 보호하는 목적으로 개발되었습니다. 각종 기계와 장치의 움직이는 부위에 부착되어 안전하고 확실 원활하게 작동되도록 하며, cable, hose 등과 같은 각도로 정교하게 움직이므로 벗겨지거나 뒤틀림, 꼬임 등의 단선이 되는 기존의 system과 다르게 cable, hose의 수명을 연장시킬 수 있다. 수로 절강산업기계, 전자, 자동차산업, 목공, 식품기계, 반도체, 산업용 robot, 자동화 시스템 등 전세계적으로 다양한 용도에 적용되고 있다.

6.3.2 케이블 베어의 종류 (1)

[표 6-4 케이블 베어의 종류]

형 식	사 진	용 도	특 징
HS Type 표준형		운반기계, 공작기계, 철강설비, 대부분계 적용가능.	• steel체인과 알루미늄 support로 강하고 수명이 길다. • 작은 판의 링크 플레이트 안전 설계되어있다. • support구멍을 주문 가공하여 지지가 보다 확실하다. • 운동량이 경우는 I형, V형이 유리하다.
HSS Type 간편조작형		Cable, Hose가 비교적 적고 가벼운 설비에 적합하다.	• 분해 및 설치가 용이하고 칸막이가 쉽게 조정된다. • frame부가 규격화되어 설치가 쉽고, 단납기 가능하다. • 불필요한 무게를 줄인 경량형이다.
HSSP Type 간편조작형		공작기계 및 장거리 설비에 적합하다.	• HS, HSS type을 경량화시킨 엔지니어링 플라스틱으로 되어 있기 때문에 가벼우며 움직임이 유연하다. • 간편 조작형으로 cable, hose의 분해 및 설치가 용이하고 칸막이가 자유롭게 조정된다.
HSP Type 개폐형		자동화기계, 목공기계, 식품기계, 산업용 로보트에 적합하다.	• 본체는 개폐형으로 cable, hose의 설치가 용이하다. • 경량이어서 움직임이 원활하다. • divider가 좌우로 움직인다.
HSC Type 플라스틱 간편밀폐형		공작기계, 용접 robot, 자동차 산업, 철강설비 등에 적합하다.	• chip, slag 등 이물질로부터 cable, hose를 보호한다. • 난연 및 분진이 적다. • 안쪽 cover가 개폐형으로 cable, hose의 분해 설치가 용이하다. • 부분 보수가 가능하다. • end bracket에 cable, hose 고정용 clamp가 있다.

형 식	사 진	용 도	특 징
HSM, TKC Type 멀티형		자동화기계, 공작기계 용접 robot, 반도체 생 산설비, 철강설비 용이다.	• 안쪽, 바깥쪽 cover가 개폐형, 밀폐형 두 가지로 다용도로 설치 가능하다. • 난연 및 분진이 적다. • 부분 보수가 가능하다. • end bracket에 cable, hose 고정용 clamp가 있다.
HSF, HSDT Type 닥트형		공작기계등 cable, hose의 보호에 적합하다.	• 이물질이 들어가지 못하므로 완전한 보호가 된다. • stainless steel이기 때문에 외관이 미려한다. • 안쪽은 엔지니어링 플라스틱으로 절연체이다. • 부분 보수가 가능하다.
HSV Type 고속형 자소음형		자동차산업, 로보트, 철강 설비 등 고속, 저소음용에 적합하다.	• 고속주행에도 진동 없이 원활하게 조용히 움직인다. • cable, hose를 좌우로 나누어 장치되어 있으며 support의 폭을 약 1/2로 줄일 수 있다. • 정지위치가 안정하게 되어 있다.
HSI Type 중하중용 고속. 장거리형		크레인, 철강설비, 단조설비 등 중하중용, 고속용 기계에 적합하다.	• frame부와 supporter, chain부로 구성되어 있으며, 진동의 영향을 받지 않게 되어 있어 내구성이 탁월. • 기동, 정지의 빈도가 많고, 다수의 cable, hose를 사용하여 고속 중 하중, 장거리 사용에 적합하다.
QUANTUM PRO file 저소음 저분진형		반도체 생산설비, 전자 clean room, 고속상비	• 압출 성형된 side-band와 supporter부로 구성되어 있으며, 진동의 영향을 받지 않게 되어 있어 내구성이 뛰어나다. • 분진 및 진동, 소음이 발생하지 않는다.

6.3.3 케이블 베어 설치 방법 및 주의사항(1)

① 케이블 종류를 선택할 때에는 외부의 환경 조건을 고려해서 선택해야 한다. 가능한 25가닥 이상은 사용하지 말고 그 이상일 경우는 분할해서 사용한다.

② 제품상 규정하는 최대 곡률반경을 초과해서 사용하면 수명을 급속도로 단축시키는 결과가 되므로 제품 catalog에 제시된 곡률반경을 참조하여 체인의 종류를 선택해야 하며 여러 종류의 케이블이 한 체인 내에 설치되어야 할 때는 최대 직경을 기준으로 곡률반경으로 산출해야 한다.

③ 체인의 양쪽 끝부분의 cable은 고정되어야 한다. 적어도 30X케이블 외경(체인 내의 최대 직경 기준)만큼의 거리를 케이블 끝부분 고정 부분으로부터 체인 최후 굴곡면까지 유지시켜야 한다. 또한 양 끝면 고정 시 필히 외피까지 고정시켜야 내부 전선의 수명을 연장시킬 수 있다.

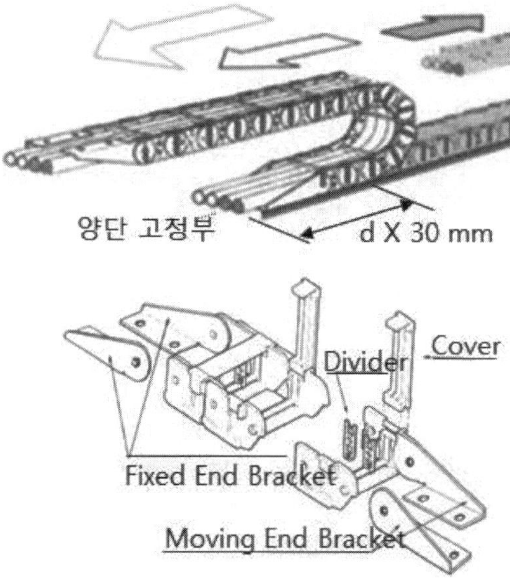

그림 6-16 케이블 베어의 구조와 명칭

그림 6-17 케이블 베어의 케이블 정리

④ 드럼이나 코일 상태의 케이블을 풀어낼 때 심선이 꼬이지 않도록 감긴 방향의 반대로 풀어야 꼬임에 의한 손상을 방지할 수 있다. 전선 내에서 꼬인다면 아무리 체인 설치가 이상적이라 할지라도 수명은 단축된다.

⑤ 체인 내에 케이블 배열 시 굵기에 따라 분리 설치하여 움직일 때 서로 영향을 받지 않도록 한다.

⑥ 체인의 활동 부분과 케이블 사이에 어떤 경우라도 절대 함께 묶어지거나 고정되어서는 안 된다.

⑦ 케이블이 체인 내에 삽입될 때 그림과 같이 굴절 부분에서 체인 외벽과 내벽 사이에 어느 쪽의 방해도 받지 않고 유지되도록 적당한 길이로 설치되어야 한다. 만약 짧다면 굴절될 때 내벽 쪽에 밀착돼서 케이블 내의 작은 심선에 인장력이 발생되므로 단선의 원인이 될 것이고 반대로 너무 길게 전선이 설치되면 체인 외벽에 부딪쳐서 전선 내의 심선에 구부러짐이 생겨 역시 단선의 원인이 될 것이다.

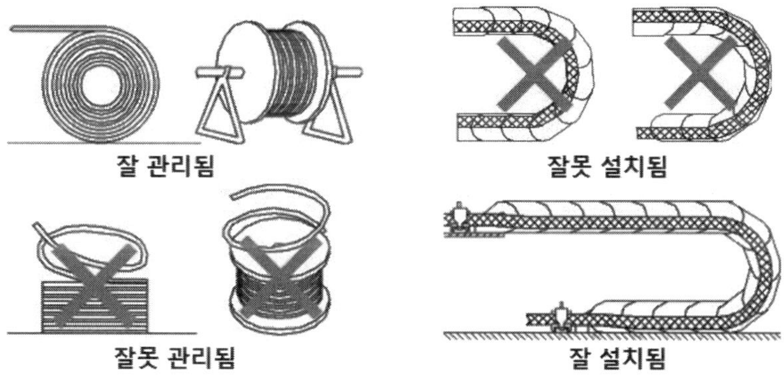

그림 6-18 케이블 베어의 관리

제 7 장 가공 실습

7.1 드릴 작업

7.1.1 드릴

[1] 드릴의 대별

트위스트 드릴, 평 드릴, 특수 드릴, 경질합금 드릴 등 4가지로 대별할 수 있다.

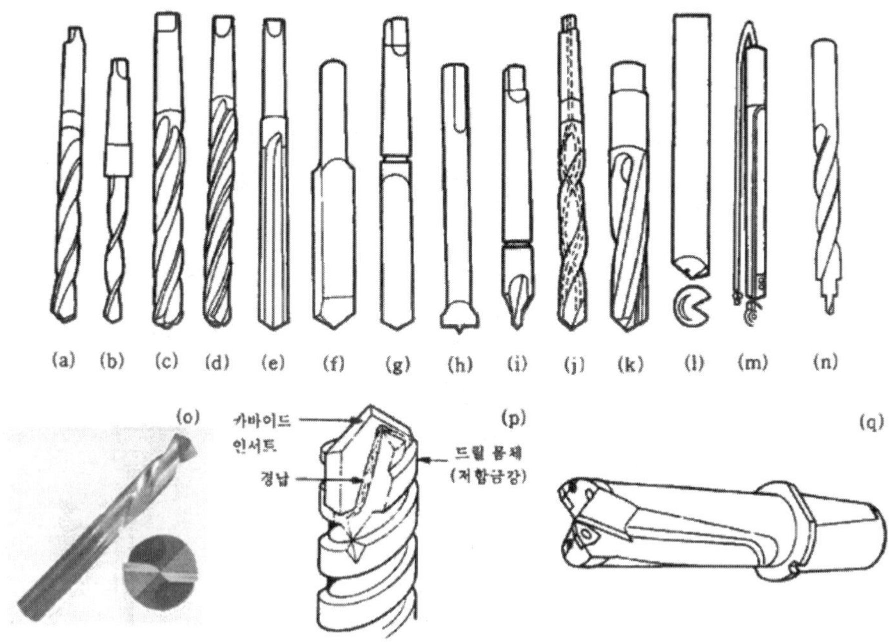

그림 7-1 각종 드릴의 종류

(a) 보통 트위스트 드릴	(b) 평형 트위스트 드릴	(c) 3홈 트위스트 드릴
(d) 4홈 트위스트 드릴	(e) 곧은 홈 드릴	(f), (g), (h) 평 드릴
(i) 센터 드릴	(j) 유공 드릴	(k) 중공 드릴
(l) 반월 드릴	(m) 포신 드릴	(n) 스텝 드릴
(o) TIN 코팅 초경 드릴	(p) 초경 경납땜 드릴	(q) Throw-Away 드릴

[2] 드릴의 종류와 특징

- **트위스트 드릴(twist drill)** : 가장 널리 쓰이는 드릴로서 2개의 비틀림 날이 회전날 끝으로 되어 있어 절삭성이 매우 좋다.
- **평 드릴(flat drill)** : 둥근 봉의 선단을 납작하게 만들어 날을 붙인 것이며, 가장 간단한 형식으로 보통 연한 재질을 가진 공작물의 구멍을 뚫을 때 사용된다.
- **센터 드릴(center drill)** : 공작물을 선반이나 연삭기에 고정할 때 공작물에 지지가 되는 센터 구멍을 뚫을 때 사용된다.
- **곧은 홈 드릴(straight flute drill)** : 홈이 직선으로 파인 드릴로서 선단의 각도가 0°이므로 황동이나 얇은 핀의 구멍을 뚫을 때 사용된다.
- **유공 드릴(oil tublar drill)** : 트위스트 드릴의 내부에 기름구멍을 만든 것으로서 기름의 공급과 칩의 배출이 용이하므로 깊은 구멍을 뚫을 때 사용한다.
- **반원 드릴(rifle barvel drill)** : 드릴의 선단이 1개의 날로 되어 있으며, 날 끝은 드릴의 중심부에 대해 편위 되어 있다.
- **코어 드릴(core drill)** : 이미 뚫린 구멍을 넓힐 때 사용한다. 외주 부근에만 3~4개의 날을 가지며 중심부에는 날이 없으므로 새로 구멍을 뚫을 때는 사용이 불가능하다.
- **스텝 드릴(step drill)** : 2개의 날을 가진 드릴 선단부를 외경보다 가늘게 하여 그 단부를 평면 또는 경사면으로 만든 드릴이며, 대량 생산작업에서 공정수를 줄이기 위해 사용된다.
- **콤비네이션 드릴(combination drill)** : 드릴에 리이머, 탭 등의 날을 동일 중심축으로 한 드릴로서 드릴링, 리이밍의 작업을 계속 전진하여 구멍면에 나사를 낼 수 있는 복합 드릴이다.
- **건 드릴(gun drill)** : 구멍의 직경의 20배 이상의 깊은 구멍을 가공하기 위하여 (총신 기공용) 곧은 날 드릴과 유공 드릴의 원리를 조합한 드릴이다.
- **TIN 코딩 드릴(tln coated drill)** : 강, 주철용, 재연삭 및 고속 가공이 용이하다.
- **조경 경납 땜 드릴** : 조경합금 팁을 경납 땜 한 것으로서 특히 뚫린 구멍이 정확한 것이 요구될 대 및 fiber와 같이 발열이 많은 재료, Al과 같은 비철합금에도 특수한 성능을 발휘할 수 있다.
- **throw-away drill** : 절삭날의 독특한 디자인으로서 공작물에 좀 더 많은 절삭력을 가할 수 있으며, 고 이송 절삭 선택을 할 수 있다.

[3] 드릴의 일반적 특징

- 드릴의 선단은 원추형이고 선단의 트위스트 홈이 서로 만나는 부분에 2개의 절삭 날이 있다.
- 트위스트 드릴의 인선각은 연강용에 대해서는 118°를 표준하고 있다.
- 공작물의 재질에 사용되며 일반적으로 가공 재료가 굳을수록 인선각을 크게 한다.

[표 7-1 공작물의 재질에 따른 드릴 각]

공작물의 재질	선단각	여유각	비틀림각
주 철	90 ~ 118°	12 ~ 25°	20 ~ 32°
강(저탄소강)	118°	12 ~ 25°	20 ~ 32°
구리 및 구리합금	110 ~ 113°	10 ~ 15°	30 ~ 40°
알루미늄합금	90 ~ 120°	12°	17 ~ 20°
표준드릴	118°	12 ~ 25°	20 ~ 32°

[4] 드릴 각부의 명칭

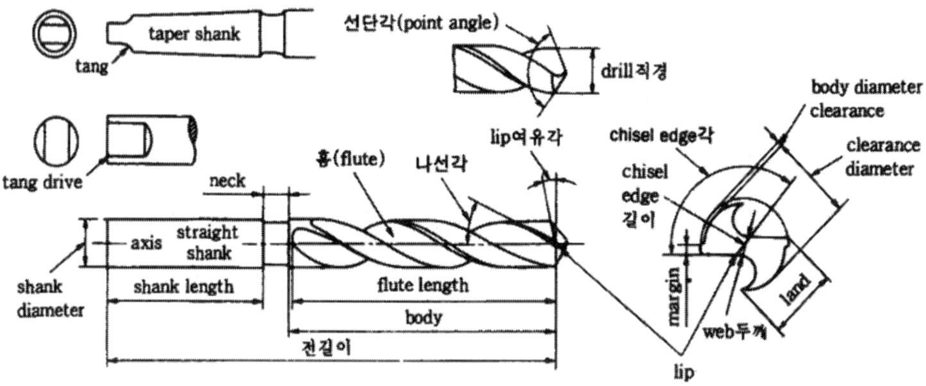

그림 7-2 드릴날 각부 명칭

- 드릴 끝(drill point) : 드릴의 끝부분이며, 원추형이다. 절삭날은 이 부분에서 연삭이 진행된다.
- 몸통(body) : 드릴의 본체가 되는 부분이며, 홈이 있다.

- **홈(flute)** : 드릴 본체에 직선 또는 나선으로 파인 홈이며, 칩을 배출하고 또, 절삭유를 공급하는 통로가 된다.
- **샹크(shank)** : 드릴 고정구에 맞추어 드릴을 고정하는 부분.
- **치즐에지(chiseledge)** : 드릴 끝에서 두 절삭 날이 만나는 점이다.
- **탱(tang)** : 테이퍼 자루 끝을 납작하게 한 부분으로서, 드릴에 회전력을 주며, 드릴과 소켓이 맞는 테이퍼 부를 손상시키지 않고 드릴을 돌려주는 역할을 한다.
- **절삭날(lips)** : 드릴 끝에서 드릴링을 할 때 재료를 깎아내는 날부분이다.
- **마아진(margin)** : 드릴의 홈을 따라서 나타나 있는 좁은 면으로, 드릴의 크기를 정하며 예비적인 날의 역할 또는 날의 강도를 보강하는 역할을 한다.
- **웨브(web)** : 홈과 홈 사이의 두께를 말하며 자루 쪽으로 갈수록 두꺼워진다.
- **선단각(point angle)** : 드릴 끝에서 절삭날이 이루는 각이다. 보통 118° 정도이다.(연강)
- **홈 나선각(helix angle)** : 드릴의 경심축과 비틀림 사이에 이루는 각이다.
- **몸통여유(body diameter clearance)** : 마아진보다 지름을 작게 한 드릴 몸통 부분이며, 절삭할 때 공작물에 드릴 몸통이 닿지 않도록 여유를 두기 위한 부분이다.
- **날 여유각(lip clearance angle)** : 절삭날이 장해를 받지 않고 재료에 먹어 들어가도록 절삭날에 주어진 여유각이다. 보통 10~15° 정도이다.(lip relief angle)
- overall length : 전체 길이
- **랜드(land) 마아진의 뒷부분** : 드릴에는 3가지 여유(relief)가 고려되어야 한다. 이것들이 적당하지 못하면 공작물과 드릴 사이에 마찰이 커져서 절삭이 곤란해지거나 드릴이 파손되는 결과를 초래한다.(그림 7-3 참조)
- **백 테이퍼(back taper)** : 드릴의 선단보다 자루 쪽으로 갈수록 약간의 테이퍼를 준 것으로 구멍과 드릴이 접촉하지 않도록 한 테이퍼이다. 드릴의 지름이 5 mm 이상인 것에 한하여 0.04~0.01 mm/100 mm 정도로 지름을 작게 하고 있다.
- **날 여유각(lip clearance angle, lip relief angle)**
- **여유면(land relief)** : 드릴의 원주 부분과 뚫린 구멍이 마찰을 일으키지 않도록 여유를 두는 것이다.

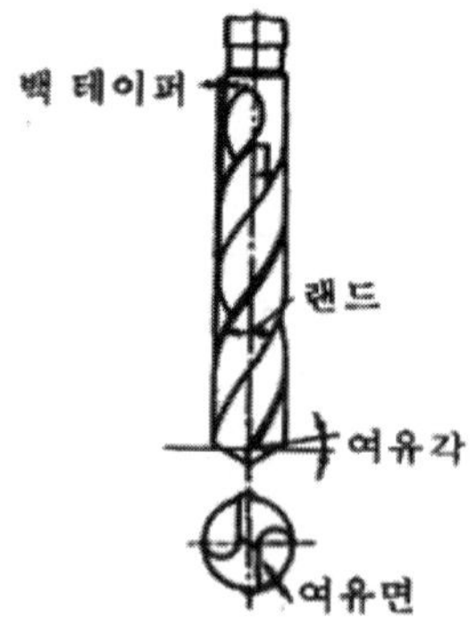

그림 7-3 드릴의 여유

7.1.2 드릴링 머신으로 가능한 작업

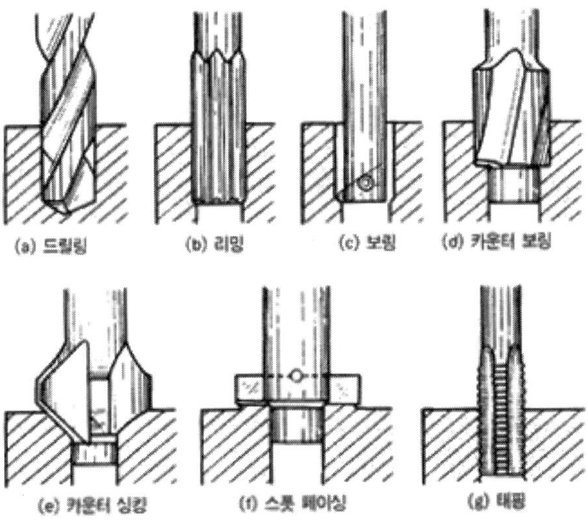

그림 7-4 드릴 가공의 종류

- 드릴링(drilling) : 공작물에 회전하는 드릴로 구멍을 뚫는 작업.
- 리이밍(reaming) : 드릴 또는 펀치로 뚫은 구멍을 요구하는 지름으로 정확하게 다듬는 작업.
- 카운터 싱킹(countersinking) : 나사못 원추형 머리에 맞도록 접시형으로 구멍을 파는 작업.(접시머리나사의 머리부를 깎는 작업으로 "접시자리파기"라고 한다.)
- 카운터 보오링(counterboring) : 드릴구멍 또는 보오링 구멍의 끝을 일정한 원통형 구멍으로 넓히는 작업.(깊은 자리 파기)

- **스폿페이싱(spotfacing)** : 거친면에 원형 다듬 자리를 만드는 작업. 보통 나사 또는 너트에 평평한 자리를 만들어 주는 작업.(얕은 자리 파기)
- **보오링(boring)** : 선반이나 보오링 기계로 보오링 공구를 사용하여 구멍을 넓히는 작업.
- **태핑(tapping)** : 탭을 사용하여 암나사를 내는(가공하는) 작업.
- **시이팅(seating)** : 거친 면에 원형 다듬자리를 볼록 튀어나오게 만드는 작업으로, 스폿페이싱 작업과 반대 개념이다.(자리매김)

※ 기계제도에 관한 일반사항(KS B0001, 0005 참조)

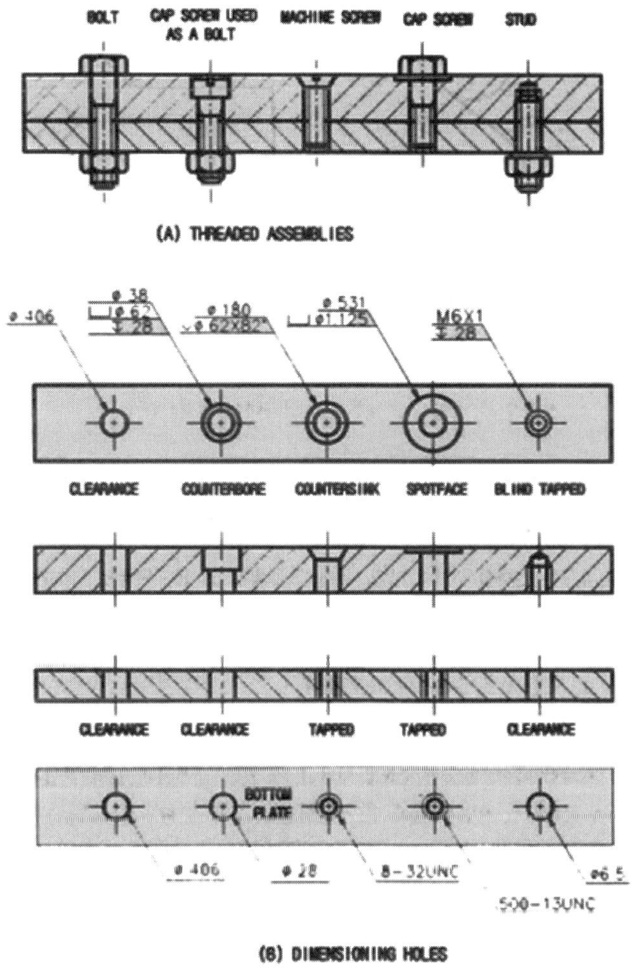

그림 7-5 각종 드릴의 종류

7.1.3 드릴링 머신

[1] 종류와 특징

❏ 탁상 드릴링 머신(bench type drilling machine)

- 기어를 사용하지 않고 V벨트로 주축을 회전시키고 변속은 단차로 이루어진다.
- 드릴의 지름이 비교적 작고(13 mm 이하) 깊지 않은 구멍 가공에 적합하며 드릴의 이송은 수동이다.

❏ 직립 드릴링 머신(upright drilling machine)

- 비교적 대형 공작물의 구멍을 뚫을 때 사용하는 공작기계이다.
- 단차식과 치차식이 있으며 주축 역회전 장치가 있어 태핑이 가능하고 스핀들 하부에 모오스테이퍼가 있어 드릴 소켓을 압입 하든가 드릴척을 이용할 수 있다.

❏ 레이디얼 드릴링 머신(radial drilling machine)

- 대형이며 무거운 공작물의 구멍 뚫기에 사용한다.
- 직립된 컬럼의 중심에 암을 선회시켜 주축 헤드는 암에 따라 수평으로 이동하는 주축 범위 안에서 작업을 한다.
- 최대 지름과 컬럼 표면에서 주축 중심까지의 최대 거리로 표시한다.

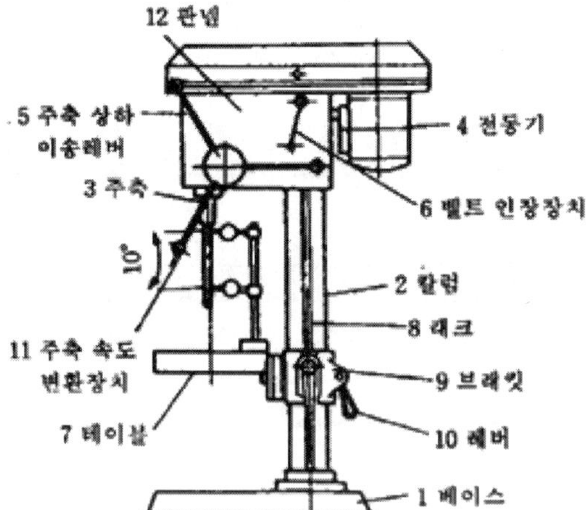

그림 7–6 탁상 드릴링 머신

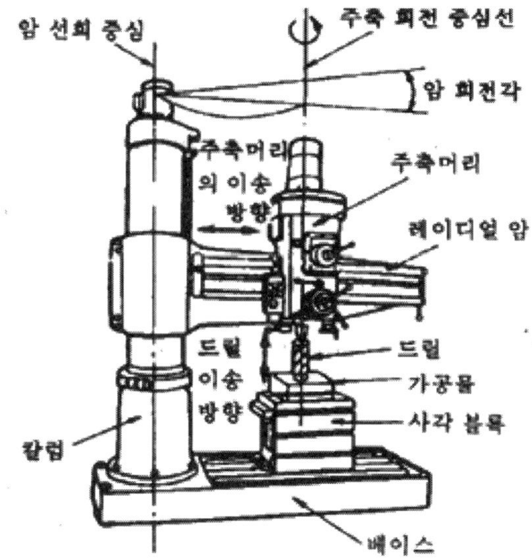

그림 7-7 레이디얼 드릴링 머신

❑ 다축 드릴링머신(multiple spindle drilling machine)

- 공작물에 구멍 뚫기, 리이머 작업, 탭 작업 등을 연속적으로 할 수 있어 능률적이다.
- 정밀도가 높고 일정한 제품을 대량생산할 수 있어 원가 및 공정을 대폭 절감할 수 있다.

❑ 다두 드릴링 머신(multi-head drilling machine)

직립 드릴링 머신의 상부 기구를 같은 베드 위에 여러 개 나란히 장치한 것으로 개개의 스핀들에 드릴 등 여러 가지 공구를 꽂아 드릴, 리이머, 탭 가공을 등을 순서에 따라 연속적으로 능률 있게 작업할 수 있다.

❑ 터릿 드릴링 머신(turret drilling machine)

- 가공 조건을 생각하지 않아도 자동적으로 결정되므로 비숙련공도 프로그램 및 조작을 간단하게 할 수 있다.
- butten 조작으로 드릴링, 리이밍, 테이퍼 가공 등 연속가공 및 1축 자동가공, 수동 가공이 가능하고 전용과 범용성을 겸비한 드릴링 기계이다.

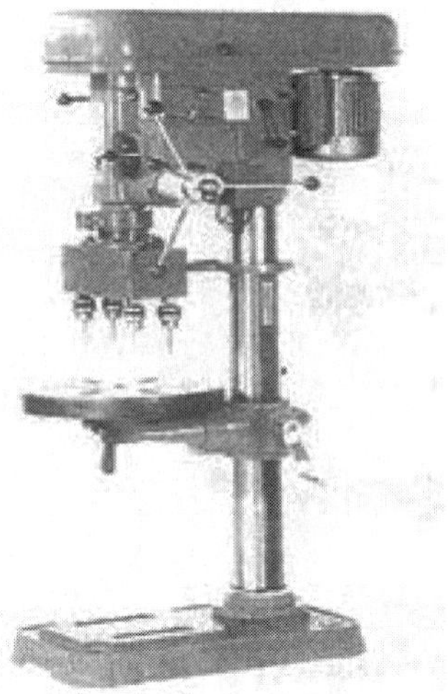

그림 7-8 다축 드릴링 머신

그림 7-9 터릿 드릴링 머신

7.1.4 드릴 작업 방법 및 안전 수칙

[1] 드릴 작업 방법

❑ 드릴의 고정

- 드릴척에 고정하는 방법

  지름이 작은 드릴은 자루부가 스트레이트로 되어 드릴 척의 죠오 부분을 벌려 드릴을 가볍게 고정하고 드릴을 약간 움직여 보며 확인한 후 다시 척 핸들을 이용하여 단단히 고정한다.

- 드릴을 직접 주축에 고정하는 방법

  지름이 굵은 드릴은 자루부가 테이퍼로 되어 있어, 주축의 테이퍼 구멍에 직접 삽입하여 고정시켜도 된다.

- 소켓 또는 슬리브를 사용하는 방법
- 드릴 척을 사용하는 방법

[드릴 척의 구조]
1. 생크
2. 드릴척 자루
3. 척 핸들 구멍
4. 드릴 척
5. 드릴척 핸들

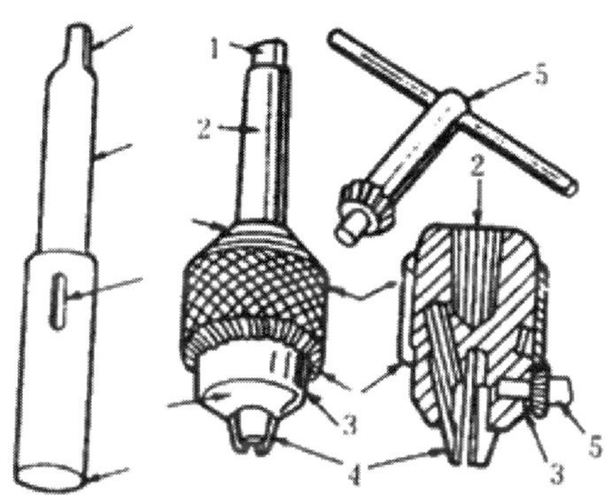

그림 7-10 드릴척의 구조와 명칭

❑ 공작물의 고정

클램프, 바이스 및 지그들을 이용한다.

❑ 심공 드릴 가공(deep hole drilling)

- 총신, 중공주축, 사출기의 실린더 등 구멍이 긴 공작물 가공에 사용한다.
- 건 드릴(gun drill) 사용 : 일반적인 드릴링 작업에 사용 : Ø3 ~ Ø20 mm
- BTA(boring and trepanning association system) 사용 : Ø20 ~ Ø65 mm

[2] 드릴링 머신 작업의 안전수칙

- 가공물은 회전하지 않도록 장치한다.
- 작은 가공물이라도 손으로 누르거나 잡고 작업하지 않는다.
- 드릴이 회전 중에는 칩(chip)을 치우는 것을 금한다.
- 칩 제거 시에는 손으로 하거나 입으로 불지 말고 브러시를 사용한다.
- 면장갑 등을 착용하고 작업을 하지 않는다.
- 철가루가 날리기 쉬운 작업 시에는 꼭 방진 안경을 착용한다.
- 전기드릴은 반드시 접지 후 작업을 한다.
- 작업 중에는 회전부의 사고에 특히 주의를 한다.
- 전기드릴에 부하를 지나치게 걸지 않는다.
- 가공물이 회전하면 즉시 기계를 정지해야 한다.
- 드릴은 렌치를 사용해서 안전하게 조인다.
- 천공할 물건의 반대쪽에 주의하여 사람의 유무를 확인해야 한다.

❑ 위험 포인트

- 드릴 끝 회전날에 말려 들어갈 위험.
- 가공물 관통 작업 중 가공물이 드릴에 회전되어 작업자를 상해 입힐 위험.
- 드릴 척에 렌치를 끼워둔 체 회전시켜 렌치가 튕겨 나와 작업자에게 상해를 입힐 위험.

7.2 헬리코일(helicoil) 작업

7.2.1 헬리코일의 특징

- 헬리코일은 경금속(알루미늄, 마그네슘, 동), 주물, 플라스틱, 목재 등과 같이 강도가 약한 모재에 강한 나사 체결을 할 수 있게 하는 나사 부시(보강재)이다.
- 18-8 스테인리스 강선(SUS304)으로서 마름모형으로 만들어져 내식성, 내열성,

내마모성이 우수하고, 특히 진동이나 충격에 의한 이완방지 효과가 뛰어나다.

- 스크링 코일(scring-coil)은 등록상표이다.
- 스크링 코일 표준 인서트는 스프링 모양의 코일로 자재성이 있는 나사 부시이기 때문에 수나사와 암나사의 각도 오차를 조정한다.
- 코일의 길이 전부에 응력이 분산하기 때문에 잡아당기고, 죄고, 약해지는 것에 강한 나사 결합이 가능해진다.

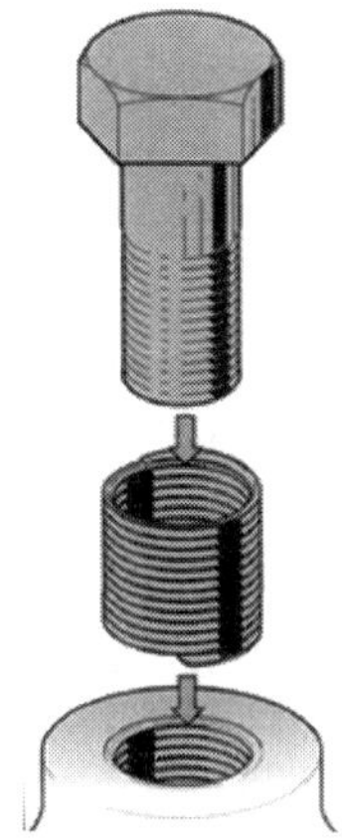

그림 7-11 헬리코일의 조립 순서

- 경도는 HRC 43~50, 인장강도 100 f/mm^2 이상 표면의 거칠기는 3S 이하로 되어 있고 마모되기 어렵고 동시에 부식과 열에 강한 나사로 만든다.

□ **종류**

- 인 청동(C5191WH상당) 제인 인서트

  자기와 도전성을 문제로 하는 경우 볼트가 스테인리스인 경우에 사용한다.
- 인코넬 X750(수입품)

  사용 장소 온도 400℃~530℃의 고온인 경우에 사용한다.

7.2.2 구조

- 헬리코일은 정밀하게 압연된 다이아몬드 형 단면의 스테인리스 강선을 스프링 모양으로 성형한 것이다. 여기에 삽입을 위한 탱(tang)과 삽입 후 탱 제거를 위한 흠집(notch)이 만들어져 있다.
- 탭 구멍에 삽입되기 전의 헬리코일의 외경은 삽입 후의 규격보다 15~20% 크게 되어있어서 조여 넣게 되면 모재에 정확하게 밀착되어 볼트를 조이거나 풀 때 볼트와 함께 빠지지 않는다.

7.2.3 규격

- 기계 부분의 체결에 주로 사용되는 미터나사(보통나사, 가는나사), 유니파이나

사(UNC, UNF)의 각 규격에 맞는 helicoil이 제조되어 있다.

- 헬리코일의 길이는 나사 외경의 배수로 1D, 1.5D, 2D의 길이가 주로 사용되며 2.5D, 3D, 기타 특수한 규격도 제작이 된다.

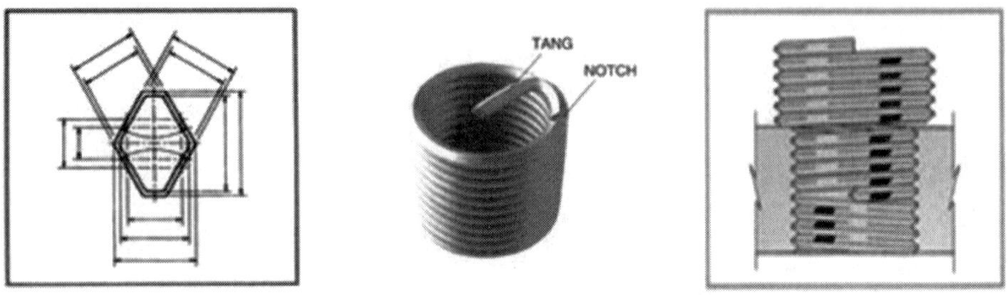

그림 7-12 헬리코일의 구조와 명칭

[1] helicoil screw-lock insert의 역할

helicoil screw-lock insert는 그림처럼 코일 중간부분에 1~2바퀴의 육각형 grip을 만들어 더욱 강력한 체결을 보장하는 self locking type이다.
격렬한 진동이나 충격이 있는 부분의 나사 이완 방지 효과가 뛰어나다.

[표 7-2 헬리코일 스크루-록인서트의 규격]

COARSE SERIES			FINE SERIES		
SIZE	MAXIMUM LOCKING TORQUE N.m	MAXIMUM LOCKING TORQUE 15th CYCLE N.m	SIZE	MAXIMUM LOCKING TORQUE N.m	MAXIMUM LOCKING TORQUE 15th CYCLE N.m
M2.2×0.45	0.14	0.02	M2.2×0.45		
M2.5×0.45	0.23	0.05	M2.5×0.45		
M3×0.5	0.45	0.1	M3×0.5	6	0.8
M3.5×0.6	0.68	0.12	M3.5×0.6	10.5	1.4
M4×0.7	0.9	0.15	M4×0.7	10.5	1.4
M5×0.8	1.6	0.3	M5×0.8	15.5	2.1
M6×1	3	0.4	M6×1	23.5	3
M7×1	4.5	0.6	M7×1	31.5	4.2
M8×1.25	6	0.8	M8×1.25	42	5.5
M10×1.5	10.5	1.4	M10×1.5	54	7
M12×1.75	15.5	2.1	M12×1.75	67.5	9

COARSE SERIES			FINE SERIES		
SIZE	MAXIMUM LOCKING TORQUE N.m	MAXIMUM LOCKING TORQUE 15th CYCLE N.m	SIZE	MAXIMUM LOCKING TORQUE N.m	MAXIMUM LOCKING TORQUE 15th CYCLE N.m
M14×2	23.5	3	M14×2	42	5.5
M16×2	31.5	4.2	M16×2	54	7
M18×2.5	42	5.5	M18×2.5	67.5	9
M20×2.5	54	7	M20×2.5	80	10.5
M22×2.5	67.5	9	M22×2.5	94	12
M24×3	80	10.5	M24×3	108	14
M27×3	94	12	M27×3	122	15.5
M30×3.5	108	14	M30×3.5	136	17.5
M33×3.5	122	15.5	M33×3.5	150	19.5
M36×4	136	17.5	M36×4	136	17.5
M39×4	150	19.5	M39×4	150	19.5

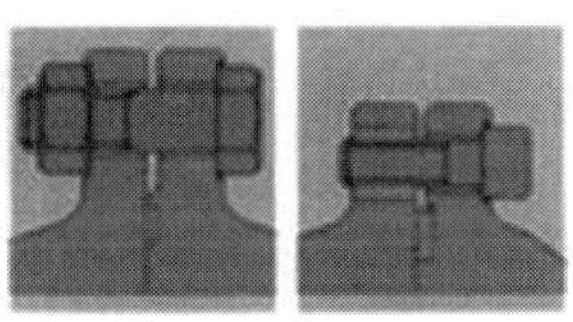

(사용 예)

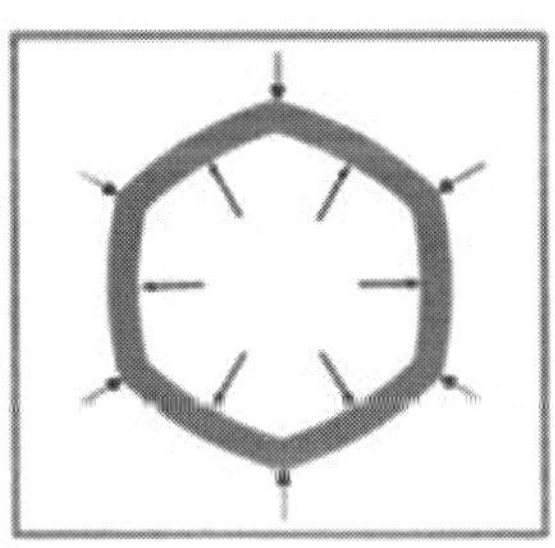

(육각형 Grip)

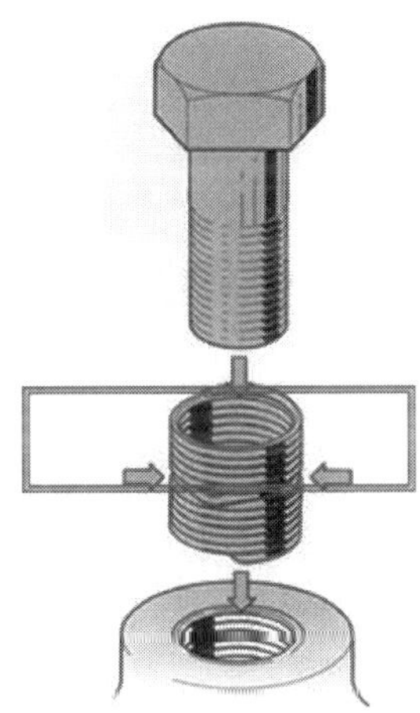

그림 7-13 헬리코일 록 인서트의 조립과 사용 예

[2] 헬리코일 작업순서

① 구멍 뚫기(drilling) : 일반 Drill로 규격에 맞는 구멍을 뚫는다.

② 탭 작업(tapping) : 헬리코일 전용 탭으로 탭 작업을 한다.

③ 삽입 작업(inserting) : 관통 구멍일 경우 간단한 공구로 탱을 절단한다.

④ 탱 절단(tang break out) : 관통 구멍일 경우 간단한 공구로 탱을 절단한다.

⑤ 빼내기 작업(extracting) : 잘못 삽입된 헬리코일은 전용 공구를 사용하여 빼낸다.

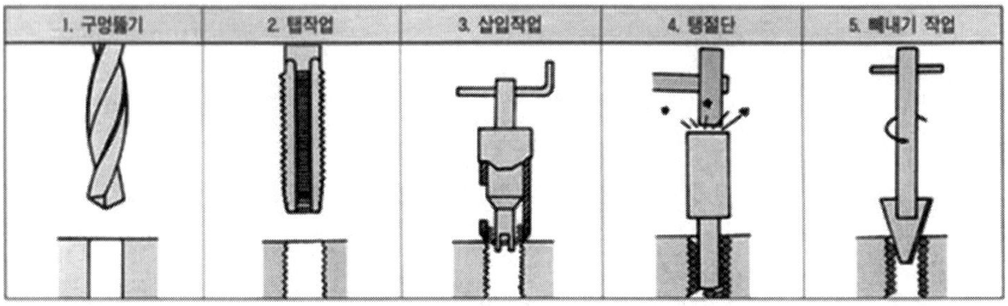

그림 7-14 헬리코일 작업 순서

[3] 헬리코일 coil Installation data

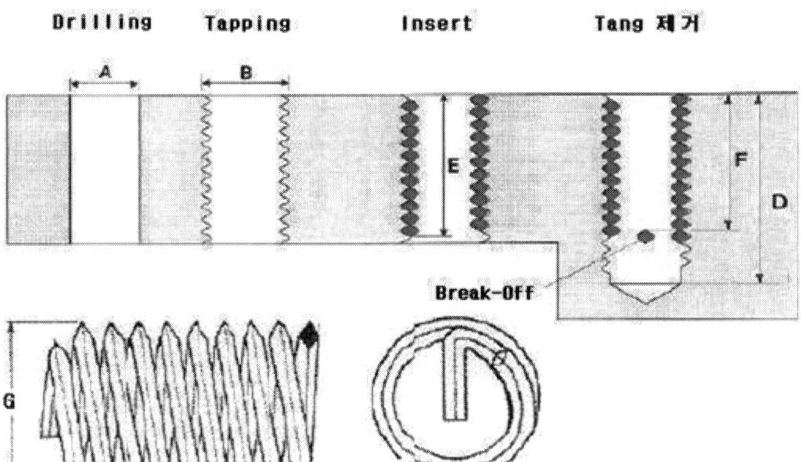

그림 7-15 헬리코일의 구멍파기 작업 치수

❏ 크기(size)

- pich(mm)
- drill bit diam(mm)
  - A : 드릴작업의 직경(drilling diam)
  - B : 탭의 외경(tap min. outer diam)
  - F : 탱이 있는 헬리코일의 유효길이(insert fitted)
  - E : 탱 제거후의 유효길이(nominal length)
  - D : 드릴작업의 깊이(Min. drilling depth)
  - G : 헬리코일의 외경(outer diam. in free state)
  - N : 유효 감김수(number of coil in the state)
- UNC, UNF 인치나사 등과 더불어 여러 규격이 있다.

[표 7-3 헬리코일 인서트 작업의 기본 데이터(미터나사)]

Size	Pich mm	Drill bit diam mm	A-Drilling diam.		B-Tap Min. outer diam	F-Insert fitted			E-Nominal length			D-Min.drilling depth			G- outer diam. in free state		N-Number of coil in the state		
			min.	max.		1d	1.5d	2d	1d	1.5d	2d	1d	1.5d	2d	min.	max.	1d	1.5d	2d
M2	0.4	2.1	2.09	2.18	2.52	1.6	2.6	3.6	2.0	3.0	4.0	3.6	4.6	5.6	2.5	2.7	2.9	5.9	6.9
M3	0.5	3.2	3.11	3.22	3.65	2.5	4.0	5.5	3.0	4.5	6.0	5.8	7.3	8.8	3.8	4.0	3.9	6.3	8.7
M4	0.7	4.2	4.15	4.29	4.91	3.3	5.3	7.3	4.0	6.0	8.0	7.8	9.8	11.8	5.15	5.35	3.7	6.1	8.4
M5	0.8	5.2	5.17	5.33	6.04	4.2	6.7	9.2	5.0	7.5	10.0	9.2	11.7	14.2	6.35	6.6	4.3	6.9	9.7
M6	1.0	6.3	6.22	6.41	7.30	5.0	8.0	11.0	6.0	9.0	12.0	11.2	14.2	17.2	7.6	7.85	4.2	6.9	9.6
M8	1.25	8.4	8.27	8.48	9.62	6.8	10.8	14.8	8.0	12.0	16.0	14.2	18.2	22.2	9.85	10.1	4.7	7.4	10.6
M10	1.25	10.4	10.27	10.48	11.62	8.8	13.8	18.8	10.0	15.0	20.0	16.2	21.2	26.2	12.1	12.5	6.0	9.7	13.1
M10	1.5	10.5	10.32	10.56	11.98	8.5	13.5	18.5	10.0	15.0	20.0	17.3	22.3	27.3	12.1	12.5	5.0	8.1	11.2
M12	1.75	12.5	12.38	12.64	14.27	10.3	16.3	22.3	12.0	18.0	24.0	20.3	26.3	32.3	14.4	14.8	5.2	8.4	11.7
M14	2.0	14.5	14.43	14.73	16.60	12.0	19.0	26.0	14.0	21.0	28.0	23.3	30.3	37.3	17.2	17.7	5.2	8.3	11.5
M16	2.0	16.5	16.43	16.73	18.60	14.0	22.0	30.0	16.0	24.0	32.0	25.3	33.3	41.3	19.4	19.9	6.1	9.7	13.3
M18	2.5	18.75	18.54	18.90	21.25	15.5	24.5	33.5	18.0	27.0	36.0	29.2	38.2	47.2	21.5	22.0	5.6	9.0	12.3
M20	2.5	20.75	20.54	20.90	23.25	17.5	27.5	37.5	20.0	30.0	40.0	31.2	41.2	51.2	23.7	24.2	6.3	10.0	13.7
M22	2.5	22.75	22.54	22.90	25.25	19.5	30.5	41.5	22.0	33.0	44.0	33.2	44.2	55.2	26.3	26.8	6.9	10.9	15.0
M24	3.0	24.75	24.65	25.05	27.90	21.0	33.0	45.0	24.0	36.0	48.0	37.1	49.1	61.1	28.6	29.1	6.2	10.0	14.0
M26	1.5	26.5	26.32	26.56	27.95	24.5	37.5	50.5	26.0	39.0	52.0	33.3	46.3	59.3	31.0	31.5	14.0	21.6	29.1
M27	3.0	27.75	27.65	28.05	30.90	24.0	37.5	51.0	27.0	40.5	54.0	40.1	53.6	67.1	32.2	32.7	7.1	11.4	15.4
M30	3.5	31.0	30.76	31.21	34.55	26.5	41.5	56.5	30.0	45.0	60.0	45.3	60.3	75.3	35.2	35.7	7.0	11.0	14.9
M33	3.5	34.0	33.70	34.21	37.55	29.5	46.0	62.5	33.0	49.5	66.0	48.2	64.7	81.2	38.3	38.8	7.8	12.2	16.5
M36	4.0	37.0	36.87	37.34	41.20	32.0	50.0	68.0	36.0	54.0	72.0	52.3	70.8	88.8	42.1	42.6	7.0	11.1	15.2
M39	4.0	40.4	39.87	40.34	44.20	35.0	54.5	74.0	39.0	58.5	78.0	55.8	75.3	94.8	45.1	45.6	7.7	12.2	16.6
M42	4.5	43.0	42.98	43.50	47.85	37.5	58.5	79.5	42.0	63.0	84.0	57.5	78.5	99.5	48.5	49.0	7.3	11.6	15.6
M45	4.5	46.0	45.98	46.50	50.85	40.5	63.0	85.5	45.0	67.5	90.0	60.5	83.0	105.5	53.5	54.0	8.0	12.4	16.8

[4] 헬리셋 코일 실습 공구

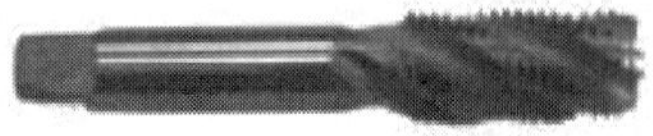

(a) 헬리코일 스파이럴 탭

(b) 헬리코일 탭(일반)

(c) 헬리코일 삽입 공구(수동)

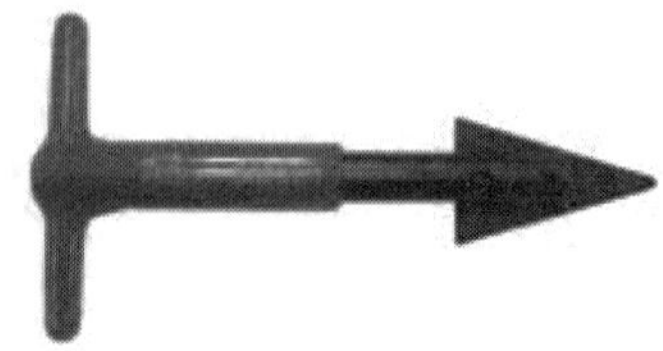

(d) 헬리코일 해체 공구(수동)

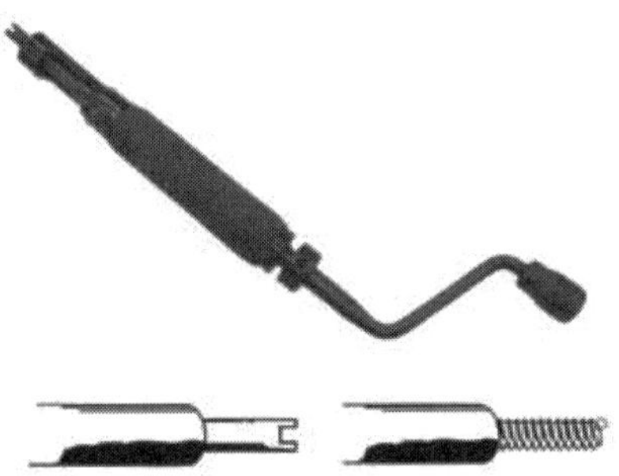

(e) 헬리코일 삽입공구(반자동)

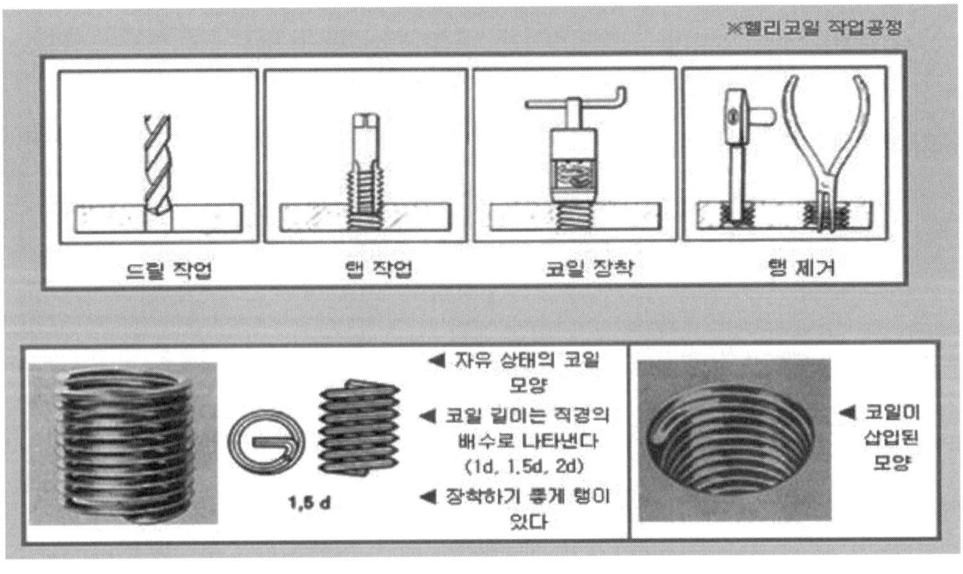

그림 7-16 헬리코일의 작업과 공구

7.3 인서트 작업

7.3.1 헬리코일의 분류

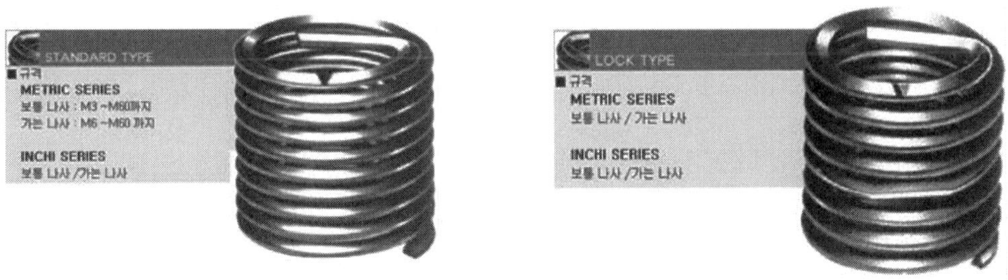

그림 7-17 스크링코일 표준 인서트

[1] 록 인서트

- 스크링코일 표준 인서트의 기능에 볼트의 느슨해짐 방지 장치를 추가한 것이다.
- 록 인서트는 그림과 같이 거의 중앙의 코일 1~2산이 다각형(나사의 규격에 의해 4~8각)으로 되어 있다.
- 이 코일을 클립코일(grip coil)이라 말하고 이 부분에서 볼트를 완전히 조인다.
- 클립코일에 의한 록 효과는 각계의 토크시험, 진동시험에 있어서도 최고의 효과를 얻고 있다.

[표 7-4 헬리코일의 분류]

대분류	인서트	소분류	인서트의 명칭
표준용어	코일인서트	표준용어(영)	Coil Insert
유사어	헬리코일, 스트링코일	유사어(영)	Heli-coil, scring coil

[2] 스크루서트(screw sert, 퀵써트)

- 스크루서트는 주로 경금속(알루미늄, 동, 주물 등), 플라스틱 등과 같이 강도가 약한 재질의 암나사를 보강하기 위해 개량된 탭핑 인서트이다.
- 스크루서트는 셀프-탭핑이 가능하도록 고안되어 삽입이 간단하여 작업공정에 따른 비용이 절감되며, 인장강도와 내마모성이 우수하여 제품의 질을 향상시킨다.

• 높은 하중을 받는 약한 재질에 효과적이다.

• **재질** : steel(yellow chromated, ZI plated), stainless-steel, brass, etc

• **규격** : 미터나사 (보통나사, 가는나사) : M2.5~M16

유니파이나사 (UNC, UNF) : U4-40~U1/2

• 기타 특별 규격은 별도의 제작이 가능하다.

[표 7-5 퀵서트의 기본 규격]

내 경	외 경	길 이	HOLE 깊이	HOLE SIZE	
				플라스틱	알미늄
3-0.5	5-0.5	6	8	4.5	4.7
4-0.7	6.5-0.75	8	10	5.8	6.1
5-0.8	8-1.0	10	13	7.2	7.5
6-1.0	10-1.5	14	17	8.7	9.2
6-1.0(a)	9-1.0	12	15	8.2	8.5
8-1.25	12-1.5	15	18	10.6	11.2
10-1.5	14-1.5	18	22	12.6	13.2
12-1.75	16-1.5	22	26	14.6	15.2
16-2.0	20-1.5	22	27	18.6	19.2
20-2.5	26-1.5	27	32	24.6	25.2

그림 7-18 퀵서트 작업

[3] Insert-coil의 특징

❑ 모재의 암나사를 강화한다.

경합금 다이캐스터, 주철, 플라스틱, 목재 등에 스테인리스 강도의 암나사를 형성하는 것이 가능하다.(a)

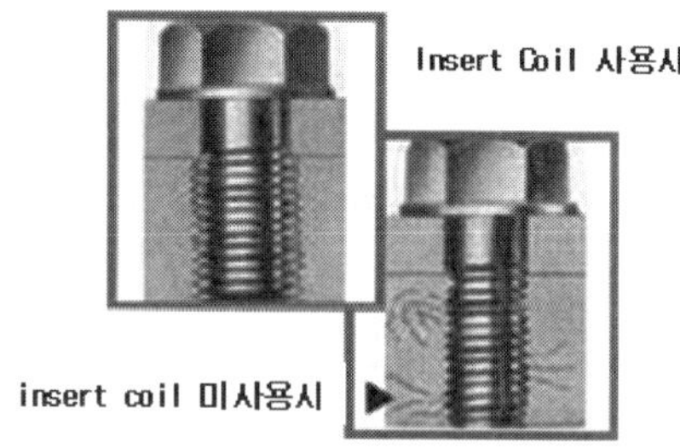

(a)

❑ 내구성 있는 나사의 결합이 가능하다.

마모, 부식, 열, 진동 등으로부터 나사산의 파손을 방지하고 빈번한 조립, 분해에도 파손되는 것이 없어 내구성이 있는 나사 결합이 가능하다.(b)

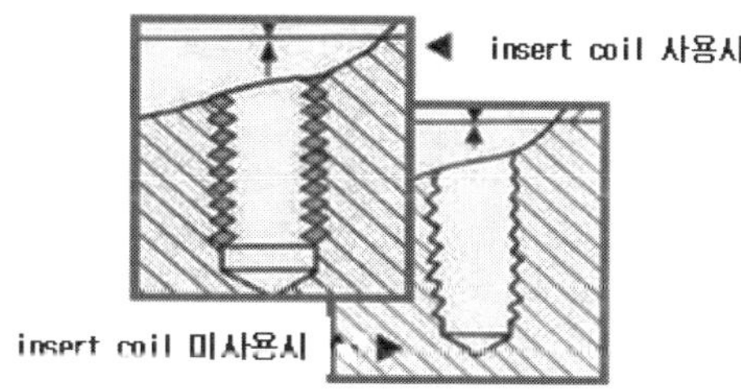

(b)

❑ 간결한 디자인이 실현된다.

관통볼트와 너트에 의한 조임을 폐지하고 간결한 디자인으로 견고한 나사 결합에 의해 제품의 품질을 한층 더 향상시킨다.

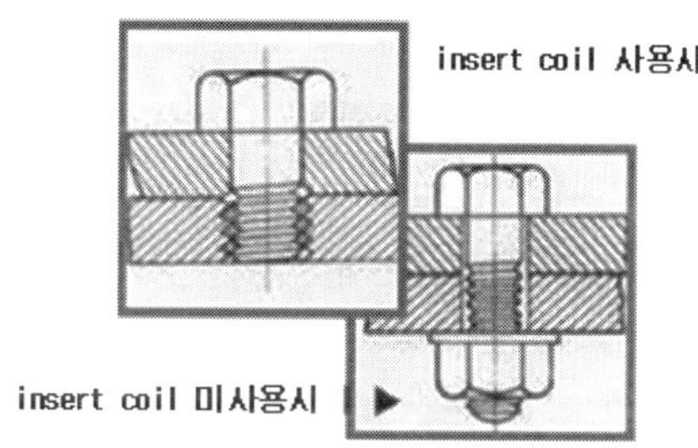

(c)

그림 7-19 인서트코일 작업의 장점과 사용 예(1)

❑ 피로의 한도를 증대시킨다.

응력 분포가 이상적인 상태이기 때문에 반복되는 하중에 잘 견디어 피로의 한도를 증대할 수 있다.(d)

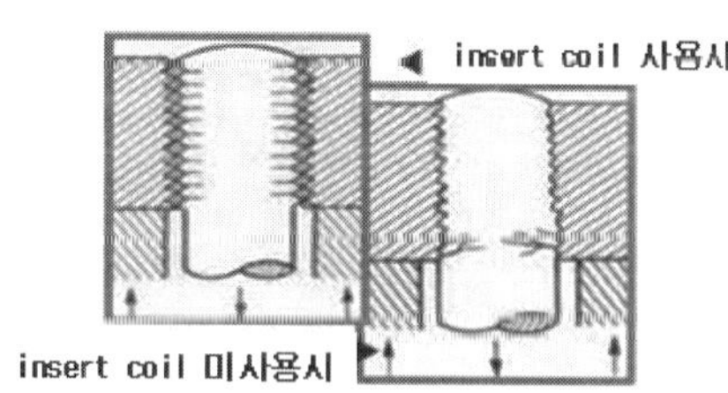

(d)

❑ **용적 중량을 감소시킨다.**

종래의 나사 부쉬와 비교해서 현저히 스페이스를 축소하고 용적 중량을 감소함과 동시에 재료를 절약할 수 있어 매우 경제적이다.(e)

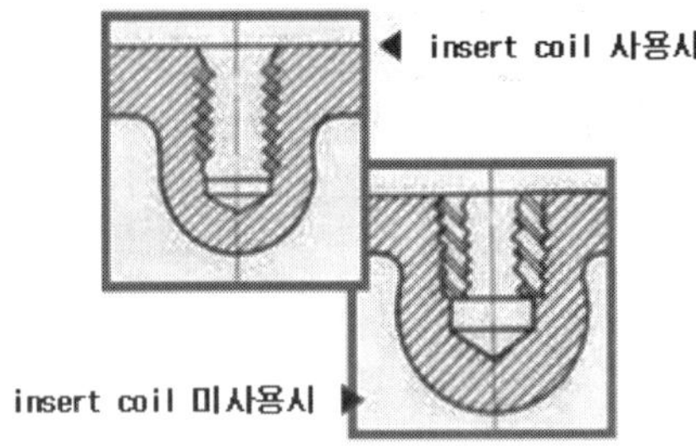

(e)

❑ **불량품(망실품)을 간단하게 개선한다.**

생산시의 불량품과 수리 시 파손된 나사를 구제 재생할 수 있다. 파손된 M6×1.0인 일반나사를 Insert Coil을 사용해서 보다 강도가 높은 M6×1.0인 스테인리스 강도의 암나사로 재생하는 것이 가능하다.(f)

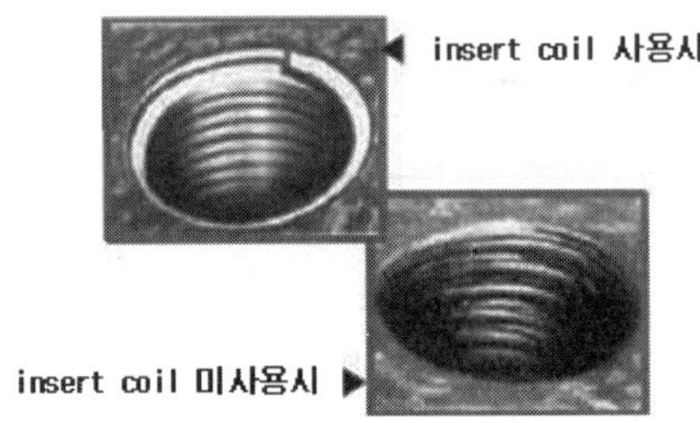

(f)

그림 7-20 인서트코일 작업의 장점과 사용 예(2)

[4] Insert-coil의 부품번호 예

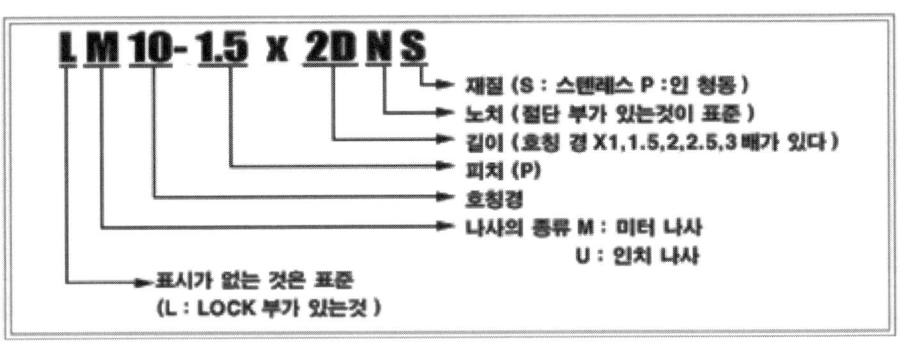

그림 7-21 인서트코일 부품번호 사용 예

[5] 리코일 insert-coil의 부품번호 예

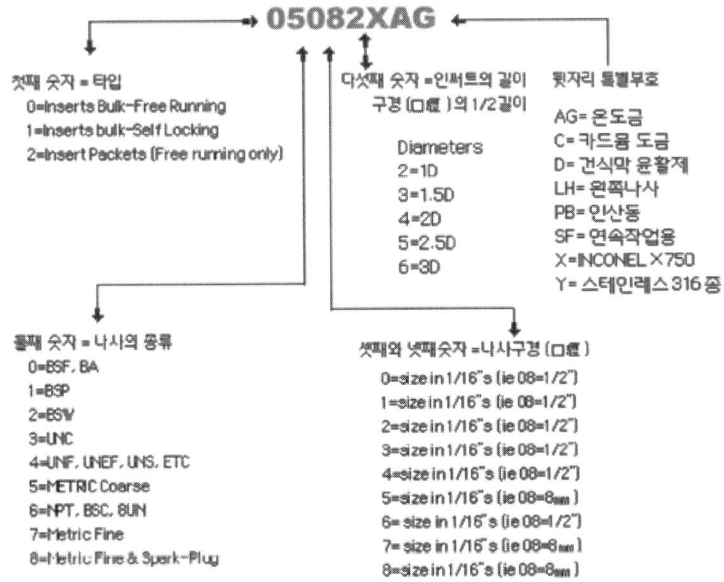

그림 7-22 리코일 인서트 부품번호 사용 예

7.4 탭 · 다이스 작업

7.4.1 탭(tap)

탭 공구를 사용하여 암나사를 가공하는 작업.

[1] 탭의 형태

❑ 탭 각부의 명칭

테이퍼부, 나사부, 자루길이, 자루지름 등

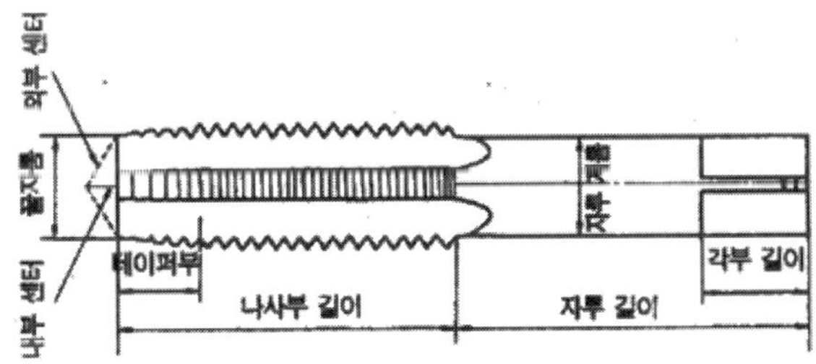

그림 7-23 탭의 구조와 명칭

❑ 탭 세트

수동 탭은 3개가 1조로 구성되어 있다.

1번 탭 : 7~8개의 산이 테이퍼로 되어 있다. 황삭용으로 사용한다.(최초 사용)(a)

2번 탭 : 3~4개의 산이 테이퍼로 되어 있다. 중삭용으로 사용한다.(b)

3번 탭 : 3~4개의 산이 테이퍼로 되어 있다. 다듬질용으로 사용한다.(c)

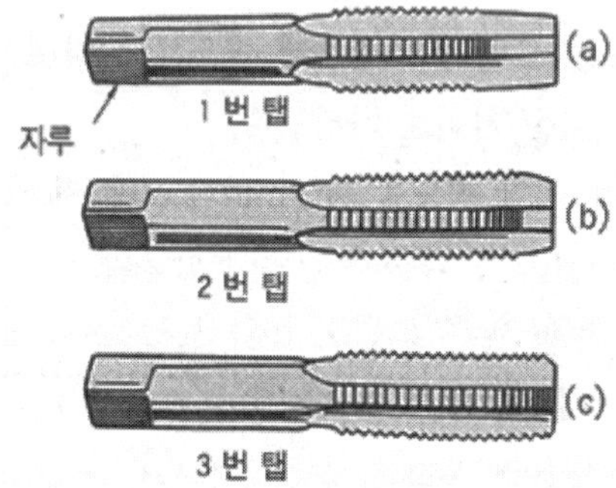

그림 7-24 탭의 구성

7.4.2 탭(tap)의 종류와 특징

[1] 가공 형태에 의한 분류

❑ 관통 나사용 탭

관통된 구멍에 나사를 만들기 위한 탭으로써, 나사 가공 중에 발생되는 칩을 앞쪽으로 밀어 내기 위한 형상을 하고 있으며, 긴 식입부 길이를 갖고 있다.

❑ 막힌 나사용 탭

막힌 구멍에 나사를 만들기 위한 탭으로써, 나사 가공 중에 발생되는 칩을 뒤쪽으로 밀어내기 위해 나선형의 홈이 나 있으며, 짧은 식입부를 갖고 있다.

❑ 막힌 깊은 나사용 탭

목부 길이가 길고 나사부 길이가 일반 탭보다 짧게 되어 있어 절삭저항을 적게 한 탭

❑ 관용 나사용 탭

관용 나사는 관의 끝단에 나사산을 만들기 위한 탭이므로, 목부 길이가 거의 없으며, 짧은 전체 길이를 갖고 있다. 또한, 칩 막힘의 우려가 비교적 적으므로 직

선형 홈을 갖고 있다.

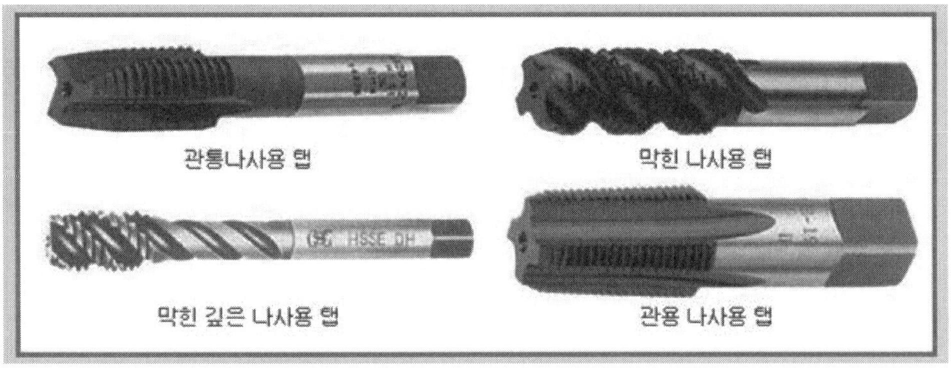

그림 7-25 가공 형태에 의한 탭의 종류

[2] 탭 형태에 의한 분류

❑ 포인트 탭

핸드 탭이나, 관통구멍용 탭의 칩 배출을 위한 끝단 형상의 특이함으로 인해 붙여진 이름이다.

❑ 스파이어럴 탭

핸드 탭이나, 관통구멍용 탭의 칩 배출을 위한 끝단 형상의 특이함으로 인해 붙여진 이름이다.

❑ 무홈 탭(무절삭 탭)

- 절삭가공이 아닌 마치 전조가공을 하듯이 탭이 가공물 소재를 변형시켜 나사산을 성형시키는 탭으로써, 날 부위에 칩 배출을 위한 홈이 없어 붙여진 이름이다. 칩이 없으므로 특히 막힌 구멍용에 적합하다.
- 나사면이 매끄럽고 안정되며, 탭의 수명이 절삭 탭의 10~30배 정도로 긴 것이 장점이다.
- 소재가 소성변형에 적합토록 경도가 낮고, 연성이 좋은 재질에만 적용할 수 있다는 단점이 있다.

❑ 드릴 탭

탭과 드릴을 붙여 놓은 형태로서, 드릴 작업 후 바로 탭핑까지 한 번에 작업을 할 수 있는 특수 탭이다.

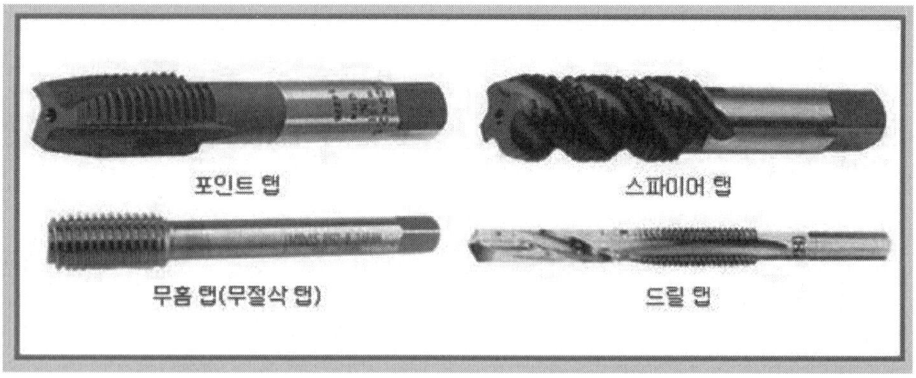

그림 7-26 탭의 형태에 의한 탭의 종류

[3] 용도에 의한 분류

❑ 핸드 탭

수작업을 위한 탭으로서, 황삭, 중삭, 정삭의 3개가 1조의 세트로 구성되어 있는 경우가 많다.

❑ 머시닝용 탭

전용기 등에 사용하기 위한 탭으로써, 생산 라인의 공구 교체를 위한 시간을 최소화하기 위해 내구성이나 강성이 뛰어난 재질로 되어 있다.

❑ 헬리코일 인서트용 탭

- 파손된 나사산의 수리나 연약한 재질의 모재에 분해 조립이 빈번하게 이루어질 것으로 예상되는 곳에 나사 보강재용 코일을 삽입하여 사용하며, 이러한 나사 보강재를 삽입하기 위해서는 나사의 호칭경보다
- 코일 두께만큼 큰 직경의 탭을 사용해야만 한다.
- 이렇게 코일의 두께를 고려하여 동일 호칭경보다 크게 제작된 탭을 말한다.

❑ 플래닛 탭

- 머시닝센터에 장착하여 사용할 경우 피치 값이 같은 어떤 크기의 나사 구멍이나, 오른나사, 왼나사 모두 가공이 가능한 탭을 말한다.
- 탭 형상의 날을 갖는 측면절삭 엔드밀과 같은 원리로 원호절삭과 Z축 동시제어가 가능한 장비에서 사용한다.

[4] 가공 재질에 의한 분류

❑ 일반용

탄소강, 합금강 및 비철금속 등과 같이 칩이 코일 형상으로 연속되는 재질의 가공에 적합한 탭이다.

❑ 스테인리스용

피삭성이 나쁜 스테인리스강에 사용하기 위한 탭이다. 각종 내열강 및 니켈, 크롬, 망간강 등에도 적합하다.

❑ 고탄소강용

중탄소강 이상의 탄소강, 다이스강, 합금강등에 적합한 탭이다.

❑ 비철금속용

알루미늄, 마그네슘, 아연, 동 및 비철합금재에 적합한 탭이다.

❑ 난삭재용

피삭재가 고탄소강, 공구강, 합금강의 단조 또는 조질재 등의 경도가 Hrc20~45 정도로 단단한 재질에 적합한 탭이다.

❑ 주철용

회주철, 구상흑연주철, 가단주철 등의 각종 주철이나 황동주물에 적합한 탭이다.

❑ 박판용

인장강도 700N/㎟ 이하의 연강 박판에 적합하도록 제작된 탭으로써, 가공면의 뜯김을 방지하여 깨끗한 사상면이 얻어진다.

[5] 헬리코일 작업용 탭

≫ 핸드탭형

형상	제품 기호	물림부 길이	재질	표면 처리	용도
	HL-HT	1.5산,5산	HSS		헬리코일이 삽입되는 암나사의 나사내기에 사용합니다. 동일호칭 치수의 보통탭에 비해 피치는 같습니다만 외경이 인서트의 삽입된 부분만큼 크게 작업됩니다.

≫ 포인트탭형

형상	제품 기호	물림부 길이	재질	표면 처리	용도
	EX-HL- POT	5산	HSSE		뚫린구멍에 인서트(헬리코일)가 삽입되는 암나사의 나사내기에 적합합니다.

≫ 스파이럴탭형

형상	제품 기호	물림부 길이	재질	표면 처리	용도
	EX-HL- SFT	2.5산	HSSE		막힌 구멍에 인서트(헬리코일)가 삽입되는 암나사의 나사내기에 적합합니다.

≫ 비철금속용뉴롤탭

형상	제품 기호	물림부 길이	재질	표면 처리	용도
	HL-B- NRT	2.5산	HSS	질화처리	인서트(헬리코일)가 삽입되는 암나사의 나사내기에 적합합니다. 알루미늄, 동 및 그합금 등의 비철금속에 적용하며, 소성변형에 의해 암나사를 가공하기 때문에 절삭칩의 장해가 없습니다.

그림 7-27 헬리코일 작업용 탭의 종류

7.4.3 탭(tap) 작업 실습

탭 작업을 할 때 구멍(드릴 작업)은 수나사의 골지름보다 약간 크게 뚫는 것이 일반적이며, 드릴로 먼저 탭 작업을 할 구멍을 뚫고 리머로 다듬질한 다음에 tapping을 한다.

[1] 작업 방법

- 탭 작업용 구멍을 드릴로 먼저 작업한다.
- 탭을 탭 핸들(a)에 고정한다. 그림 (c)의 ①과 같이 탭 작업을 할 때는 1번 탭, 2번 탭, 3번 탭의 순서로 작업을 한다.
- 1번 탭은 일감 표면과 정확히 90°를 유지하면서 탭 작업을 한다. 그림(b)

- 일감 표면과 탭이 수직이 되지 않으면, 나사산의 높이가 불균일하고 나사가 비뚤어지게 가공된다.
- 2번 탭으로 가동할 때는 1번 탭 나사 구멍에 2번 탭을 꽂은 다음 손으로 2~3회 회전시켜 탭을 정확히 꽂고 그림 (c)의 ③과 같이 작업을 한다.
- 탭 작업 중 저항이 있으면 역 회전시켜 날 끝이 물리지 않게 하고 오일을 쳐준다. 그림(c)의 ③

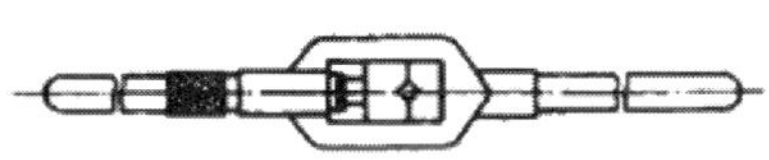

(a) 탭 핸들

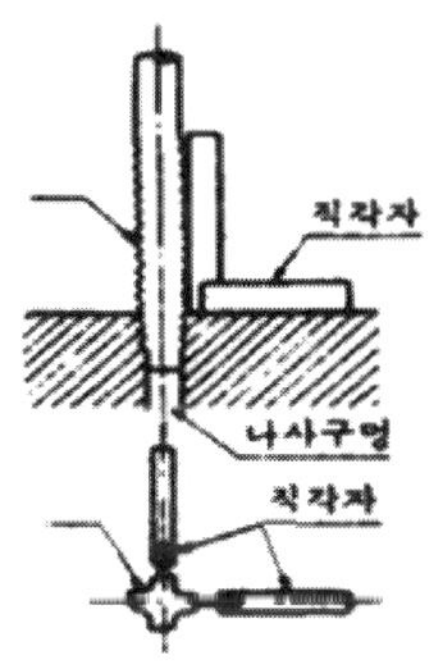

(b) 탭 직각 맞추기

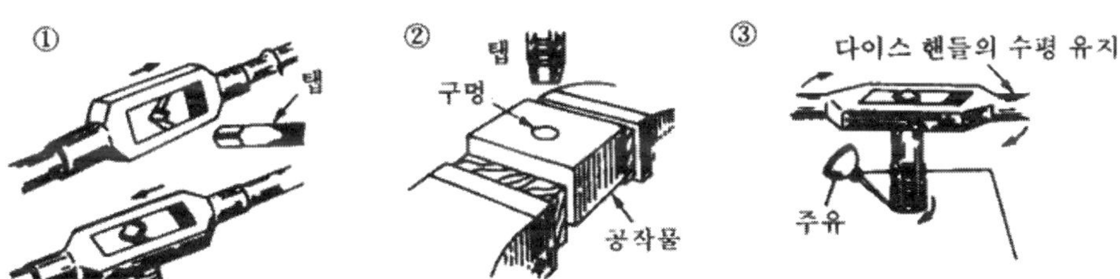

(c) 탭으로 암나사내기

그림 7-28 탭을 이용한 암나사 작업

7.4.4 다이스(dies) 작업

- 환봉(일감) 등에 다이스 공구로 수나사를 내는 작업
- 보통 탭과 다이스에 의한 작업은 지름이 25 mm 이하의 작업에 적당하다.

[1] 작업 방법

- 환봉(일감)에 나사를 낼 부분이 길게 나오지 않게 하며 바이스에 고정시킨다.
- 봉의 모서리(나사를 내고자 하는 부분의 모서리)를 먼저 다이스가 쉽게 끼워지

도록 모따기식의 줄 작업을 한다.

- 만들고자 하는 수나사의 규격에 맞는 다이스(a)를 다이스 핸들(b)에 고정시킨다. 그림(c)의 ①
- 다이스를 공작물에 수직이 되도록 하면서 힘을 서서히 주면서 회전시킨다. 그림(c)의 ②
- 다이스의 작업도 탭과 마찬가지로 저항이 걸리면 역 회전시키고 기름을 쳐주면서 작업을 한다.

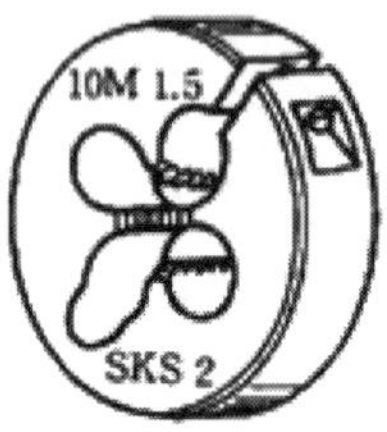

(a) 다이스

(b) 다이스 핸들

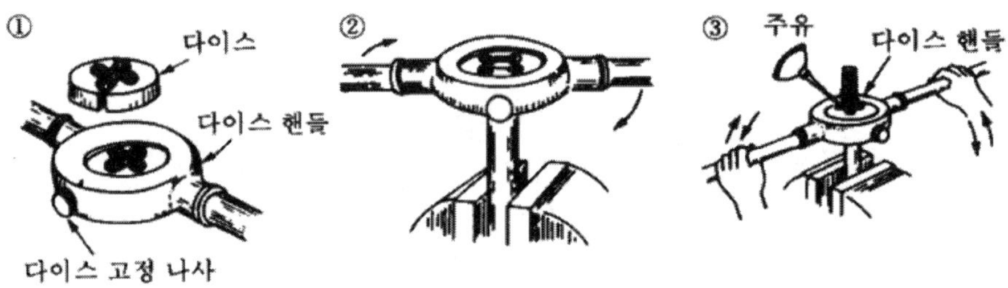

(c) 다이스 수나사 내기

그림 7-29 다이스를 이용한 암나사 작업

7.4.5 탭의 깊이와 구멍의 지름

[1] 미터나사

(단위 : mm)

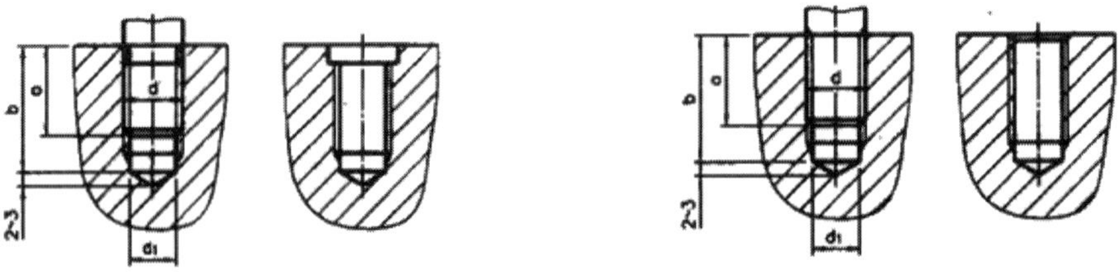

숫나사의 바깥지름호칭 d	나사를 내기 위한 구멍의 지름 d_1	강, 주강, 청동, 청동주물		주철		알루미늄과 기타의 경합금류	
		a	b	a	b	a	b
3	2.4	3	6	4.5	7.5	5.5	8.5
3.5	2.9	3.5	6.5	5.5	8.5	6.5	9.5
4	3.25	4	7	6	9	7	10
4.5	3.75	4.5	7.5	7	10	8	11
4	4.1	5	8	8	11.5	9	12.5
5.5	4.6	5.5	9	8	11.5	10	13.5
6	5	6	10	9	13	11	15
7	6	7	11	11	15	13	17
8	6.8	8	12	12	16	14	18
9	7.8	9	13	13	17	16	20
10	8.5	10	14	15	19	18	22
12	10.2	12	17	17	22	22	27
14	12	14	19	20	25	25	30
16	14	16	21	22	27	28	33
18	15.5	18	24	25	31	33	39
20	17.5	20	26	27	33	36	42
22	19.5	22	29	30	37	40	47
24	21	24	32	32	40	44	52
27	24	27	36	36	45	48	57
30	26.5	30	39	40	49	54	63
33	29.5	33	43	53	60	60	70
36	32	36	47	58	65	65	76
39	35	39	51	64	70	70	82
42	37.5	42	54	67	75	75	87
45	40.5	45	58	71	80	80	93
48	43	48	62	62	76	86	100

[2] 인치나사

(단위 : mm)

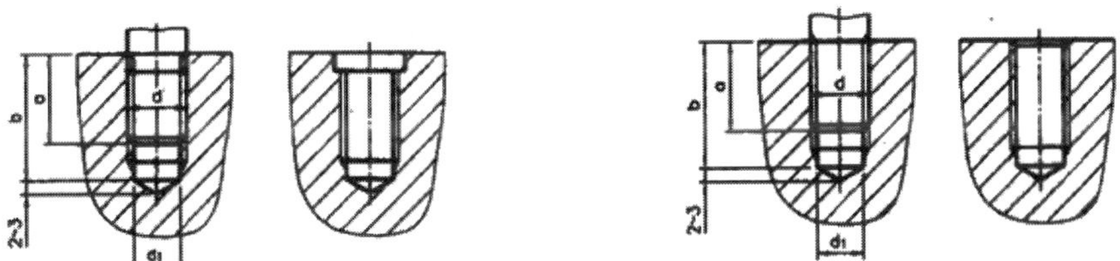

숫나사의 바깥지름		나사를 내기 위한 구멍의 지름 d_1	강, 주강, 청동, 청동주물		주철		알루미늄과 기타의 경합금류	
호칭	mm		a	b	a	b	a	b
3/8	9.525	8	10	14	14	18	17	21
8/16	11.110	9.4	11	16	16	20	20	24
1/2	12.700	10.7	13	18	18	23	23	28
9/16	14.288	12.3	14	19	20	25	26	31
5/8	15.875	13.7	16	21	22	27	28	33
3/4	19.050	16.7	19	25	26	32	34	40
7/8	22.225	19.5	22	29	30	37	40	47
1	25.400	22.4	25	33	34	42	46	54
1 1/8	28.575	25	28	37	38	47	52	61
1 1/4	31.750	28.3	32	42	42	52	57	67
1 3/8	34.925	30.5	35	46	46	57	63	74
1 1/2	38.100	33.8	38	50	50	62	68	80
1 5/8	41.275	36	42	54	54	66	75	87
1 3/4	44.450	39.2	45	58	58	71	80	93
1 7/8	47.625	41.8	48	62	62	76	86	100
2	50.800	45	52	67	67	82	92	107

7.5 기타 수공구 작업

7.5.1 쇠톱 작업

한쪽에 날이 있는 톱날로 금속재료를 절단하는 작업

[1] 쇠톱의 종류

❑ **톱날의 모양으로 구분**

- 잇날 굽히기(a)
- 3개마다 잇날 굽히기(b)
- 밀어 굽혀서 파문형(절단 시 저항이 적당)(c)
- 잇 두께보다 톱날 몸체의 두께가 얇다.(절삭 저항 감소) (d)
- 잇날 측면에 날을 만든다.(특수용도)(e)

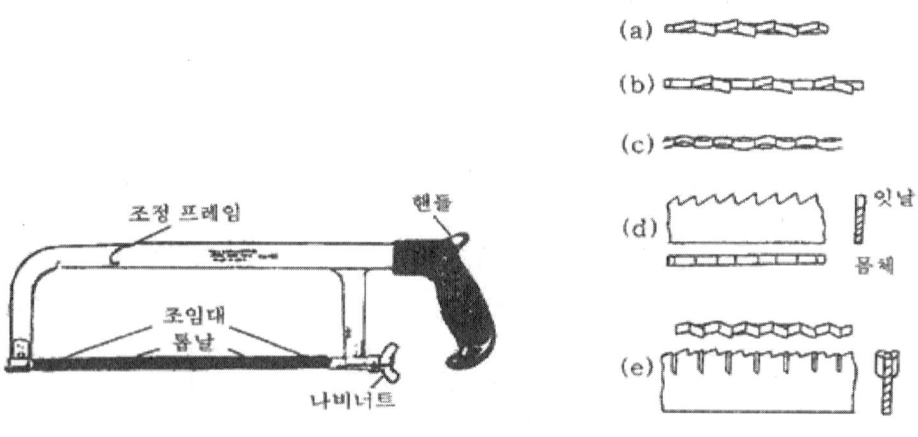

그림 7-30 톱대의 구조와 명칭, 톱날 모양

❑ **톱날의 재질로 구분**

- 탄소 공구강
- 합금 공구강
- 고속도강

❑ **쇠톱의 일정한 길이 내에서 잇수가 많은 것은 강이나 박 강판의 절단용으로 사용한다.**

❑ **톱날이 거칠고 잇수가 적은 것은 연강과 황동 등 연질의 재료 절단에 사용한다.**

[2] 톱날의 고정 방법

- 일감을 바이스에 고정하고 일감의 크기, 재질, 두께 등에 따라 톱날을 결정한다.
- 톱날의 방향은 미는 방향으로 향하도록 하고 톱날의 2개의 구멍을 고정 쇠와 지지 핀에 끼우고 톱날 고정너트(나비너트)를 적당한 힘으로 조여 작업 중 톱날이 옆으로 휘지 않도록 팽팽하게 고정한다.

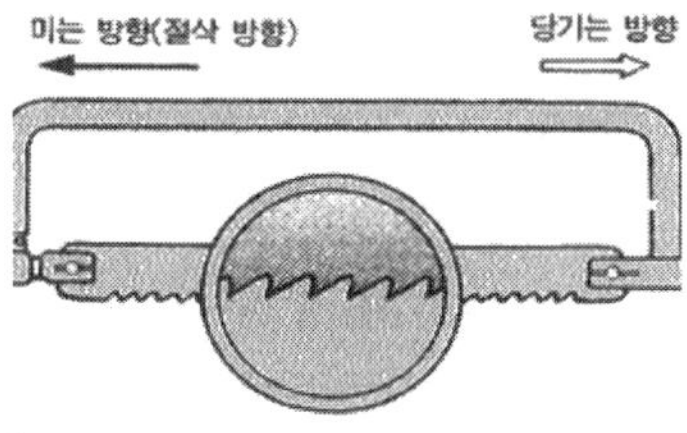

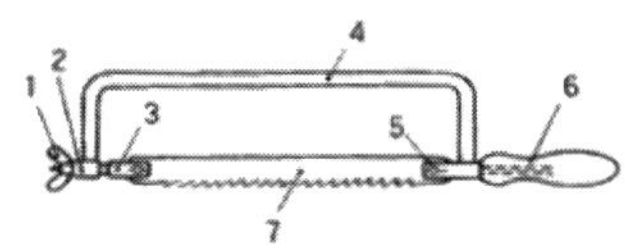

1. 고정 너비 나사 2. 안내쇠 3. 고정쇠 4. 톱틀 5. 지지 핀 6. 손잡이 7. 톱날

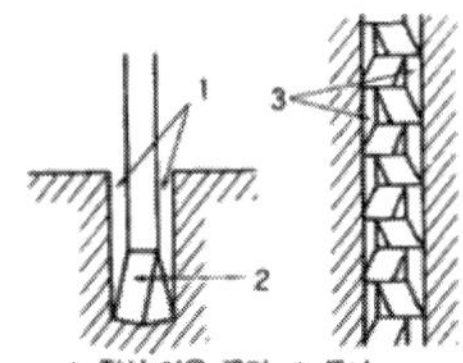

1. 절삭 여유 공간 2. 톱니 3. 톱니 틈

그림 7-31 톱을 이용한 절삭 작업

[3] 작업 방법

- 톱질은 팔 운동으로 하지 않고 몸 운동으로 한다.
- 몸 운동에 지장이 없도록 일감과 몸 사이에 적절한 거리를 유지한다.
- 톱 작업을 시작할 때에는 톱을 앞쪽으로 5° 정도 기울여 작업한다.
- 톱은 톱날이 휘어지지 않게 일직선으로 움직이며 절삭한다.
- 절삭 압력은 톱을 앞으로 밀 때 주며, 당길 때에는 절삭 압력을 주지 않는다.
- 톱날의 길이부분 전체가 고르게 사용되도록 한다.
- 두께가 얇은 파이프를 자를 때에는 한 번에 자르지 않고 파이프를 돌려가면서 톱질을 한다.
- 톱날의 왕복 횟수는 1분에 약 50~60회가 알맞다.
- 절단 작업이 끝날 무렵에는 힘을 줄이고 주의하면서 작업한다.

[4] 쇠톱 작업 방법

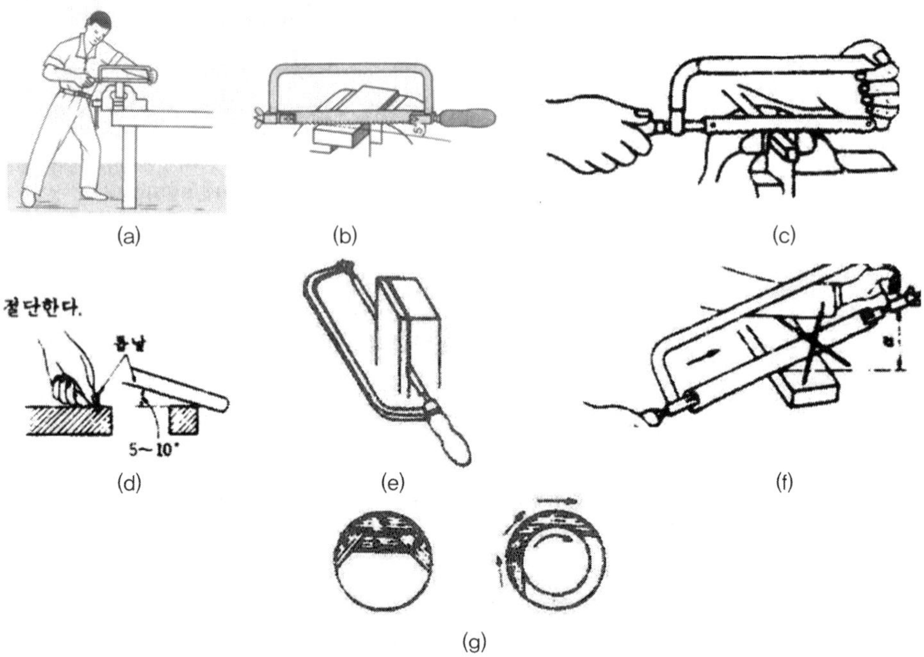

그림 7-32 쇠톱 작업

7.5.2 줄 작업(filing)

- 줄을 사용하여 공작물의 평면이나 곡면 등 원하는 모양으로 다듬질하는 작업
- 기계가공이 어려운 부분이나, 끝손질, 조립할 때 다듬질 작업

[1] 줄의 종류와 특징

❏ 줄의 재료

철공용 → 탄소 공구강, 목공용 → 기계 구조용 탄소강

❏ 용도에 따른 분류

철공용 줄, 톱 줄, 목공용 줄, 세공용 줄, 제화용 줄

평	반 원	원	사 각	삼 각	사다리	타 원	부 채

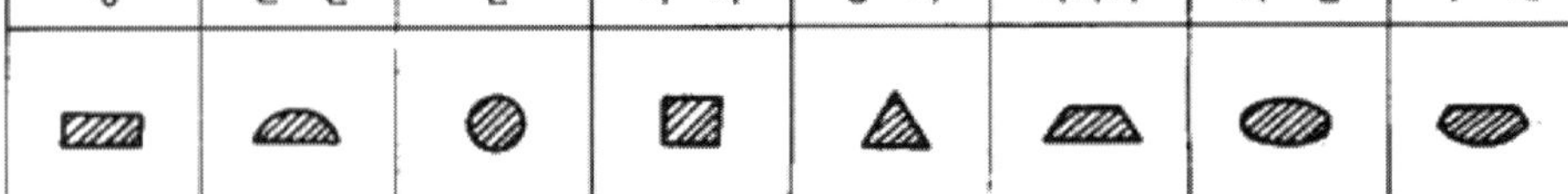

그림 7-33 줄의 모양

❑ **단면(윤곽)의 형상에 따른 분류**

평, 반원, 원, 사각, 삼각, 사다리, 타원 등

❑ **길이에 따른 분류**

조줄 : 세밀한 작업의 사상용

❑ **날눈의 거칠기에 따른 분류**

황목, 중목, 세목

❑ **날눈 방식에 따른 분류**

- 단목(single cut) : 연한 금속 납, 주석, Al 등이나 얇은 판재의 가장자리의 작업에 사용된다.
- 복목(double cut) : 일반적 다듬질용으로 먼저 낸 줄 눈을 하목(중심선에서 40~50°)이라 하고 그 위에 교차시켜 낸 줄눈을 상목(70~80°)이라 한다. 상목은 주로 절삭작용을 하고 하목은 쇳가루의 배출작용을 한다.
- 귀목(rasp cut) : 펀치나 정으로 날눈을 하나씩 파서 일으킨 것으로 나무나 가죽, 베크라이트 등 비금속 또는 아주 연한 금속에 거친 작업에 사용한다.
- 파목(curved cut) : 물결 모양의 날눈으로 날눈 홈 사이에 쇳가루가 끼지 않는다. 납, Al, 플라스틱, 목재 등에 거친 작업에 사용한다.

[2] 줄의 구성

- 탱(tang) : 본체와 줄 자루를 꽂을 수 있는 부분
- 본체(줄의 길이) → (호칭) 표면, 모서리, 끝

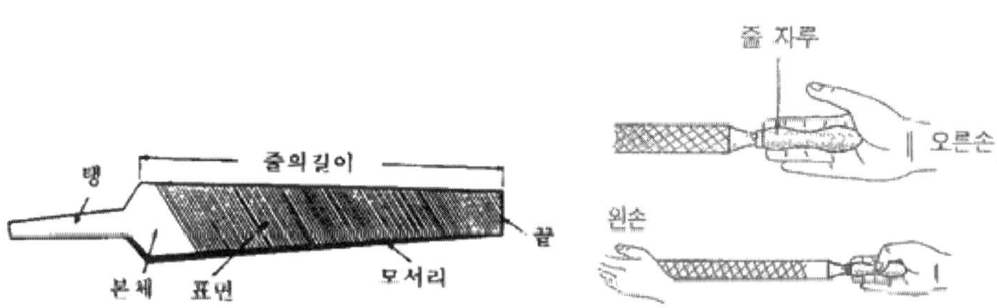

그림 7-34 줄의 구조와 명칭 및 잡는 방법

[2] 줄을 잡는 방법

- 줄 자루를 오른손의 손바닥 중앙에 댄다.(a)
- 엄지손가락은 줄과 일직선이 되게 줄 자루 위에 오게 한다.(b)
- 다른 4개의 손가락으로 줄자루를 감아서 꽉 잡는다.(c)
- 왼손은 손바닥으로 줄의 끝 부분을 자연스럽게 누른다.(c)

[3] 줄 작업(철공용)

- 일감의 중심에 줄을 수평으로 하여 줄 끝을 놓고 오른쪽 팔꿈치를 직각으로 하며 왼발을 한 발 정도 앞으로 내딛으며 30° 정도 우향으로 향한다.
- 왼손은 줄 끝을 잡고 손바닥은 수평으로 줄을 누른다.
- 오른쪽 팔꿈치를 몸에 붙이고 줄, 엄지, 팔꿈치가 직선이 되게 발의 위치를 정한다.
- 팔만 움직이지 않고 몸과 같이 움직여서 몸의 무게를 최대한 이용한다.
- 왼다리를 조금 굽히면서 상체를 앞으로 밀며, 줄을 누를 때 줄은 수평으로 하고 오른쪽 다리는 항상 굽히지 않는다. 오른쪽 다리를 굽히면 작업하는 힘이 약해진다.
- 줄의 길이 전부를 민다.(줄 길이 전체로 작업을 한다.)
- 줄을 당길 때는 힘을 빼고 일감으로부터 줄을 드는 기분으로 가볍게 당기는 동시에 미는 자세로 되돌아간다.(줄의 날은 앞으로 향해 있어 밀 때 절삭되고 당길 때는 절삭이 되지 않는다.)
- 작업 자세는 흔들리지 않으며 1분간에 30~40회 정도 왕복한다.
- 줄은 잘 부러지므로 줄로 두들겨서는 안 된다.

[4] 줄 작업 방법

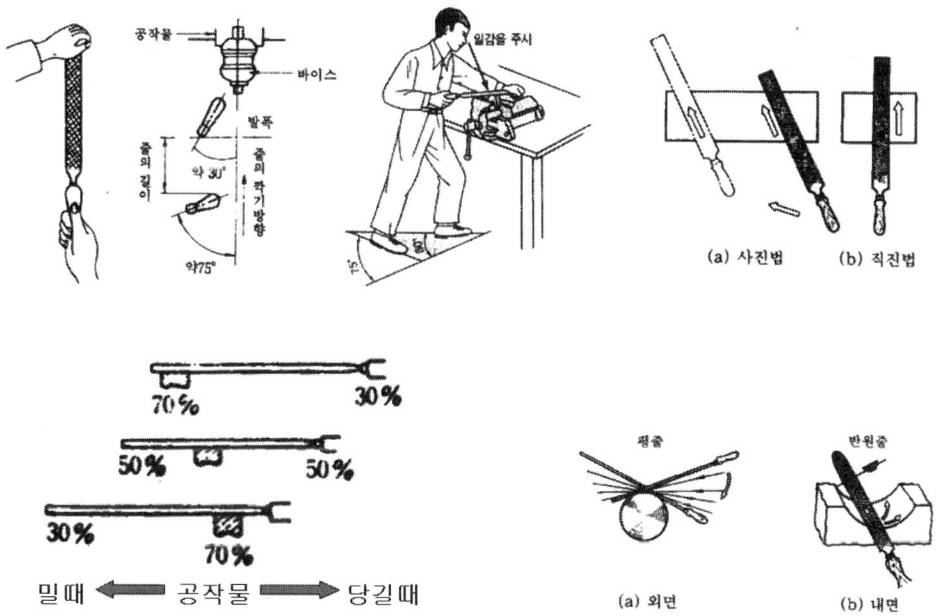

그림 7-34 줄 작업 방법

7.5.3 리벳 작업(riveting)

- 결합하려는 강판(재료) 구멍을 뚫고 리벳을 넣어 머리를 만들어 접합시키는 영구이음이다.
- 장점(특징) : 구조가 간단하고, 현지 조립이 용이하다. (산업용, 교량, 철골 구조물, 선박 등)
- 단점 : 리벳 결합 시에 인장응력이 발생하여 리벳의 축 방향 하중에 약하여 축 방향에 하중이 걸리는 구조의 이음에는 적당치 않고 기밀유지가 어렵다.

[1] 리벳의 종류

❑ 제조 방법에 의한 종류

- 냉간 리벳 : 냉간에서 제작된 리벳으로 호칭 지름이 1~13 mm이다.
- 열간 리벳 : 열간에서 제작된 리벳으로 호칭 지름이 10~44 mm이다.

❑ 사용 목적에 의한 종류

- 보일러용 리벳 : 강도와 기밀을 동시에 필요로 하는 리벳으로서 보일러, 압력 용기 등에 사용한다.
- 저압용 리벳 : 주로 기밀을 필요로 하는 리벳으로서 물탱크, 굴뚝 등에 사용한다.
- 구조용 리벳 : 주로 강도만을 필요로 하는 리벳으로서 교량, 건축물, 일반 구조물 등에 사용한다.

❑ 머리 모양에 따른 종류

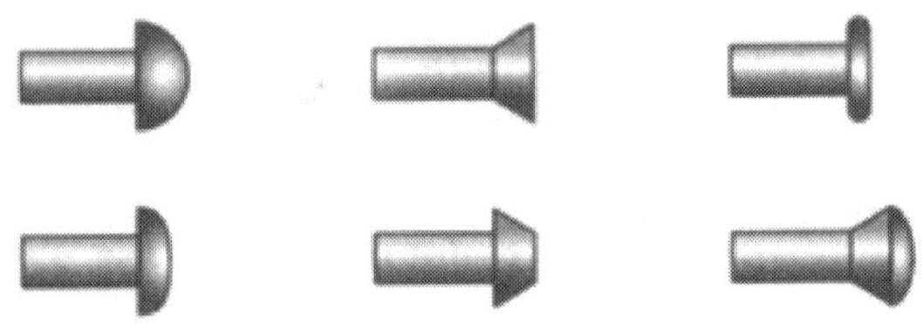

그림 7-35 리벳 머리 모양

- 결합의 예

그림 7-36 리벳 결합의 예

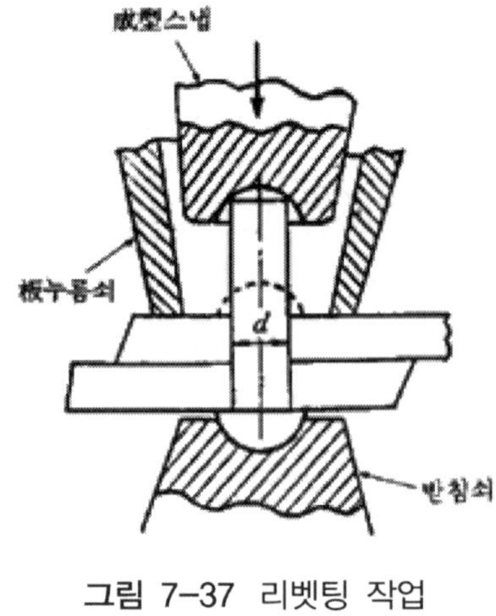

그림 7-37 리벳팅 작업

[2] 리벳 이음의 종류

❑ 겹치기 이음

- 결합할 두 판재를 직접 겹쳐 리베팅 하는 방법으로 힘의 전달이 동일 평면이 아닌 편심 하중으로 된다.
- 가스와 액체 용기의 리벳 이음이나 보일러 원주 이음에 사용된다.

❑ 맞대기 이음

- 결합할 두 판재의 양 끝을 맞대어 놓고, 덮개 판을 한쪽 또는 양쪽에 대고 리베팅 하는 방법.(보일러의 세로 방향, 구조물에 사용된다.)

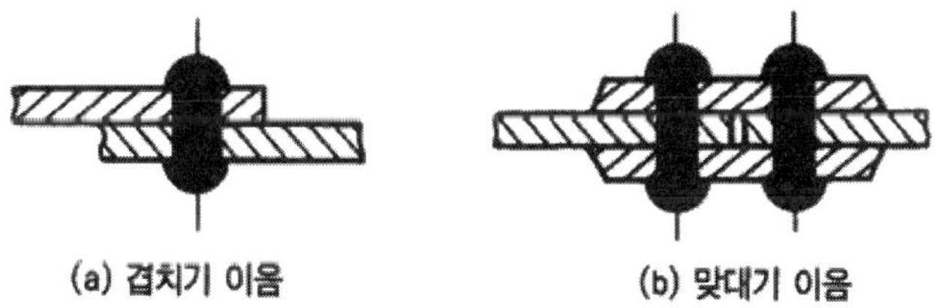

그림 7-38 리벳이음의 종류

[3] 기밀을 필요로 하는 리벳 작업

❑ 코킹(caulking)

기밀을 요하는 경우 리벳 작업 후 리벳 머리의 둘레와 강판의 가장자리를 끌(chisel)과 같은 공구로 때리는 작업이다.

❑ 풀러링(fullering)

더욱 기밀을 좋게 하기 위해 강판과 같은 폭의 풀러링 공구로 강판의 가장자리를 75~85° 가량 경사지게 때려 붙이는 작업이다.

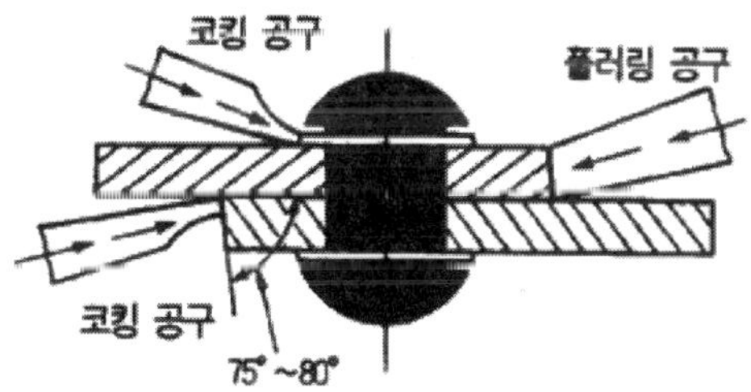

그림 7-39 코오킹 작업

[4] 리벳 이음 작업

- 리벳의 구멍은 리벳의 지름보다 1~1.5 mm 정도 크게 뚫는다.
- 지름이 20 mm 이상의 판이나 중요한 이음과 연성이 없는 강판에는 펀치 등으로 구멍을 뚫기가 적당하지 않으므로 드릴링 또는 리머 다듬질을 한다.
- 리벳의 지름 25 mm까지는 손으로 작업할 수 있으나, 그보다 큰 지름은 압축공기 또는 유압 등의 기계력을 사용한다.

❑ 냉간 리벳팅 작업

리벳이 상온 상태에서 작업을 하며 작업 완료 후에 리벳의 수축이 없어 판을 죄는 힘이 없다.

❑ 열간 리벳팅 작업

강 리벳을 적열상태로 가열해서 성형하므로 작업 완료 후에 냉각에 의한 리벳의 수축에 의해 판을 죄는 힘이 생겨 기밀 효과가 있다.

❑ 리벳 이음의 파괴

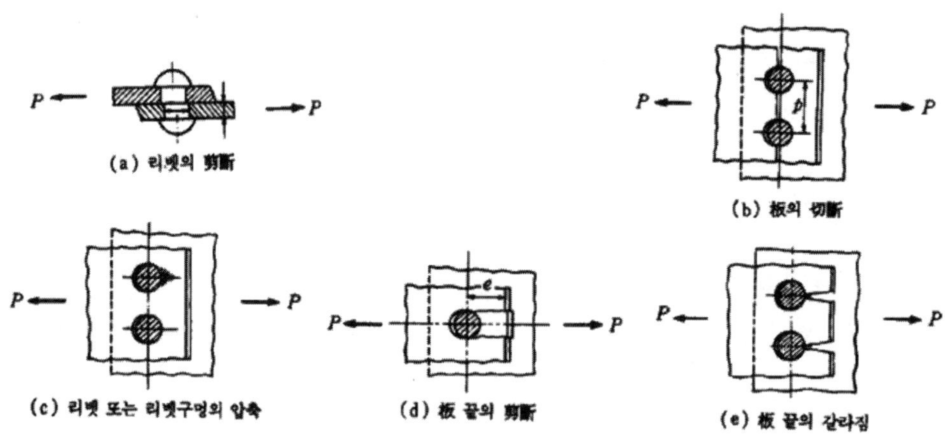

그림 7-40 리벳 이음의 파괴상태

제 8 장 윤활

8.1 윤활제의 분류

현재 사용되고 있는 윤활제는 여러 종류가 있으나 일반적으로 액상의 윤활유와 반고체상의 그리스, 그 외 고체 윤활제로 나눕니다.

[표 8-1 윤활제의 분류]

종 류		조 성	적용범위	비 고
액체 윤활제	광유계 윤활유 (광유)	파라핀계 탄화수소 나프텐계 탄화수소 방향족계 탄화수소	가장 일반적인 윤활 조건에 적합, 적용범위는 대단히 보편적이다.	극단적인 조건(고온, 저온 등)이 문제 되는 경우 부적합, 대량 저가공급 가능하다.
	수지 윤활유	에멀전 타입 솔류볼 타입 솔류션 타입 물-글리콜등	내화성, 난연성 및 특히 냉각성이 요구되는 용도이다.	광유보다 유성은 떨어진다. 부패의 문제가 있다.
	합성 윤활유	인산에스테르 이염기산 에스테르 폴리올 에스테르	광유 물성의 적용 외의 특수 용도이다.	일반적으로 고가이다.
	지방성 윤활유	팜유 우지, 나타네유	광유의 적용범위에 가깝지만 한정된다.	안정성이 나쁘고, 취급이 번잡, 광유보다 유성은 양호
	혼성 윤활유	광유 + 동식물 유지	지방성 윤활유에 준한다.	광유보다 유성은 양호하지만 안정성은 꼭 좋은 것은 아니다.
반고체 윤활제 (그리스)		리튬 비누계 그리스 칼슘 비누계 그리스 등		
고체 윤활유		이유화 몰리브덴 흑연 이유화 텅스텐 등	고온, 고압에 액체 윤활유가 적용되지 않는 영역이다.	액체, 반고체 윤활제에 섞거나 단체로 이용한다.

8.1.1 윤활제 특성

[1] 액체 윤활제

- 광유계, 물계, 합성 윤활유가 있다.
- 광유계는 용도도 넓게 이용되지만 성능 향상을 위해 뒤에 기술하는 각종의 첨가제가 더해진다.
- 물계의 대표적인 것은 에멀전으로, 광유와 물을 계면활성제 등으로 혼합한 것으로, 냉각성에 우수하다.
- 유성으로 중요한 것은 점도(viscosity) 및 점도지수(viscosity index)가 있다.
- 점도는 유막 두께, 유막 강도를 결정하고 점도 지수는 점도의 온도 의존성을 표시한다.

[2] 고체 윤활제

윤활제로 충분한 윤활막이 형성되지 않는 경우에 이용된다. 그래파이트, 이유화 몰리브덴, 또는 테프론, 폴리이미드 등의 유기화합물도 이용된다.

[3] 반고체 윤활제

그리스로 액체 윤활제에 칼슘 등의 증주제(thickener)를 가한 페이스트 상으로 한 것이다.

[4] 첨가제

액체 윤활제는 그 자신만으로 이용되는 것은 적고, 각종 첨가제를 더하여 사용한다. 지방산, 알코올, 아민 등의 유기물은 활성기를 가지고 금속표면과 반응해서 흡착하므로 충분한 경계 막을 만든다.

8.1.2 윤활유(lubricating oil)의 일반적 요구 특성

실제로 가장 많이 요구되는 중요한 성질로서 다음 3가지가 있다.

- 용도에 따라 적당한 유동성을 가질 것.
- 두 물체 간의 윤활에 견딜 만큼 유성(油性)을 가질 것.
- 산화나 열에 대한 안정도가 높고 청정, 균질일 것.

8.1.3 윤활제의 성상

[1] 비중(specific gravity)

비중은 유활유의 성능을 결정하는 데 있어서 직접 중요한 요소는 아니나 규정된 윤활인지 또는 이물이 혼합되었는지를 시험하는데 유용하다.

- 비중 15/4℃ : 15℃의 윤활유와 4℃의 동일한 체적의 순수한 눌과의 중량비를 말한다.
- 비중 60/60℉ : 미국에서 60°F의 윤활유와 동일한 체적의 60°F의 순수한 물과의 중량비로 나타낸다.
- API ° : 미국석유협회(American Petroleum institute)에서 정한 비중이며 물을 10으로 하여 물보다 가벼운 것은 10 이상, 물보다 무거운 것은 10 이하의 수치로 나타낸다. 즉 API ° =10 일 때 비중이 1이다.

〈일반적으로 석유제품에 관헤 점도라 하면 동점도를 가리긴다.〉

[2] cSt(kinematic viscisity)

동점도를 C.G.S단위로 표시한 것을 Stoke라 하며 그 1/100을 취한 centistoke (cSt)로 나타낸다. 측정 온도는 I.S,O(International prganization for Standards) 점도분류에 의해 40℃, 100℃이며 세계 공용이다.

[3] E °(engler viscisity)

200cc Sample의 유출시간을 20℃의 물의 유출 시간의 비로 나눈 것으로 측정 온도는 20℃, 50℃, 100℃로서 주로 유럽쪽에서 사용되고 있다.

[4] SUS or SSU(saybolt universal viscosity)

60cc의 윤활유 sample이 유출하는 시산(초)을 측성합니다. 측정온도는 100°F, 130°F 210°F로서 미국에서 사용되고 있다.

[5] rodwood viccosity

- redwood #1 : 50 cc의 sample이 유출하는 시간을 말하며 측정온도는 일본에선 30℃, 50℃, 80℃, 100℃ 이고 영국에서는 70°F(21℃), 140°F(60℃), 212°F(100℃)이다.

• redwood #2 : 50 cc의 sample이 0℃에서 유출하는 시간을 측정한다.

8.1.4 윤활유(oil) 물성(용어)

❑ **비중**

윤활유의 성능을 결정하는 중요한 요소는 아니나 규정된 오일인지 이물질이 혼합되어 있는지를 시험하는데 유용하다.

❑ **점도(viscosity)**

점도는 윤활유의 물리 화학적 성질 중 가장 기본이 되는 성질 중의 하나로서 점도의 의미는 액체가 유동할 때 나타나는 내부저항을 말한다.

기계 윤활에 있어 기계의 조건이 동일하다면 마찰 손실, 마찰열, 기계적 효율이 점도로서 결정된다.

❑ **점도지수(viscosity index)**

점도지수는 paraffine계가 풍부한 미국의 pennsylvania산 오일을 점도지수 100으로 하고 naphthene계가 풍부한 gulf coast산 오일을 점도지수 0으로 하여 다른 오일의 점도지수를 이것과 비교하여 나타낸 것이다.

윤활유의 온도 변화에 따른 점도 변화를 수치로 나타낸 것이다.

❑ **유동점(pour point)**

윤활유의 온도를 낮추면 유동성을 잃어 마침내 응고된다. 윤활유가 이와 같이 유동성을 잃기 직전의 온도를 유동점이라 한다.(유동점은 윤활유 사용온도 및 급유와 관계가 깊다)

❑ **인화점(flash point)**

Oil을 규정된 조건으로 가열하여 발생된 증기에 불꽃을 접촉시켰을 때 순간적으로 불이 붙는 온도

• 발화점 : 가열을 계속하여 점화시켰을 때 5초 이상 연소가 계속되는 온도

❑ **중화가(neutralization number)**

석유제품이 산화조건 하에서 사용되는 동안 Oil 중에 일어난 상대적 변화를 알기 위한 척도

- 전산가(total acid number) : 시료 1g 중에 함유된 전산 성분을 중화하는데 소용되는 KOH의 mg 수
- 전알칼리가(total base number) : 시료 1g 중에 함유된 전알칼리 성분을 중화하는데 소요되는 KOH의 mg 수
- 중화가 : 전산가 및 전알칼리가의 총칭

8.1.5 그리스(grease)의 물성(용어)

❑ 주도

그리스의 굳은 정도를 나타내는 것으로 유동특성을 총괄적으로 파악하는데 편리하다.

[표 8-2 그리스의 주도]

NLGI No.	혼화주도 범위	상
0	445 ~ 475	반 유동상
0	400 ~ 430	반 유동상
0	355 ~ 385	매우 부드럽다
1	310 ~ 340	부드럽다
2	265 ~ 295	중 간
3	220 ~ 250	약간 단단하다
4	175 ~ 205	단단하다
5	130 ~ 165	매우 단단하다
6	85 ~ 115	매우 단단하다

- 주도에 관해 주의할 점
  - 주도는 기유 점도와는 달리 상당히 독립된 성질이고 오히려 증주제의 종류와 양에 관계되어 있다. 따라서 윤활성에 관해서는 기유 점도를 중시해야 한다.
  - 주도는 온도에 따라 변화하지만 기유의 점도 변화 쪽이 크다.
  - 증수제가 같으면 내열성을 나타내는 적점은 주도가 바뀌어도 별로 변하지 않는다.
  - 따라서 저온 한계는 기유의 점도, 고온 한계는 증수제의 종류나 적점에 주의해야 한다.

❑ 적점

그리스가 온도 상승에 의해서 액상으로 변하는 최저 온도를 나타낸다. 증주제의 종류와 그리스의 제 조건에 의해서 양향을 받는다. 그리스의 실제 성능과 관계는 없지만 그리스의 사용 온도 한계를 결정한다.

※ 사용 온도 한계 : 적점의 2/3 미만에서 사용하는 것이 바람직하다.

❑ 이유도

정적인 상태로 방치한 경우의 기유 분리성을 표시하며, 주도 및 기유 점도에 따라서 다르게 된다.

※ 유분리 ~ 증주제와 기유의 친화력이 강할수록 적어진다
증주제와 기유의 비중차가 작을수록 적어진다.
증주제가 미세하고 양이 많고 분산이 좋을수록 적어진다.
기유점도가 높을수록, 온도가 낮을수록 적어진다.

❑ 동판부식

그리스 성분, 특히 첨가제의 동에 대한 부식작용을 조사한다.

❑ 수세 내수도

윤활부위에서 그리스가 물에 씻기지 않고 견디는 성질, 증주제의 내수성 외에 주도나 기유점도에 영향이 있다.

❑ 산화 안정도

정적 상태에서 산화안정성을 평가하며, 동적 상태에서의 사용에 대한 기준이 된다.

❑ 혼화 안정도

전단력에 의해 증주제의 구조가 파괴되어 비가역적 변화(보통은 연화)를 일으키는 정도를 나타낸다.

❑ 증발량

얇게 부착된 그리스막의 윤활 지속성에 관련된 것으로서 기유 점도와 경질 유분의 혼입에 영향이 크다.

❑ 누설도

휠 베어링에서 온도가 상승한 경우 그리스의 구조 변화나 베어링의 전단에 의해서 연화 유출되는 데 견디는 성질이다.

❑ **저온 토르크**

차축의 회전 초기 토크를 평가하는 것으로 저온에서는 기유 점도의 영향이 크지만 회전 토크에서는 그리스의 유동특성이 영향이 있다.

❑ **timken ok load**

내하중 성능, 내마모 성능의 시험 four ball wear test four ball E.P test. welding point

❑ **잔류탄소(carbon residue)**

오일의 증발, 열분해 후에 생기는 탄화 잔류물, 잔류 탄소분은 정제도가 낮은 오일, 점도가 높은 오일, 금속계 첨가제를 사용한 오일, 사용 후 열화 된 오일일수록 많다.

❑ **동판부식(copper corrosion)**

금속 표면을 화학적으로 공격하는 윤활유의 성질. 100℃에서 3시간 경과 후 동판의 변색 정도로 구분한다.(1a~4c로 구분)

❑ **산화안정도(oxidation stability)**

공기 중에 산소에 의해 산화작용을 받으면 이 산화에 저항하는 윤활유의 성질. 공기, 열, 금속촉매 등에 의해 산화된다. 윤활유의 산화 안정도는 사용 수명을 간접적으로 판단하는 기준. 산화가 되면 점도의 증가 및 전산가 증가 현상이 나타나며, 금속부식 및 슬러지, 바니쉬 생성을 촉진한다.

❑ **전단안정성**

고온 하에서 극심한 기계적 응력을 받았을 때 윤활유의 영구적인 점도저하 현상. 기계적 응력에 의한 영구적인 점도 저하에 저항하는 성질

❑ **항유화성(demulsibility, 수분리성)**

물과 윤활유가 혼합되었을 때 물을 분리해 내는 윤활유의 성질

❑ **방기성**

유면내에 잡혀있는 공기방울을 유면 위로 배출하는 윤활유의 성질

❑ **기포성(foaming characteristics)**

유면 위에서 거품을 형성하는 윤활유의 성질

❑ 혼화성

함께 사용하는 다른 기계적 요소와 문제를 야기시키는 성질

※ 실(seal), 고무, 플라스틱, 접착제, 페인트 등

❑ 내마모성

기계적 마찰에서 윤활유가 마모를 줄여주는 성질

※ four ball wear test

❑ 극압성

고하중, 저속(보통 미끄럼 속도)에서 기계에 미치는 영향을 줄여주는 윤활유의 성질

※ four ball E.P test

❑ 방청성능(rust preventive)

윤활유의 중요한 성질 중의 하나로서 금속에 대한 방청 작용이 있다. 금속 표면의 녹 발생은 금속의 성질과, 시험 조건에 의해 현저히 다른 결과를 가져오며, 방청시험은 고도로 정제된 윤활유의 사용 중 발청 시험과 격납병기, 정밀기계, 가공 중간품의 보존을 목적으로 한 방청성능 시험이 있다.

[표 8-3 그리스의 종류와 특성]

<table>
<tr><th>명 칭</th><th colspan="3">리튬그리스</th><th>나트륨그리스
(화이버그리스)</th><th>칼슘그리스
(컵그리스)</th><th>혼합기그리스</th><th>복합기그리스
(콤플렉스그리스)</th><th colspan="2">非비누기그리스</th></tr>
<tr><td>증주제</td><td colspan="3">리튬비누</td><td>나트륨비누</td><td>칼슘비누</td><td>+Ca비누
Li+Ca
비누 등</td><td>Ca복합비누
Al복합비누
Li복합비누 등</td><td colspan="2">우레아,
밴트나이트
카본블랙,
불소화합물
내열성유기화합물
등</td></tr>
<tr><td>기 유</td><td>광유</td><td>지에스텔유
多價에스텔유</td><td>실리콘유</td><td>광유</td><td>광유</td><td>광유</td><td>광유</td><td>광유</td><td>합성유
(지에스텔유,
多價에스텔유,
실리콘유,
합성탄화수소유,
불소유)</td></tr>
</table>

적점 ℃	170~195	170~195	200~210	170~210	70~90	160~190	230~	230~	230~+220
사용온도범위 ℃	-12~+110	-50~+130	-50~+130	-20~+130	-20~+60	-20~+80	-20~+130	-10~+130	
허용회전수%	70	100	100	70	40	70	70	70	40~100
기계적 안정성	양호	양호	양호	양호	열	양호	양호	양호	양호
내 압 성	중	중	약	중	약	강~중	강~중	중	중
내 수 성	양호	양호	양호	열	양호	양호	양호	양호	양호
방 청 성	양호	양호	양호	양호~열	양호	양호~중	양호~중	양호~열	양호~열
비 고	각종 구름 베어링용으로 가장 용도가 넓다.	저온특성, 마찰특성이 뛰어나다. 계기용 소형 베어링, 소형 전동기용 베어링에 적합하다. 단, 절연바니쉬에 의한 녹 발생에는 주의를 요한다.	주로 고온용에 사용한다. 고속, 저속, 고하중 조건이니, 미끄럼부분이 많은 베어링에는 적합하지 않다.	장섬유상과 단섬유상이 있다. 장섬유상의 그리스는 고속에서는 쓰지 못한다. 물, 고온도 조건에서는 쓰지 못한다. 물, 고온조건에 주의.	고점도의 광유를 기유로 하고, Pb비누 등의 극압침가제를 사용한 그리스는 내압성이 크다.	대형볼 베어링, 로울러 베어링에 사용된다.	내압성, 기계적 안정성이 크다.	광유를 기유로 한 그리스는 중고온용에 사용하고, 합성유를 기유로 한 그리스는 저온유 혹은 고온용으로 사용된다. 실리콘유 및 불소유를 기유로 한 그리스는 방청성 및 음향성능이 떨어지는 것도 있다.	

8.1.6 윤활상태

일반적으로 윤활상태는 윤활제의 유막의 두께에 의해 다음 3가지로 나눈다.

[1] 유체윤활(流體潤滑, full-film lubrication) (a)

후막(厚膜) 윤활 또는 환전(完全) 윤활이라고도 하며 가장 이상적인 윤활상태이다.

[2] 경계윤활(境界潤滑, boundary lubrication) (b)

박막(薄膜)윤활 또는 불완전 윤활이라고도 하며 기름의 점도가 떨어져서 움직이는 속도가 느려지거나 또는 기름의 양이 충분치 못할 때는 유막의 두께가 얇아지는 박막 상태가 됩니다. 마찰 표면에 흡착된 얇은 분자막에 의해 윤활이 이루어진다.

[3] 극압 윤활(極壓潤滑, extre pressure lubrication) (C)

하중(荷重)이 많이 걸리거나 마찰면의 온도가 높게 되면 마찰면이 접촉하여 파괴되기 쉽다. 이러한 극압 마찰을 적게 하기 위해 통상 윤활유에는 극압 첨가제를 넣어 금속표면과 화학적으로 반응하여 극압막을 만든다.

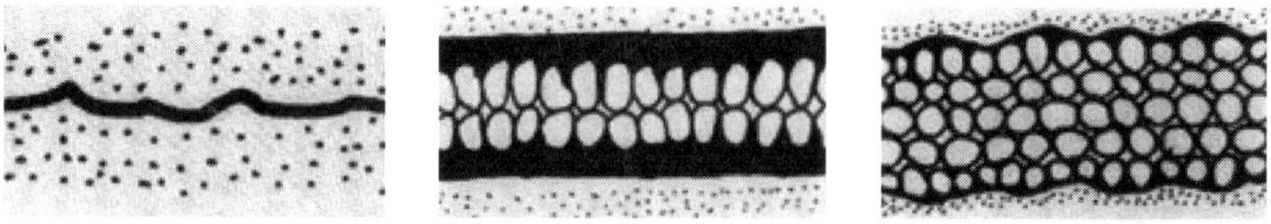

(a) 유체윤활 (b) 경계윤활 (c) 극압윤활

그림 8-1 윤활의 상태

8.1.7 윤활제의 선정

- 윤활 부위에서 필요로 하는 윤활제를 적절하게 선정하는 것은 윤활관리의 첫 단계로 대단히 중요하다.
- 윤활유를 선정할 때 일반적으로 고려하여야 할 사항은 윤활제의 점도, 열 및 산화안정성, 적합성, 부식성, 가연성, 유독성, 구매 용이도, 가격 등이 있다.
- 윤활 기능 중에서 감마작용의 비중이 대단히 크기 때문에 윤활유 선정 시 가장 적합한 점도를 선정하는 것은 대단히 중요하다.

[1] 점도(viscosity)

유체의 유동에 대한 저항 정도를 점도라 하고, 점도의 크기는 동점도 계수의 스토크(stoke), 1St=㎠/s로 표현한다. 일반적으로 윤활제의 온도가 상승하면 점도는 감소한다. 윤활유의 점도는 정상상태에서 운전되고 있는 경우의 작동온도를 기준으로 선정하여야 한다. 또한 기계의 초기 운전은 윤활유가 냉각된 상태에서 시작되기 때문에 초기 작동 온도에 비하여 점도가 너무 높지 않도록 규제를 해야 한다. 적당한 점도를 선정하기 위해서 운전 중의 속도, 하중, 온도를 고려하여야 한다.

[2] 안정성(stability)

윤활유를 일정 기간 동안 사용하게 되면 기유(base oil)나 첨가제(additive)가 열의 영향을 받거나 또는 산화 작용에 의해 윤활유의 기능이 점차 저하된다.

[3] 열 안정성(thermal stability)

윤활유의 온도가 상승하게 되면 열화 현상을 일으키고 탈색되며, 점도가 변화한다. 또한 윤활유의 산화작용이 촉진되는 현상이 나타나는데 이것을 열적으로 불안정하다고 말한다. 윤활유가 어떤 온도 이상으로 유지되면 첨가제를 사용한다 할지라도 열적으로 대단히 불안정하게 되어 윤활유가 분해되는 현상이 나타나게 되고, 윤활유가 높은 온도에서 사용되면 수명이 크게 단축된다.

[4] 산화 안정성(oxidation stability)

윤활제와 첨가제가 공기나 물속의 산소와 반응하면 산화물질이 생성되므로 화학적으로 불안정하게 된다. 윤활제에 산화현상이 일어나면 마찰면에 나쁜 영향을 주기 때문에 윤활제를 정제할 때 가능한 황, 산소, 질소와 같은 성분을 제거해야 한다. 특히 온도가 높을수록 윤활제의 산화현상이 크게 촉진되기 때문에 정제와 첨가제를 이용한 산화억제 방식을 취한다. 윤활유가 고온에서 장시간 사용되기 위해서는 고도로 정제된 산화 방지제를 첨가하여 사용해야 한다. 그러나 저온에서 사용되는 경우는 오일의 정제도가 다소 떨어져도 양호한 성질을 유지한다. 산화물이 생성하게 되면 강이나 구리를 사용한 접촉면에서는 부식이 촉진되고, 점도가 증가되며, 결국에는 산화 퇴적층이 윤활제 내에 형성되어 윤활기능을 크게 약화시킨다.

[5] 적합성(compatibility)

윤활제는 기계장치에서 사용되고 있는 다른 재질들과 적합해야 한다. 예를 들어 윤활제가 고무, 플라스틱, 페인트, 접착제 등에 사용되는 경우 문제가 될 수 있다. 밀봉재로써 널리 사용되는 고무의 경우 윤활유의 영향을 받으면 팽창되는 현상을 경험한다. 또한 구리, 청동, 황동과 같은 재질이 높은 온도에서 사용되고 있는 윤활제와 접촉하게 되면 특히 산화물 생성이 촉진되어 문제가 된다. 일반적으로 적합성을 향상하기 위하여 윤활제에 2가지 정도의 첨가제를 혼합하여 사용한다.

[6] 부식성(corrosion)

윤활유의 부식성은 윤활제와 금속 간의 부적합성을 나타내는 것으로 산화물질, 첨가된 물질 등에 의하여 강이나 비철금속으로 만든 베어링 재질이 부식된다.

순수한 광유(Mineral oil)는 부식성이 없으며, 대기 중의 수분에 의한 부식은 완전히 차단할 수 있다. 윤활제가 부식성 높은 환경에서 사용되는 경우 부식 방지용 첨가제를 넣어 사용하면 효과적이다.

[7] 가연성(flamibility)

윤활유가 어떤 환경, 어떤 상태에서 사용된다 할지라도 연소가 되어서는 안 된다. 특히 항공기나 광산에서 사용되는 경우 가연성 성질에 특히 유의하여 사고를 방지해야 한다.

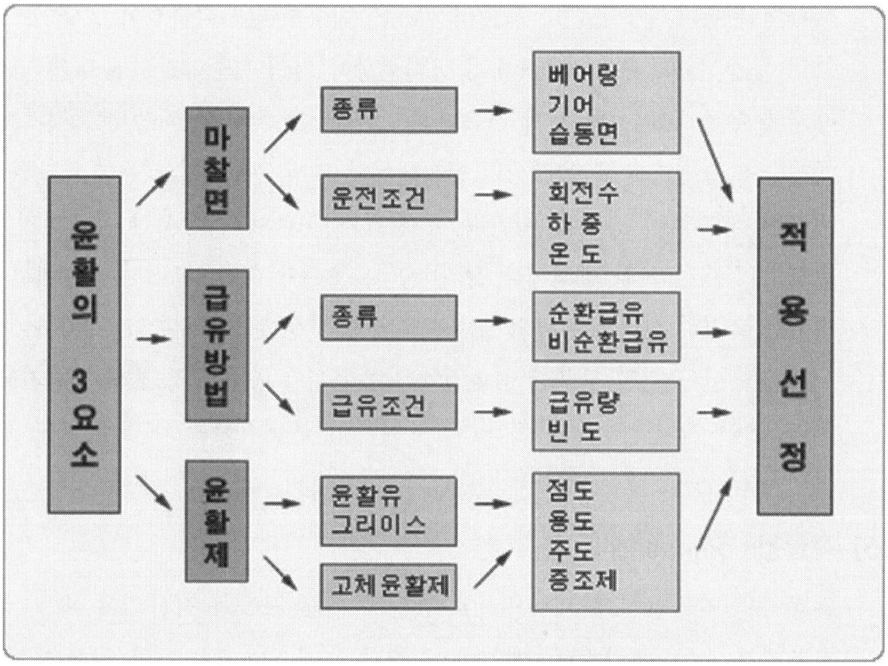

그림 8-2 윤활의 3요소와 적유 선정 관계

8.1.8 윤활상의 고장원인

[1] 윤활제면

- 부적격유의 사용
- 오일의 열화와 오탁
- 오일의 누설
- 성질이 다른 오일과의 혼합

[2] 마찰면

- 마찰면의 재질 불량
- 마찰면의 작용 불량
- 마찰면의 과도한 작용
- 마찰면의 마모에 의한 기계부분의 늘어짐
- 마찰면의 조기 피로에 의한 파손
- 그 밖의 발청

[3] 작업면

- 급유작업의 부주의
- 과잉의 급유 또는 과소의 급유
- 급유 시간이 너무 느리거나 빠름
- 플러싱의 불충분
- 작업상의 움직임과 충격에 의한 무게

[4] 급유 방법

- 급유 방법의 설계 불량에 의한 부적합
- 급유 장치의 고장

[5] 환경면

- 전도열이 높은 경우
- 마찰열의 발열이 불충분한 경우
- 불순물의 혼입
- 기온에 의한 현저한 온도 변화
- 뜨거운 물, 산의 증기, 염분 등

8.2 윤활첨가제

8.2.1 첨가제

첨가제란 정제 윤활유에 일정량 첨가시키는 물질로 윤활유 자체의 품질을 높이거나 성능을 향상시키는 화학물질을 말한다.

8.2.2 첨가제의 종류

[1] 청정분산제(detergents/dispersants)

청정 및 분산제는 청정기능을 갖는 이온화 물질로서 청정은 금속표면의 부착물을 녹여 씻어내는 역할이며 분산은 오염 및 불순물을 분산시키는 역할이다. 주로 엔진오일에 사용된다.

[2] 산화방지제(anti-oxidants)

오일이 공기 중의 산소에 의해 산화되는 것을 막기 위한 것이며 산화에 의한 부식성의 산이나 슬러지가 생성되는 것을 막아 준다. 엔진오일, 기어오일에 사용된다.

[3] 녹방지제(rust inhibitor)(방청제)

금속표면에 피막을 만들어 공기나 수분을 접촉하지 못하게 하고 표면에 녹이 생기는 것을 방지한다. 엔진오일, 기어오일 등에 사용된다.

[4] 부식 방지제(corrosion inhibitor)

산화 생성물 중의 산성물질을 중화시키거나 금속표면에 보호피막을 형성하여 금속에 대한 화학적 부식작용을 방지한다. 엔진오일, 기어오일 등에 사용된다.

[5] 점도지수 향상제(viscosity index improver)

온도의 변화에 따른 점도의 변화를 적게 하는 역할로 즉 점도지수를 높여준다. 엔진오일, 기어오일 등에 사용된다.

[6] 유동점 강하제(pour point depressants)

저온에서 wax분이 석출 되는 것을 막아주어 저온에서 유동을 가능하게 해 준다. 엔진오일, 기어오일 등에 사용된다.

[7] 기포 방지제(anti-foam agents, 소포제)

사용 중 격심한 교반작용으로 인해 기포가 생기는 것을 방지한다. 엔진오일, 기어오일 등에 사용된다.

[8] 마모방지제(anti-wear agents)

금속표면에 보호피막을 형성하여 금속의 마찰에 의한 마모, 긁힘, 눌림 현상을 방지하고 마찰부 위의 온도 상승을 방지한다. 엔진오일, 기어오일 등에 사용된다.

[9] 마찰조정 계수제(friction-modifier)

일종의 계면활성제의 조합체로 구성되며 특정 재질의 금속표면에 대한 흡착력이 일정한 범위 안에 있도록 조정한다. 엔진오일, 자동변속기유 등에 사용된다.

[10] 극압제(extreme pressure agents)

극도의 압력 및 하중이 가해지는 부위의 금속과 반응하여 극압막을 만들어 마모, 긁힘, 눌림 등의 현상을 방지한다. 기어오일 등에 사용된다.

[11] 유성향상제(oiliness improvers)

금속 표면에 첨가제가 흡착된 막을 이뤄 경계윤활의 유막이 끊기지 않게 하고 마찰계수를 작게 해 준다.

[12] 유화제(emulision stabilizes)

물과 안성된 유화액을 이루게 하는 데 사용한다.

[13] 착색제(color stabilizers)

윤활유의 누설을 알기 쉽게 하기 위해 기름에 색을 넣어 사용한다.

8.2.3 첨가제의 요구특성

[1] 기본유(基本油)에 대한 용해성

첨가제는 극단적인 조건에서도 용해성은 만족되어야 할 뿐만 아니라 기본 윤활유 속에 항상 녹아 있어야 한다.

[2] 비(非)용해성이나 물과의 무반응성

기어박스나 크랭크케이스에서의 물의 침투는 수용성 첨가제를 희석시켜 준다. 물과의 접촉이 첨가제의 효과를 감소시키므로 반응이 없어야 좋다.

[3] 휘발성(volatility)

첨가제의 휘발성은 가능한 한 낮아야 한다. 그렇지 않으면 윤활유가 높은 온도에 노출될 때 첨가제가 기화되어 농도와 효과를 감소시킨다.

[4] 안정성(stability)

첨가제는 혼합할 때와 저장 및 사용 중에 물리적, 화학적으로 안정되어야 한다.

[5] 조화성(compatibility)

윤활유에 첨가되는 첨가제는 2가지 이상으로 만약 완성품이 색 변화나 침전물이 생기는 등 반응의 증거가 없다면 조화성을 갖는 것으로 간주한다.

[6] SEAL 안정성(seal compatibility)

오일과 Seal제와의 접촉 시 화학적 반응이 없어야 한다.

[7] 기타 착색, 냄새 및 융통성 등이 있다.

거의 모든 첨가제는 최대의 성능을 나타내기 위해 적정 함유량이 있으며 그 이상이 되면 오히려 성능의 저하를 나타내는 경우가 있다

8.3 윤활 급유법

- 상대접촉 운동면에서 윤활하게 이루어지도록 하기 위해서는 윤활제의 적절한 선정도 중요 하지만, 윤활제를 어떤 방식으로 윤활부위에 공급할 것인가를 결정하는 문제도 대단히 중요하다.
- 윤활유 공급방법의 선정에는 마찰면의 형태, 미끄럼 방향, 하중의 경중과 성질, 미끄럼 속도, 사용온도 등의 제반요건을 고려하여 결정해야 한다.
- 급유장치는 한번 설치되면 간단하게 변경하게 어려우므로 신중하게 검토되어야 한다.

8.3.1 윤활개소의 조건

- 윤활장치를 결정하려면 윤활개소가 요구하는 윤활작용, 윤활개소의 수가 중요한 요소로 된다.
- 윤활개소의 수가 적어서 단지 마찰과 마멸을 감소시키려고 할 경우에는 수동급유 또는 자기순환급유(自己循環給油)와 같이 구조가 간단하고 염가인 급유장치만으로도 충분하다.
- 윤활 접촉면의 온도가 높고, 냉각을 필요로 하는 경우에는 순환급유장치가 적당하다.
- 윤활 접촉면의 상황 및 환경조건에 의하여 윤활유를 사용할 수 없는 경우에는 윤활 접촉면의 냉각방법과 윤활 접촉면의 재질을 고려한 내열 그리스의 수동급유 또는 집중급유장치를 선정한다.
- 동일기계 또는 설비에 다수의 윤활개소가 있을 경우에는 순환급유장치, 집중급유장치와 같은 강제 순환방법을 선정한다.

8.3.2 윤활제

- 베이링 이외의 대부분의 윤활개소에는 윤활유를 사용하고 있고, 자기순환급유방법 또는 강제윤활 방법이 채용되고 있다.
- 구름 베어링은 마찰계수가 작고, 규격화되어 있어 손질, 취급 및 보수관리가 용이하기 때문에 기계의 베어링에 많이 사용되고 있다.

• 미끄럼 베어링은 윤활유를, 구름 베어링에는 그리스를 많이 사용하고 있다.

• 베어링에 고속회전에서 그리스를 사용하게 되면 온도상승, 녹아 붙음(seizure) 등의 문제가 발생하기 때문에 윤활유를 사용하지 않으면 안 된다.

• 구름 베어링의 윤활제 선정기준으로는 일반적으로 한계 dn값이 사용되고 있는데, 실제 선정에는 베어링 제조업체의 기술자료를 참조하는 것이 좋다.

• 허용 회전수를 넘으면 고속의 경우에는 급유방법, 윤활제를 바꾸는 것으로만 해결할 수 없고, 베어링 재질과 베어링 구조 등을 바꾸어야 되므로 베어링 제작회사와 상의하여 급유방법과 윤활제를 결정할 필요가 있다.

8.3.3 급유위치

• 크레인 등과 같이 윤활부위가 높은 곳에 있는 기계나, 위험하기 때문에 운전 중에 가까이 접근할 수 없는 기계의 급유에는 자동급유장치 또는 급유 빈도가 낮은 급유방법을 채용한다.

• 급유장치는 가능한 한 점검 및 윤활제의 공급이 용이한 위치에 설치한다.

• 윤활유 또는 그리스를 수동급유로 공급하는 경우, 직접 윤활개소에 급유하기 어려운 곳은 배관을 사용하고, 윤활제를 공급하기 쉬운 장소에는 공급 구를 설치한다.

8.3.4 급유빈도와 윤활개소

• 윤활제를 연속적으로 또는 간헐적으로 공급해야 하는가는 윤활부분의 구조와 사용개소에 의하여 결정된다.

• 미끄럼 베어링, 기어 및 고속회전의 구름 베어링 등은 윤활유의 연속 급유가 필요하고, 윤활유의 발열이 적은 경우에는 적하급유 또는 자기 순환급유로도 좋다. 발열량이 많은 경우에는 강제순환 급유장치가 필요하게 된다.

• 저 · 중속의 구름베어링에서는 그리스 급유가 주체로 되는데, 밀봉장치의 구조, 사용 환경에 의하여 급유 빈도가 1일 이하의 경우에는 수동급유장치를 사용하는 것이 바람직하다.

8.3.5 기타 급유장치와의 관계

- 강제윤활장치를 설치할 경우 종류가 다른 급유장치를 많이 사용하면 급유장치의 관리, 취급, 예비부품의 관리면에서 바람직하지 못하다.
- 동일계통의 급유장치, 예를 들면 그리스의 집중급유장치에 대해서는 파별형 급유장치로 통일하여 설치하면 급유장치가 고장 났을 때, 장치 사이에서 예비부품을 교환할 수가 있어 예비부품의 보유수를 적게 할 수가 있다.
- 이상의 항목을 종합적으로 검토하여 설치비와 유지비가 저렴하고 충분한 신뢰성과 구조가 간단한 급유장치를 선정한다.

8.3.6 급유 방법

- 상대 접촉운동이 일어나는 부분에 마찰, 마멸 등을 완화 내지는 방지할 목적으로 필요한 윤활유를 공급하기 위한 급유, 배유(配油) 및 부속장치를 총칭하여 윤활유계(lubricating system)라고 한다.
- 최근 윤활유계는 사용기계의 고속, 고하중, 초정밀화 추세로 신뢰도가 높은 윤활계를 요구하고 있다.
- 설비운전의 자동화, 무인화 추세는 급유방식의 자동화, 원격감시 및 원격제어의 경향으로 나타나고 있다.
- 기계윤활의 대상인 주요 기계요소로는 베어링, 기어, 피스톤, 실린더, 기타 마찰 전동부분 등이 있다.

[1] 윤활급유법의 분류

윤활제 급유방법은 크게 전손식 급유법과 회수식 급유법으로 분류할 수 있다.

❑ 전손식 급유법

윤활부위에 공급한 윤활제가 윤활목적을 수행하고 윤활면에서 나온 것을 모두 폐기하는 급유방식이다. 소형기계 또는 별로 중요하지 않은 베어링, 크레인 같은 이동기계의 개방기어에 사용되고는 있으나 최근에는 별로 사용되고 있지 않다.

❑ 회수식 급유법

윤활부위에 공급한 윤활제를 윤활면으로부터 회수하여 다시 윤활부위에 반복하여 공급하는 방법으로 윤활제를 반복하여 사용할 수가 있다. 회수식은 윤활부위에 다량의 윤활유를 공급할 수 있으므로 감마작용, 냉각작용 등의 윤활기능을 충분히 기대할 수 있다.

❑ 윤활급유법 분류

- **윤활급유법**
  - 전손식급유법 — 비순환식급유방식
    - 손급유법
    - 적하급유법
    - 패드급유법
    - 심지급유법
    - 기계식강제급유법
    - 분무식급유법
  - 회수식급유법 — 순한급유방식
    - 자기순환급유법
      - 오일순환식급유법
      - 비말급유법
      - 제트급유법
      - 유욕윤활법
    - 강제순환윤활시스템
      - 중력탱크식
      - 강제순환방식

[2] 윤활유 공급방법

윤활유 급유 방법은 용도에 따라 다양하지만, 윤활부위에 공급된 윤활유를 회수하지 않고 소모하는 형태의 비순환 급유방식과 사용된 윤활유를 회수한 후 반복하여 사용하는 순환급유방식으로 대별할 수 있다.

❑ 비순환 급유방식

비순환 급유법은 한번 사용한 오일은 회수하지 않고 버리는 형태의 급유법으로 전손식 급유법이라고도 한다. 소량의 오일을 사용하는 관계로 대체로 윤활조건이 까다롭지 않은 윤활부위에 사용된다.

• 손 급유법(hand oiling)

  – 윤활부위에 오일을 손으로 급유하는 가장 간단한 방식으로 윤활이 그다지 문제가 되지 않는 저속, 중속의 소형 기계 또는 간헐적으로 운전되는 경하중 기계에 이용된다.

- 손으로 급유하므로 1회 급유량은 수 mℓ 내지는 수ℓ 정도이고, 사용 빈도수가 적은 경우에 주로 이용되고 있다.
- 방적기계, 인쇄기계, 공구, 체인, 와이어로프 등이 있다.

• 적하 급유법(drop feed oiling)

- 급유되어야 하는 마찰면이 넓은 경우, 윤활유를 연속적으로 공급하기 위하여 사용되는 방법으로 니들 밸브 위치를 이용하여 윤활유의 급유량을 정확히 조절할 수 있는 급유방법이다.
- 손급유법에 비하면 대단히 우수하나, 다른 진보된 방법에 비하여 다소 불완전하고, 오일 소비량이 많아 개선을 많이 해 왔다.
- 회전식 압축기에 사용되는 적하 급유기로 압축기의 가스압력을 이용하여 자동으로 니들밸브의 개폐 정도를 조절함으로써 급유량을 조절한다.

• 패드 급유법(pad oiling)

- 오일 속에 털실, 무명실, 펠트 등으로 만든 패드를 오일 속에 침지시켜 패드의 모세관현상을 이용하여 각 윤활부위에 공급하는 형태의 급유방식으로 경하중용 베어링에 많이 사용된다.
- 접촉부의 회전 속도가 너무 빠르면 한쪽으로 밀리게 되어 급유가 불충분하게 되고, 또한 장시간 사용하면 불완전 윤활이 되는 결점을 갖고 있다.

• 심지 급유법(wick oiling)

- 털실이나 무명실로 꼰 끈을 오일 속에 침지시켜 모세관 작용을 이용하여 급유하는 방법으로 급유량은 심지 수로 조절하고, 급유를 중지시켜야 할 경우 심지를 마찰 부위로부터 제거시키면 된다. 그러나 매번 이와 같은 작업을 반복해야 하는 불편한 점이 있다.
- 금속용기의 중앙부에는 스탠드 파이프가 있어 심지의 모세관 작용을 도와준다.

• 기계식 강제 급유법(mechanical force feed oiling)

- 기계 본체의 회전축 캠 또는 모터에 의하여 구동되는 소형 플런저 펌프에 의한 급유방식으로 비교적 소량, 고속의 윤활유를 간헐적으로 압송시킨다.
- 캠에 의해 플런저를 작동시켜 오일을 공급하는 강제급유기를 보여주고 있다.
- 윤활부위로 공급되는 급유량은 플런저의 행정길이, 캠축의 회전수를 변화시켜 줌으로써 조절이 가능하다.

– 압축기, 내열기관의 실린더, 대형 정착식 엔진, 진공펌프, 프레스 베어링 등에 사용된다.

• **분무식 급유법(oil mist oiling)**

– 압축공기를 이용하여 소량의 오일을 미스트화 시켜 베어링, 기어, 슬라이드, 체인드라이브 등에 윤활을 하고, 압축공기는 냉각제 역할을 하도록 고안된 윤활방식이다.

– 이 방식은 오일 소모량이 적고 냉각효과가 크기 때문에 고속 구름 베어링, 고온에서 운전하는 체인, 공작기계, 제철기계 등에 많이 사용되고 있다.

– 압축공기와 함께 대기 중으로 빠져나가는 미스트 상태의 오일량이 많은 경우 환경오염에 주의를 해야 한다.

– 제품에 오손이 되어서는 안 되는 식품, 섬유공장 등에서는 이 방법이 부적합하다.

❑ 순환 급유방법

사용된 윤활유를 회수하여 마찰 부위에 반복하여 공급하는 급유법으로 회전식 급유법이라고도 한다. 같은 오일통 속에서 오일을 반복하여 사용하는 자기순환 급유법과 펌프를 이용하여 강제적으로 오일을 순환시켜 급유하고, 도중에 오일을 여과하여 세정 및 냉각하는 장치를 보유하고 있는 강제순환 급유장치가 있다. 최근 기계장치의 자동화가 널리 채택되면서 중앙집중식 윤활급유 시스템에 대한 중요성이 크게 부각되고 있다.

• **자기순환 급유법**

– **오일 순환식 급유법(oil circulating oiling)** : 링, 칼라, 체인 등의 일부를 오일 속에 잠기게 하고 수평축의 회전에 의하여 오일을 축상부로 공급시키는 장치이다. 저속에서는 링 방식을, 중속, 고하중에서는 칼라방식을 채택하며, 저속에서 많은 윤활유를 필요로 하는 경우 또는 오일탱크 유면이 회전축과 떨어져 있는 경우는 체인장식을 이용하고 있다. 링이나 체인방식은 링이나 체인이 회전축에 걸려 있으면서 축 주위를 자유롭게 전동 할 수 있으나, 칼라방식은 회전축에 고정되어 있다. 일반적으로 유지비가 저렴하고, 오일 저장탱크의 유위가 적절하게 유지된다면 급유 신뢰도는 높다. 이들은 주로 전기 모터, 팬(fan), 송풍기, 압축기, 지축(line shaft)용 베어링에 많이 사용되고 있다.

- **비말 급유법**(slash oiling) : 기계의 운동부를 오일탱크 내 유표면에 미접시켜 소량의 오일을 마찰면에 튀게 하여 오일을 공급하는 방법으로 수개의 다른 마찰면을 동시에 급유할 수 있고, 냉각효과도 어느 정도 기대할 수 있다. 사용 예로 공기압축기의 크랭크 케이스, 공작기계의 기어 케이스, 중소형 감속 기어 장치 등이 있다.
- **제트 급유법**(jet oiling) : 노즐을 이용하여 윤활유를 마찰면에 강제 분사시켜 순환 급유하는 방식으로 냉각효과가 크다. 제트엔진의 베어링, 액체 산소용 펌프의 베어링, 초고속, 중속 및 감속용 기어 등에 이용된다.
- **유욕 윤활법**(oil bath oiling) : 유욕 윤활은 저속 및 중속용 베어링에서 많이 사용되고 있는 윤활방법으로 마찰부위가 오일 속에 잠겨 윤활이 이루어지는 방식이나. 베어링이 수평축으로 사용될 경우 정지 시 베어링이 최하위 전동체의 중심 부근까지 유면을 유지할 수 있도록 오일 게이지를 준비하여 유면을 용이하게 점검한다. 유욕 식은 직립형 수력터빈의 추력 베어링, 방적기계의 스핀들, 감속기어, 웜 기어, 구름 베어링 등에 많이 사용되고 있다.

• 강제순환 윤활시스템(oil circulation system)

- 강제순환 윤활방식은 자동화, 시스템화 된 기계장치에서 많이 사용되고 있는 방법이다.
- 강제순환방식은 위에서 설명한 방식과는 달리 펌프를 이용하여 윤활이 필요한 기계가 대이든 여러 대이든 관계없이 모든 마찰 지점에 윤활제를 동시에 공급하고, 윤활적용이 끝난 윤활제는 재사용하기 위하여 펌프로 별도의 저장조에 회수시켜 여과 및 냉각 과정을 거친 후 반복 사용하는 방식이다.

〈강제순환급유장치의 작동원리〉

- 순환급유장치는 탱크에 있는 윤활유를 펌프로서 윤활면에 압송하여 윤활하고, 그 역할을 수행한 윤활유는 다시 탱크에 되돌려 정화 및 냉각시킨 후에 다시 반복 사용하는 급유장치이다.
- 압연기의 베어링, 기어, 대형 전동기, 발전기, 송풍기, 내연기관 등에 많이 사용되고 있다.
- 윤활면에 윤활유를 압송하는 방식에는 윤활유의 중력을 이용한 중력탱크식과 펌프로 압력을 가하여 윤활면에 오일을 강제적으로 주입하거나 노즐에서 분사하여 윤활하는 강제순환방식이 있다.

- 중력 탱크식은 극단적으로 높은 곳에 탱크를 설치할 수 없으므로 송유압력이 작기 때문에 사용상 제한조건이 많다.
- 최근의 설비에서 순환급유장치라 하면 펌프를 사용하여 윤활유를 압송하는 강제 방식을 말한다.
- 작동은 윤활부위에서 발생한 열과 마멸분을 운반하여 윤활유 중에 포함된 고형 이물질은 탱크 내의 침전작용과 필터의 여과작용에 의해 제거하고, 가열된 윤활유의 온도는 탱크의 벽면을 통한 방열작용과 냉각기로 냉각시켜 윤활면에 요구하는 깨끗하고 적정온도인 윤활유를 공급하여 기계의 수명연장을 도모하는 것이다.

〈강제순환급유장치의 특징〉

- 냉각효과가 크고, 윤활부 위에서 발생한 마찰열을 윤활유가 냉각시킨다.
- 금속면의 마멸입자, 윤활유의 열화 생성물, 외부에서 혼입 된 이물질을 제거하고, 깨끗한 윤활유를 장시간 반복 사용할 수 있다.
- 다수의 윤활부위에 적정 유량을 쉽게 배분할 수 있다.
- 기기의 구성이 복잡하기 때문에 충분한 관리가 필요하다. 예를 들면 필터의 청소, 냉각기의 온도관리, 유면 점검, 드레인 조절 작업 등이다.

〈강제순환급유장치의 구성 기기와 관리〉

- 강제순환 윤활시스템은 압력을 이용하여 윤활제를 공급하고 정상적인 운전을 하고 있는지 아니면 고장이 일어났는지 여부를 측정하고 제어하는 기능을 갖고 있다.
- 이 시스템은 상대마찰 운동면에 존재하는 유막이 충분히 유지될 수 있도록 압력을 조절하여 윤활제를 마찰 부분에 원활하게 공급하기 위한 주요 구성요소로 저장조, 펌프, 여과기, 냉각기, 배관, 각종 제어 및 경보장치 등이 있다.
- 강제순환급유장치의 기능을 발휘시키려면 보수관리를 철저히 해야 되며, 다음과 같은 관리상의 주의를 기울여야 한다.

8.4 직동시스템의 윤활

8.4.1 직동시스템의 윤활제

- 무급유 상태에서 사용하게 되면 구름운동부의 마모가 증가하거나 수명이 단축되는 원인이 된다.
- 각 운동부의 마찰을 작게 하고 눌어붙음을 방지하며 마모를 작게 한다.
- 구름면에 유막을 형성시켜 표면에 작용하는 응력을 완화하고 구름 피로수명을 길게 한다.
- 금속표면을 유막으로 덮어 녹 발생을 방지한다.
- 사용 조건에 따르는 윤활을 한다.
- 내부의 윤활유가 조금씩 유출이 되므로 적정시기에 급유를 한다.

8.4.2 윤활의 종류

❑ 그리스나 습동면오일이 사용된다.

❑ 직동시스템의 윤활제 조건

- 유막강도가 강할 것
- 마찰이 작을 것
- 내마모성이 우수할 것
- 열 안정성이 우수할 것
- 부식성이 없을 것
- 방청성이 우수할 것
- 먼지나 수분이 적을 것
- 그리스는 반복 교반 되어도 주도가 크게 변화하지 않을 것

[표 8-4 일반 사용의 윤활제]

윤활제	종 류	상품명
그리스	리튬계 그리스 (JIS 2호) 우레아계 그리스 (JIS 2호)	AFB 그리스(THK) 알바니아 그리스 NO.2 다프니에포넥스 그리스 NO.2, 상당품
오 일	습동면유 또는 터빈유 ISOVG32~68	슈퍼 멀티 32~68 박트라 오일 NO.2S(모빌석유) DT오일(모빌석유) 토나오일(쉘석유), 상당품

[1] AFA 그리스

- AFA 그리스는 고급 합성유를 기본유로 한 우레아계 증주제의 고급 장수명 그리스이다.
- 장수명 그리스(일반 금속 비누기 그리스와 보다 산화안정성이 우수하여 장기간 사용이 가능하다.)
- 넓은 온도 범위의 그리스
  - 넓은 온도 범위(-45℃~+160℃)에서 양호한 윤활성을 가진다.
  - 저온 영역에서 낮은 시동 토오크를 나타낸다.
- 내수성이 우수하다.(수분의 혼입에 의한 영향이 작다)
- 기계적 안정성이 우수하다.(장기간 사용하여도 쉽게 연화(軟化)되지 않는다)

[2] AFB그리스

- 정제광유를 지유로 한 리튬계 증주제의 만능 그리스로서 극압성능 및 기계적 안정성이 우수하다.
- 우수한 극압성

  특수한 첨가제의 작용에 의해 시판하는 만능 리튬계 그리스와 비교해서 내마찰성, 극압성이 대단히 우수하다.
- 우수한 기계적 안정성

  장시간 사용하여도 쉽게 연화되지 않고 기계적인 안정성이 우수하다.

- 우수한 내수성

  수분의 혼입에 의한 연화나 극압성의 저하 등의 물에 대한 영향이 적은 그리스이다.

[3] AFC그리스

- 고급 합성유를 기유로 한 우레아계 증주제. 특수첨가제의 사용으로 내플렛팅 커로전성이 대단히 우수하다.
- 우수한 내플렛팅 커로전성 플렛팅 커로젼에 우수한 효과를 발휘하도록 개발된 그리스이다.
- 장수명의 그리스

  일반 금속비누기계 그리스와 달리 산화안정성이 우수하여 장기간 사용이 가능하고 메인터넌스의 부담이 경감된다.
- 사용 온도 범위가 넓은 그리스

  고급 합성유를 기유로 하고 있어 의 넓은 온도 범위(−54℃~+117℃)에 걸쳐서 양호한 윤활 특성을 나타낸다.

[4] AFE그리스

- 우레아를 증주제로 하고 고급 합성유룰 기유로 하여, 저발진 특성이 대단히 우수한 클린 환경용 그리스이다.
- 저발진 그리스

  종래 저발진용으로서 사용하던 진공 그리스에 비하여 발진량이 적어 반도체, 액성관련 장치 등의 클린룸 내의 사용에 적합하다.
- 장수명 그리스

  일반 금속비누기계 그리스와 달리 산화안정성이 우수하여 장기간 사용이 가능하고 메인터넌스의 부담이 경감된다.
- 사용 온도 범위가 넓은 그리스

  넓은 온도 범위(−40℃ ~ +200℃)에 걸쳐서 양호한 윤활특성을 가진다.
- 화학적 안정성이 우수하다.

  내약품성, 내NOx성, 내방사선성 등의 화학적 안정이 우수하다.

8.4.3 특수 환경에서의 윤활

항상 진동이 작용하는 곳에서의 사용이나 클린룸, 진공 중, 저온, 고온에서의 사용 등 특수 조건에서 사용하는 경우 일반 그리스는 사용이 불가능한 경우가 있다.

[표 8-5 특수환경에서의 윤활제]

사용환경	윤활제의 특성	상품명
고속 운동부	저토오크, 발열 적은 그리스	AFG 그리스(THK) AFA 그리스(THK) NBU15(NOK크류버) 마르템프(協同油脂) 상당품
진 공	불소계 진공용 그리스 또는 오일 (상표에 의해 증기압이 다르다) 주 1)	폼 부린 그리스(아우지먼트) 폼 부린 오밀(아우지먼트) 바리엘터 IEL/V(NOK크류버) 이소플렉스(NOK크류버) 클라이톡스(듀퐁)
클린룸	발진이 매우 적은 그리스	AFF 그리스(THK) AFE 그리스(THK) (상기 전공용 그리스도 사용 가능)
플렛팅 커로젼이 발생하기 쉽거나, 미진동이나, 미소 스트로크 운동을 하는 환경	유막이 쉽게 형성되고 내플렛팅성 뛰어난 그리스	AFC 그리스(THK)
공작기계 등 쿨런트가 비산하는 환경	유막강도가 크고 툴쿨런트에 쉽게 유화되거나 씻겨 나가기 어렵고 방청성이 좋은 정계광유 또는 합성유 내수성 그리스 주 2)	슈퍼 멀티 68(이데미쓰코산) 바크트라 No.2S(모빌석유) 상당품
분무윤활	분무화하기 쉽고 윤활 성능이 좋은오일	

8.4.4 윤활방법

그리스 건, 수동펌프 등에 의해 수동급유 방법과 자동펌프에 의한 강제급유 방법, 오일 베스에 의한 윤활 방법이 있다.

[1] 수동급유 방법

- 직동시스템에 장착되어 있는 그리스 니플에 의해 그리스 건을 사용하여 정기적으로 그리스를 급유하는 것이 일반적이다.
- 급유 장소가 많은 경우에는 집중 배관에 의해 1곳에서 수동펌프로서 정기적으로 급유한다.

注) 그리스에 따라 집중급유 할 경우에는 배관 내부의 점성 저항에 의해 말단부까지 급유되지 않는 경우가 있으므로 그리스의 주도, 배관경을 사용조건에 맞게 선정하여야 한다.

[2] 강제급유 방법

- 자동펌프를 사용하여 일정 간격으로 일정량의 윤활제를 강제 급유하는 방법으로서 윤활제의 회수는 그다지 하지 않는다.
- 배관 등의 윤활설계가 필요하지만 보급을 잊어버려서 윤활이 끊어지는 염려는 없다.
- 주로 오일윤활에서 사용되지만 그리스를 사용하는 경우도 있다.
- 그리스를 사용하는 경우에는 배관경, 그리스의 주도 등의 검토가 필요하다.

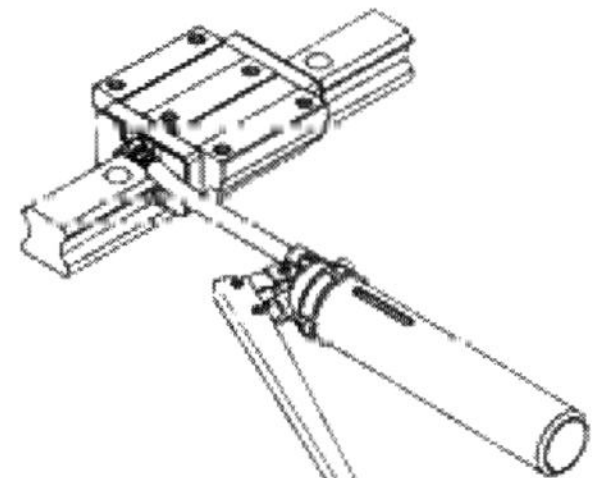

그림 8-3 그리스 건에 의한 급유

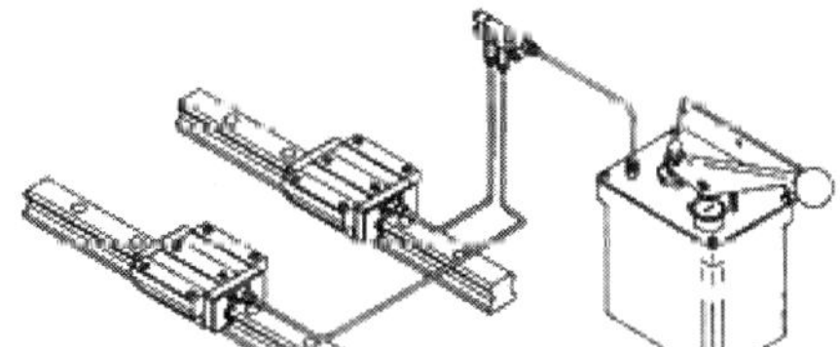

그림 8-4 집중배관에 의한 급유

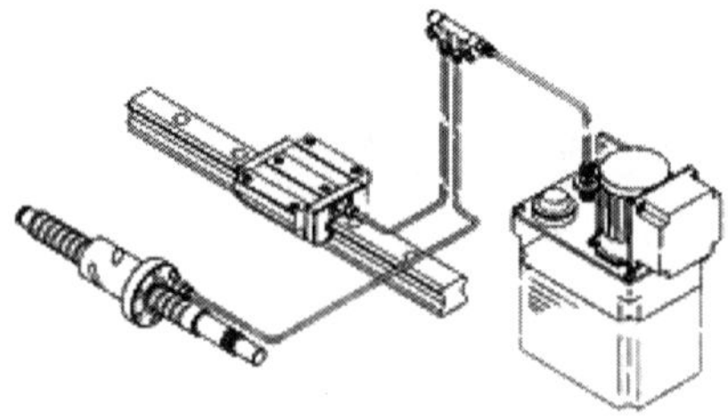

그림 8-5 강재 급유 방법

[3] THK 분무윤활

• 종래의 분무윤활과 달리 전자제어를 이용하여 미크론 포그를 끊임없이 일정하고 정확한 비율로서 직동시스템에 공급하기 때문에 LM블록이나 볼나사 너트 내부가 균일하게 윤활이 된다.

• 종래의 분무윤활과 같이 유온, 외기온도에 의한 점도의 영향이 작기 때문에 외기로 새는 양을 최소화할 수 있다.

• 분무 에어에 의해 냉각되어 고속운동에 의한 발열을 억제한다. 더구나 쿨런트 등의 침입을 방지하고 악환경 하에서도 윤활에 적합하다.

주) 윤활유의 종류에 따라서는 분무화 되기 어려운 윤활유가 있으므로 주의해야 한다.

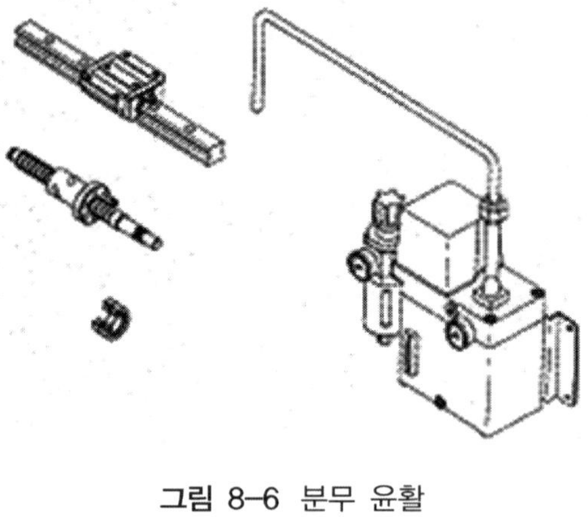

그림 8-6 분무 윤활

8.4.5 급유기간

[1] 그리스 윤활

- 그리스의 급유기간은 사용조건이나 환경에 따라 다르지만 통상적인 사용의 경우 주행거리 100㎞를 기준으로 급유한다.
- 통상 직동시스템에 붙어있는 그리스 니플, 급유 구멍으로 동일계의 그리스를 급유한다.
- 다른 종류의 그리스를 혼합하면 주도의 증가 등의 성능에 지장을 초래할 우려가 있으므로 주의하여야 한다.

[2] 오일 윤활

오일윤활의 경우는 취부 자세가 수평 상태 이외의 경우에서는 오일 순환이 어려운 볼 전동홈이 있어 취부 자세에 적합한 윤활 방법을 가진다.

❑ 일반적인 급유

- 급유량은 스트로크 길이에 따라 변화한다.
  스트로크가 긴 경유에는 급유 빈도를 높이든지 유량을 증량시켜서 스트로크의 끝까지 전동면에 유막이 형성되도록 조정한다.
- 쿨런트 액이 비산하는 곳에서는 윤활유와 쿨런트액이 혼재된 상태에서 사용되므로 쿨런트액이 윤활유를 유화시키거나 씻어내려 윤활성능을 서서히 저하시키는 경우가 있다. 이런 곳에는 점도가 높고(종점도 68 cSt 정도) 항유화성이 높은 윤활유룰 사용하여 윤활빈도 또는 급유량을 증량시켜 조정한다.
- 공작기계와 같이 중하중, 고강성, 하이 스피드를 필요로 하는 경우에는 오일윤활을 권장한다.
- 윤활 배관의 말단부(직동시스템 각 제품의 급유구 취부 부뷴)에서의 윤활유의 토출 확인을 실시하다.

8.4.6 AFC 그리스와 베어링용 그리스의 테스트 데이터

주) 내플렛팅 커로젼의 발생 여부

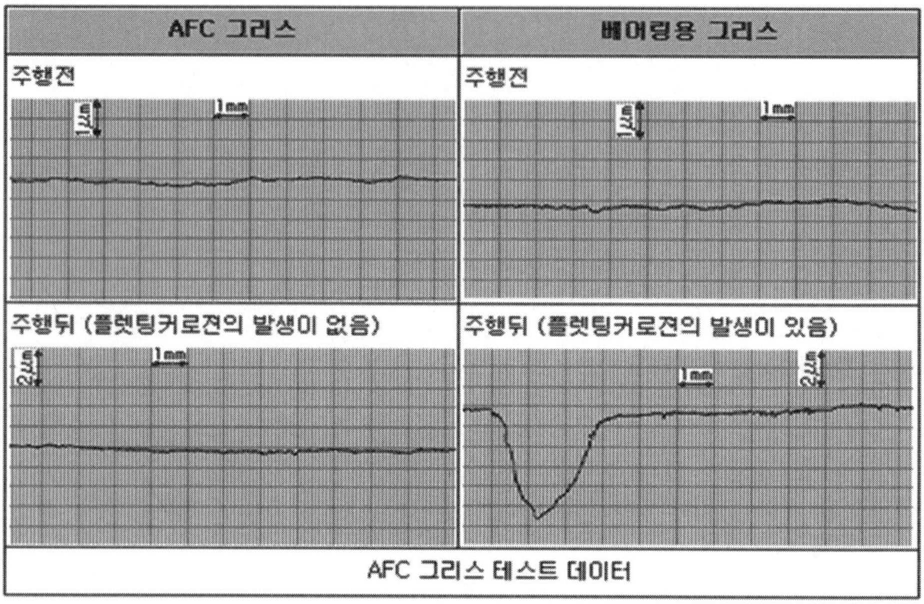

그림 8-7 AFC그리스와 베어링용 그리스의 테스터 데이터

8.5 윤활장치 QZ

윤활장치 QZ는 적시적소에 최소한의 윤활을 공급해주어 메인터넌스 간격을 대폭적으로 연장할 수 있는 윤활장치이다.

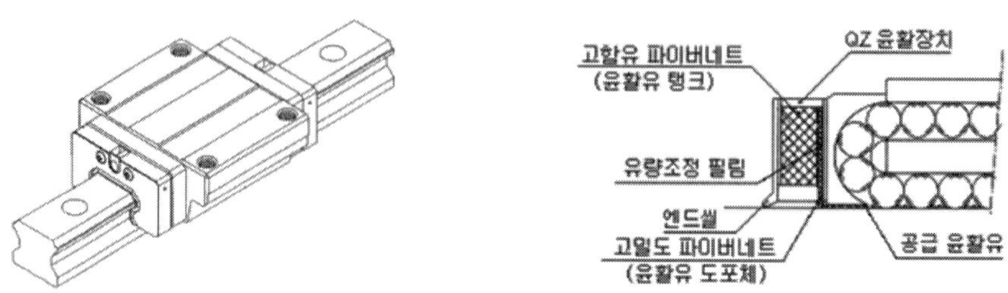

(a) (b)

그림 8-7 LM가이드의 윤활장치 QZ 구조와 명칭

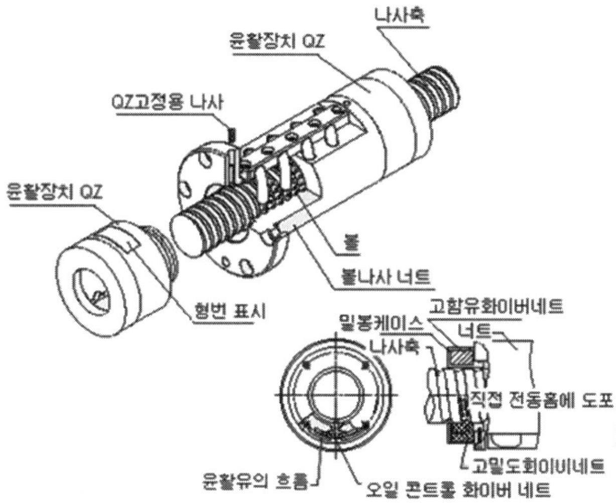

그림 8-8 볼나사의 윤활장치 QZ 구조와 명칭

8.5.1 LM가이드의 QZ

- 윤활 장치 QZ는 함유율이 높은 화이버 네트를 볼 전동홈에 접촉시킴으로써 윤활유를 필요한 곳에 필요한 량을 제공할 수 있는 윤활 시스템이다.
- 메인터넌스 간격의 대폭적인 연장이 가능하며, LM시스템에 있어서 통상 그리스 윤활에서는 주행과 함께 미소량의 유분이 손실된다.
- 윤활 장치 QZ를 장착함으로써 손실된 유분을 보충하여 메인터넌스 간격의 대폭적인 연장이 가능하다.
- 환경 친하적인 윤활 시스템 윤활 장치 QZ는 고밀도 파이버 네트에 의하여 적절한 곳에 적절한 양의 오일을 공급하기 때문에 낭비되는 오일이 없이 환경 친화적인 윤활 시스템이다.
- 사용 용도에 맞는 오일의 설정도 가능(봉입 표준 윤활유 = ISO VG220)

[1] 메인터넌스 기간의 대폭적인 연장

윤활 장치 QZ를 붙임으로 서 경하중역에서 중하중역까지 모든 하중영역에 있어서 메인터넌스 기간의 연장에 효과를 발휘한다.

[2] 용도

- 기계의 배관을 줄이고 싶다.
- 급지 급유 간격을 연장하고 싶고 또는 없애고 싶다.
- 오일만으로 윤활하고 싶다.(그리스 윤활은 피하고 싶다.)
- LM 가이드에 사용하는 그리스나 오일의 낭비를 없게 하고 싶다.
- 기계, 장치의 주변을 오염시키고 싶지 않다.
- ECO 대응의 기계를 검토하고 싶다.

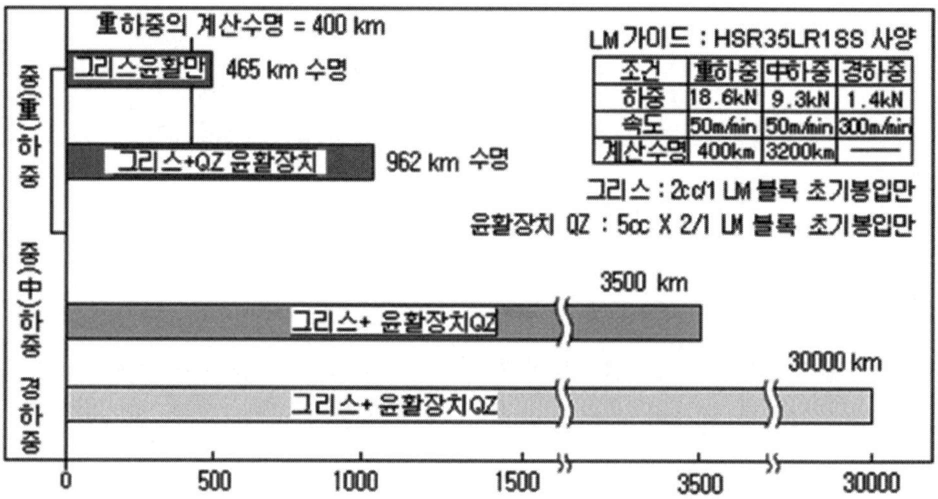

그림 8-8 윤활유 무보급에 의한 LM가이드 주행 시험

[3] 사용상의 주의

❑ 취급 주의

- 본 제품을 떨어뜨리거나 두들기면 파손될 수 있으므로 취급 시에는 충격에 주의한다.
- 유기용제, 백등유 등으로 세정금지
- 개봉한 상태에서 장기간 방치금지
- 그리스 등으로 공기구멍이 막히지 않도록 주의한다.

❑ 사용 온도 범위

사용 온도 범위는 −10~50° C 로 한다.

□ **선정상의 주의**

스트로크는 윤활장치 QZ 부착 LM 블록 전장 이상으로 사용한다.

□ **가이드의 방청에 대하여**

- QZ는 볼의 구름면에 최소한의 윤활유를 공급하는 윤활장치이므로 LM가이드 전체에 방청효과를 가지지 못한다.
- 쿨런트 등이 튀는 악 환경에서 사용되는 경우는 특히 방청대책으로 LM 가이드의 장착 베이스면, 레인단부 등에 그리스 등을 도포하여 방청한다.

8.5.2 볼나사용 QZ

[1] 메인터넌스 간격의 대폭적인 연장

장기간에 걸쳐 오일이 계속하여 공급되므로 메인터넌스 간격을 대폭적으로 연장할 수 있다.

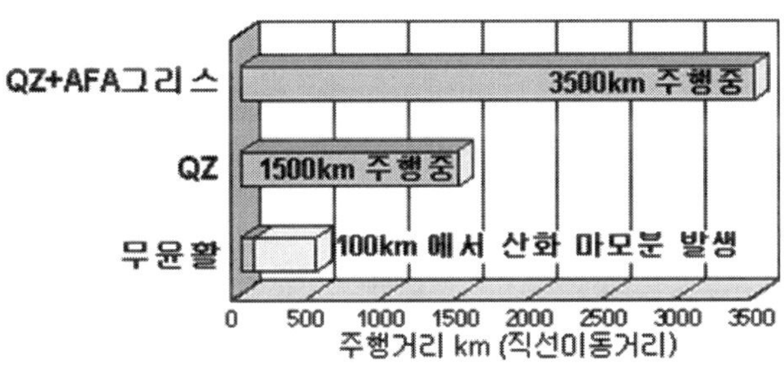

볼나사	BIF2505-5
회전수	3000rpm
스트로크	500mm
하 중	0.46kN (내부 예압에 의함)

그림 8-9 윤활장치 QZ의 사용 비교

[2] 환경 친화적인 윤활시스템

적절한 유량을 구름면에 직접 공급하므로 윤활유를 낭비 없이 유효하게 사용할 수 있다.

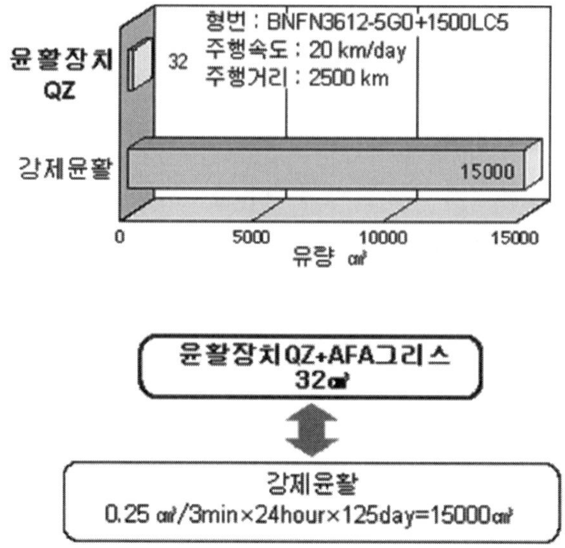

그림 8-10 QZ의 사용과 윤활유량의 비교

[3] 필요한 유량을 필요한 곳에 공급

접촉하는 구름면에 직접 도포부(립)가 접촉하고 있다.

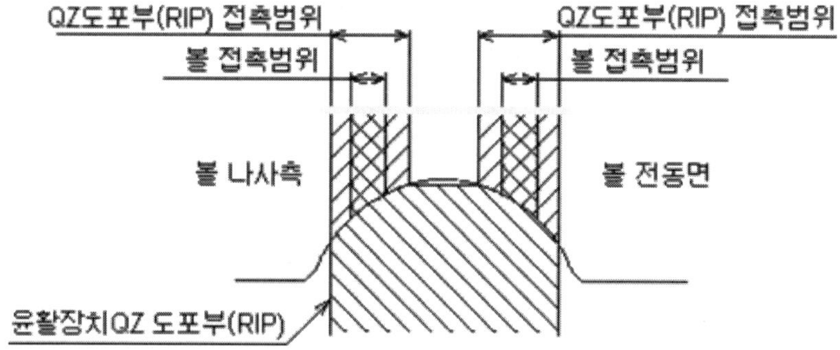

그림 8-11 윤활장치 QZ의 사용과 볼의 접촉

[4] 호칭 형번의 구성

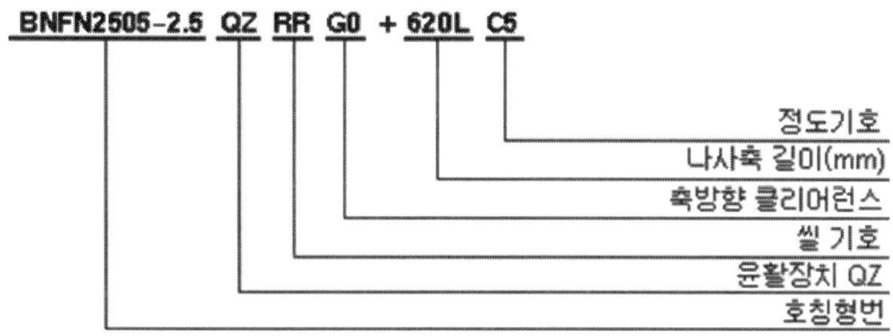

그림 8-12 윤활장치 QZ의 호칭 형번

[5] 선정상의 주의점

- 스트로크는 QZ + 너트길이 이상으로 사용한다.
- 구동방식은 축 회전으로 사용한다.
- 기본자세는 립부가 밑으로 되도록 장착하는 것을 권장한다.(립부는 형번 표시의 반대측에 있다)
- 오버런에 의해 QZ가 직접 부딪히지 않도록 메카스톱퍼를 설치한다.

[6] 사용상의 주의 (LM가이드 QZ와 동일하다)

[7] 형식

(BNFN형 치수표) (BNF형 · BIF형 · BTK형 · DK형 · DIK형 치수표)

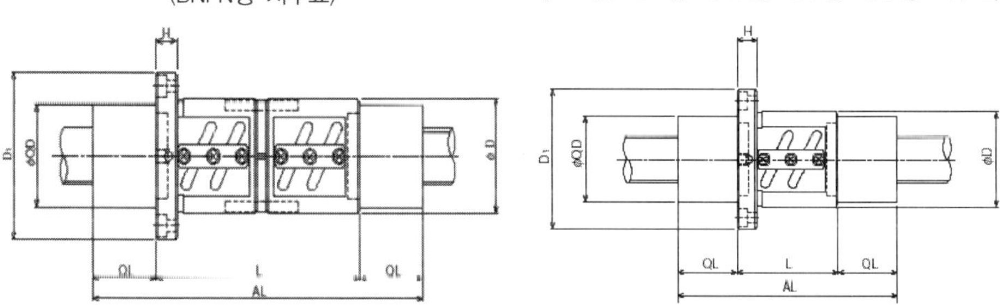

그림 8-13 볼나사 QZ의 형식

8.6 구름 베어링의 윤활

8.6.1 윤활의 정의와 목적

[1] 윤활의 정의

"상대 운동하는 두 물체 사이에 어떤 물질을 개입시켜 그 운동을 원하는 만큼 원활하게 하는 작용"

[2] 윤활의 목적

- **마찰 및 마모의 감소** : 베어링 구성하는 궤도륜, 전동체 및 리테이너의 상호 접촉하는 부분에 있어서 금속 접촉을 방지하고 마찰, 마모를 줄인다.
- **피로수명의 연장** : 베어링의 구름 피로수명은 회전 중의 구름 접촉면이 충분히 윤활되어 있을 때 길어진다. 역으로 오일의 점도가 낮고, 윤활 유막의 두께가 불충분한 경우에는 짧아진다.
- **마찰열의 방출, 냉각** : 순환급유법 등에서는 마찰에 의해 발생한 열 또는 외부로부터 전해지는 열을 오일에 의해 방출 냉각해서 베어링의 과열을 방지하고 윤활유 자체의 열화를 방지한다.
- **기타** : 베어링 내부에 이물질이 침입하는 것을 방지하고 또는 녹이나 부식의 발생을 막는 효과도 있다.

[3] 구름베어링의 윤활

- 구름 베어링 윤활의 목적은 베어링 내부의 마모, 마찰, 열 발생을 줄이고, 용착을 방지하는 것이다.
- 구름과 미끄럼 운동을 수반하므로 소음, 마모, 열이 발생하며, 이를 방지하기 위하여 오일이나 그리스로 윤활을 하며 특별한 경우에는 고체 윤활제를 사용하기도 한다.
- 윤활제의 양과 종류는 운전속도, 온도, 환경 등에 의해 선정되며, 수명이 다 되었거나 오물의 침입으로 더러워진 윤활제는 그 성능도 떨어지므로 적절한 간격의 기간에 교환, 재급유하여야 한다.

8.6.2 윤활의 방법

- 베어링의 윤활법은 그리스 윤활과 오일윤활로 크게 나뉜다.
- 베어링의 기능을 충분히 발휘시키기 위해서는 사용조건, 사용목적에 보다 적합한 윤활법을 사용한다.
- 오일윤활이 우수하지만 그리스 윤활은 베어링 주변의 구조를 간략화할 수 있는 장점이 있다.

8.6.3 그리스 윤활

[1] 윤활 그리스

- 그리스는 윤활유 중에 기유, 증주제 및 첨가제로 구성되는 반고체상 또는 고체상으로 한 것이다.
- 특수한 성질을 내는 다른 성분이 함유된 경우도 있다.
- 종류별로 그 특성이 다를 뿐만 아니라, 같은 종류의 그리스라도 상표(제조자별)에 따라서도 그 성능의 차이가 크므로 선정 시 주의를 요한다.

❑ 기유(base oil)

- 그리스의 기유는 광유 또는 실리콘유 및 에스테르유 등과 같은 합성유가 사용된다.
- 그리스의 윤활성능은 주로 기유의 윤활성능에 의해 결정되므로 윤활유를 선정할 때와 같이 기유의 점도와 성능을 중시해야 한다.
- 일반적으로 저온 혹은 고속에서는 낮은 점도의 기유로 한 그리스가 적합하고 고온 혹은 고하중에는 높은 점도의 기유로 한 그리스가 적합하다.
- 그리스에서는 증주제도 윤활성능에 관계하므로, 윤활유와 동일하게 취급하는 것은 어려우나 그리스의 성능을 참고하여 선택을 잘한다.

❑ 증주제

- 윤활 그리스의 증주제로는 각종 금속비누 외에 실리카겔, 벤토나이트 등의 무기질 증주제와 폴리우레아, 불소화합물 등의 내열성유기질 증주제가 쓰인다.

• 증주제와 그리스의 적점과는 밀접한 관계가 있고 적점이 높은 그리스는 사용 가능 온도가 높다. 그러나 고적점 증주제를 사용하여도 기유의 내열성능이 낮으면 최고 사용 가능 온도도 낮아지게 된다.

• 그리스의 내수성은 증주제의 내수성에 의해 결정될 수 있다.

• 나트륨 비누가 그리스와 나트륨 비누를 함유한 혼합기 그리스는 물 접촉이나 습도가 높은 곳에 사용하면 유화될 수 있으므로 수분과 접촉하는 곳에 사용하는 것은 부적합하다.

❑ 첨가제

• 그리스에는 필요에 따라 산화방지제, 방청첨가제, 극압첨가제 등이 첨가되어 있다.

• 큰 하중과 충격하중을 받는 사용조건에는 극압첨가제가 첨가된 그리스를 사용한다.

• 장기간 재급유하지 않는 경우에는 산화방지제가 첨가된 그리스를 선정한다.

❑ 주 도

• 주도는 그리스의 굳음 정도를 나타내는 것으로, 사용 중의 유동성을 나타내는 기준이 된다.

• NLGI(National Lubricating Grease Institute)가 정하는 주도등급으로 표시하며, 구름베어링에 사용하는 그리스는 보통 NLGI 주도 번호 2,3이다.

[표 8-6 그리스의 주도와 용도 및 사용조건]

주도번호(NLGI)	0호	1호	2호	3호	4호
주 도	385 ~ 355	340 ~ 310	295 ~ 265	250 ~ 220	205 ~ 175
사용조건 및 용도	집중급유용 후렛팅이 일어나기 쉬운 경우	집중급유용 저온용 후렛팅이 일어나기 쉬운 경우	일반용 밀봉형 볼 베어링	일반용 밀봉형 볼 베어링 고온용	고온용 그리스로 밀봉하는 경우

주) 주도 : 규정무게의 원추가 그리스에 침투하는 깊이(1/10 mm 단위)를 표시하며 수치가 클수록 연하다.

8.6.4 그리스의 주입

[1] 그리스의 주입량

- 그리스의 주입량은 하우징의 구조, 공간 용적, 그리스의 종류, 주위 환경 등에 따라 다르지만 일반적으로 밀봉형 볼 베어링의 경우 주입가능 용적의 30% ~ 50%를 채운다.
- 보통의 구름베어링에서 그리스 주입량은 축의 회전수에 따라서도 다르게 선정하는 것이 좋다.
- 하우징 내에서 축과 베어링을 제외한 공간 용적에 대한 그리스 주입량의 비율은 축의 회전수가 허용 회전수의 50% 이하일 때 1/2~2/3, 50% 이상일 때 1/3~1/2이다.
- 온도 상승을 피하여야 하는 공작 기계 주축용 베어링 등에는 조금 적게 주입한다.
- 그리스를 많이 주입하면 어느 속도 이상에서 온도가 급격히 증가하지만, 저속에서는 오히려 부식 방지, 밀봉의 효과를 볼 수 있다.

[2] 그리스의 재주입

- 재주입할 때는 새것과 기존의 것이 혼합될 수 있는지를 잘 검토한다.
- 서로 혼합되지 않는 그리스를 주입하면 주도 변경이나 최대 허용 속도의 감소가 일어날 수 있다.
- 증주제가 같고 기유가 비슷한 그리스는 서로 혼합될 수 있다. 그러나 동종이 아니면 혼합이 되더라도 성능이 저하될 수 있다.

[3] 그리스의 재주입 간격

- 재주입 간격은 베어링의 형식, 크기, 사용 온도, 속도, 그리스의 종류 등에 따라 달라진다.
- 전 시간으로 나타내었다 이 그림은 베어링의 온도가 70℃이하일 경우에 적용한다. 베어링의 운전 온도가 70℃이상일 경우 15℃ 오를 때마다 주입 간격을 반감하면 된다.

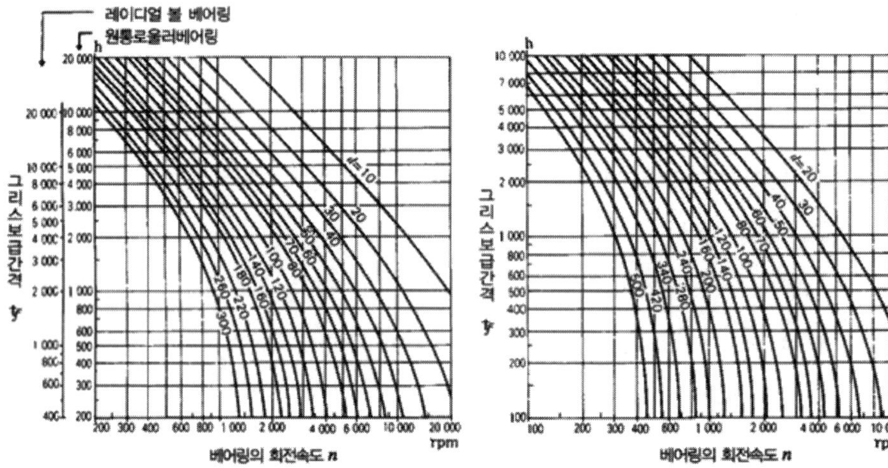

(1) 레이디얼 볼 베어링 · 원통 로울러 베어링

(2) 테이퍼 로울러 베어링 · 자동조심 로울러 베어링

그림 8-14 그리스의 재주입 간격과 운전 시간

[4] 밀봉형 볼 베어링에서의 그리스 수명

그리스를 주입하여 시일 또는 금속 실드로 밀봉한 단열 깊은 홈 볼 베어링의 그리스 수명은 다음과 같이 추정식으로 표시된다.

• 범용 그리스(1)의 경우

$$\log t = 6.54 - 2.6 \frac{n}{Nmax} [0.025 - 0.012] \cdot T \frac{n}{Nmax}$$

• 광범위용 그리스(2)의 경우

$$\log t = 6.12 - 1.4 \frac{n}{Nmax} [0.018 - 0.006] \cdot T \frac{n}{Nmax}$$

주) 광유계 그리스(범용 그리스) : −10~110℃ 정도로 사용된다.
합성유계 그리스(광범위용 그리스) : −40~130℃ 정도의 넓은 온도 범위에서 사용된다.

여기서, t : 평균 그리스 수명(hours)
n : 베어링의 회전 속도(rpm)
Nmax : 그리스 윤활 경우의 허용 회전 속도(rpm)
T : 베어링의 운전 온도(℃)

위 식은 아래의 범위에 있을 때 잘 적용되며 이 범위를 벗어나면 달라진다. 또한 소형 베어링에서는 중, 대형 베어링에 비해 수명이 같다.

• 베어링의 회전 속도 n

$$0.25 \leq \frac{n}{Nmax} \leq 1 \qquad \frac{n}{Nmax} < 0.25 \text{ 일 때는 } \frac{n}{Nmax} = 0.25 \text{ 로 한다.}$$

• 베어링의 운전 온도

– 범용 그리스의 경우 40℃ ≤ T ≤ 120℃

– 범위용 그리스의 경우 40℃ ≤ T ≤ 140℃로 한다.

• 베어링의 하중은 기본 동 정격 하중Cr의 1/10정도 또는 그 이하로 한다.

8.6.5 오일 윤활

[1] 오일 윤활유

• 하중 성능이 높고 산화 안정성 및 방청성이 우수하도록 고도로 정제된 광유 또는 합성유가 쓰인다.

• 윤활유는 베어링의 운전 온도에서 적정한 점도가 되도록 선정하는 것이 중요하다.

• 점도가 낮으면 유막 형성이 미약하여 마모 및 타 붙음이 일어나기 쉬우며, 너무 높으면 동력 손실, 열 발생이 크다.

• 유막의 형성에는 베어링의 회전 속도도 관계되므로 고속, 저하중이면 점도가 낮은 윤활유를 쓰고 저속, 고하중이거나 대형 베어링에서는 높은 점도의 것을 선정한다.

• 일반 운전 시 그 운전 온도에서의 최소 점도는 〈표 8-7〉의 점도 이하로 되지 않도록 해야 한다.

[표 8-7 베어링의 형식과 윤활유의 필요 최소 점도]

베어링의 형식	운전시의 동점도(cSt)
볼 및 원통 로울러 베어링	13 cSt 이상
테이퍼 로울러 베어링, 자동조심 로울러 베어링	20 cSt 이상
스러스트 자동조심 로울러 베어링	32 cSt 이상

[2] 윤활유의 선정

- ISO에서 규정한 점도 등급(viscosity Grade)을 기준으로 하고 점도 지수(viscosity Index)를 참고하면 편리하다.
- 일반적으로 윤활유의 온도가 10℃ 증가할 때마다 점도는 반감되지만 점도 지수에 따라 다르다.
- ISO점도 등급은 그 윤활유가 40℃ 일 때의 동점도(cSt)를 나타내는 수치이므로 베어링의 사용 온도에서의 윤활유를 선정할 수 있다.

[표 8-8 베어링 사용 조건과 윤활유의 선정 예]

운전온도	회전속도	경하중 또는 보통하중	고하중 또는 충격하중
−30℃ ~ 0℃	허용회전수까지	ISO VG 15, 22, 32(R)	−
0 ~ 50℃	허용회전수의 1/2까지	ISO VG 32, 46, 68(B, T)	ISO VG 46, 68, 100(B, T)
	허용회전수까지	ISO VG 15,22,32(B, T)	ISO VG 22, 32, 46(B, T)
	허용회전수 이상	ISO VG 10, 15, 22(B)	−
50 ~ 80℃	허용회전수의 1/2까지	ISO VG 100, 150, 220(B)	ISO VG 150, 220, 320(B)
	허용회전수까지	ISO VG 46, 68, 100(B, T)	ISO VG 68, 100, 150(B, T)
	허용회전수 이상	ISO VG 32, 46, 68(B, T)	−
80 ~ 100℃	허용회전수의 1/2까지	ISO VG 320, 460(B)	ISO VG 460, 680(B, G)
	허용회전수까지	ISO VG 150, 220(B)	ISO VG 220, 320(B)
	허용회전수 이상	ISO VG 68, 100(B, T)	−

비 고 : 1. 허용 회전수는 치수표의 허용회전수 참조
2. ISO VG : ISO 점도 등급(Viscosity Grade)
3. R : 냉각기유, B : 베어링유, T : 터빈유, G : 기어유
4. 운전온도가 −30℃이하이거나 110℃이상이면 별도의 확인요함

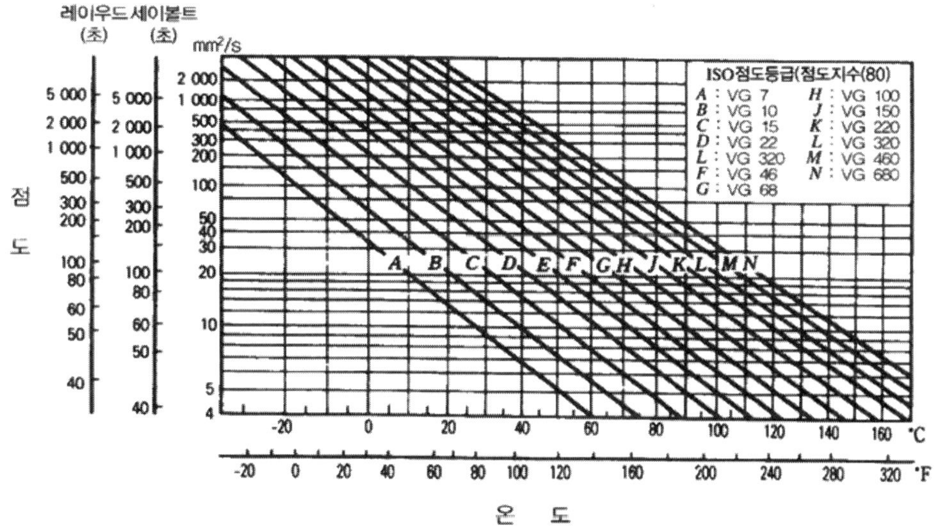

그림 8-15 윤활유의 점도와 온도와의 관계

[3] 윤활유의 재급유

- 윤활유의 재급유 시에는 그리스와 같이 다른 제품과 혼합을 하지 말아야 한다.
- 교환 주기는 사용 조건, 사용 유량에 따라 다르나 일반적으로 50℃이하이고 먼지 등이 적은 양호한 환경이면 년 1회 정도 교환하면 되지만 100℃정도의 운전 온도면 3개월 또는 그 이내에 한 번씩 교환해 준다.
- 수분, 먼지 등이 침투하는 환경이면 윤활유 교환주기는 더욱 짧아진다.
- 가장 적당한 교환 기간은 사용 경험으로 결정하는 것이 좋으나, 윤활유의 오염, 변색 등의 상태는 정기적으로 점검해야 한다.

[4] 오일 윤활의 방법

❑ 유욕법(油浴法, oil bath method) (a)

- 저속, 중속 회전에 많이 사용되며 가장 일반적인 윤활 방식이다.
- 유면은 원칙상 가장 낮은 위치에 있는 전동체의 중심에 위치하도록 한다.
- 유면의 위치는 오일 게이지(Oil Gauge)를 사용하여 쉽게 확인할 수 있도록 한다.

❑ 적하급유법(滴下給油法, oil droplet method) (b)

- 비교적 고속 회전인 소형 베어링 등에 많이 사용되는 방법이다.

- 기름통에 기름이 저장되어 있어 일정한 양만큼씩 떨어지게 되고 떨어지는 유량은 조절할 수 있게 되어 있다.

❑ 비산급유법(飛散給油法, splash oil lubrication) (c)

- 베어링을 직접 기름 속에 담그지 않고 옆에 있는 치차나 회전 링(ring)에 의해 기름을 튕겨 날려서 윤활하는 방법으로서 자동차 변속기나 치차 장치 등에 쓰인다.

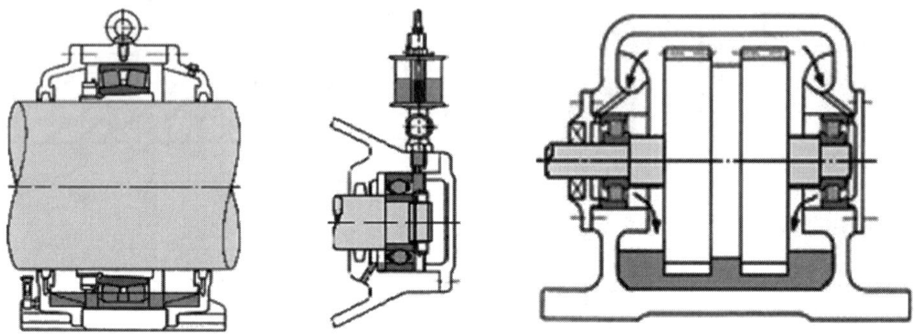

(a) (b) (c)

그림 8-16 오일 윤활유 방법(1)

❑ 순환급유법(循環給油법, oil circulation)

- 고속 회전이어서 베어링 부분을 냉각할 필요가 있는 경우, 베어링 주위가 고온인 경우에 많이 적용한다.
- 급유 파이프로 급유되고 배출 파이프로 배출되어 냉각된 후 펌프에 의해 다시 급유된다.
- 베어링 안의 기름에 배압이 걸리지 않도록 배출 파이프의 직경은 급유 파이프보다 큰 것을 사용한다.

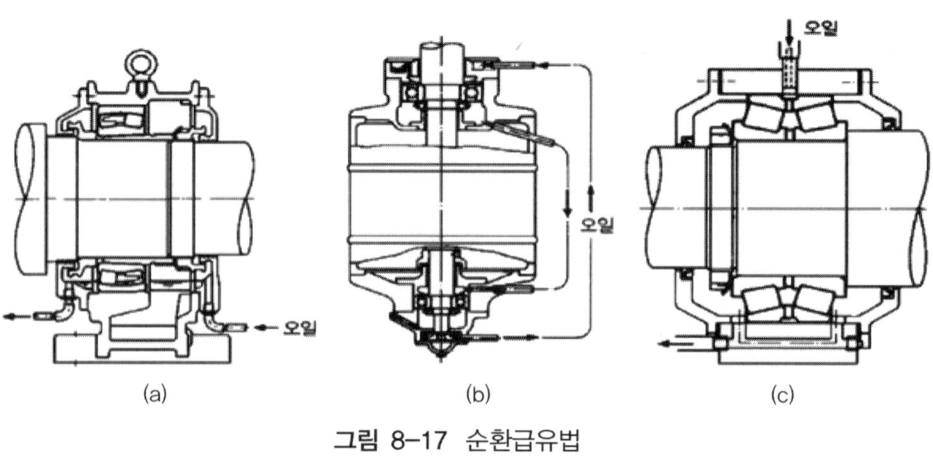

(a) (b) (c)

그림 8-17 순환급유법

❑ 제트급유법(jet lubrication)

- 고속 회전에 많이 적용하며, 1개 이상 수개의 노즐로부터 일정 압력의 윤활유를 분사시켜 베어링 내부를 관통시킨다.
- 일반적인 제트 윤활의 예로 내륜과 리테이너와의 안내면에 윤활유가 분사된다.
- 고속인 경우 베어링 부근의 공기가 베어링과 같이 회전하여 공기벽을 만들기 때문에 노즐로부터의 윤활유 분출 속도는 내륜 외경면 원주 속도의 20% 이상이 되어야 한다.
- 동일한 유량에 대해서 노즐 수가 많아서 냉각이 균일하고 효과도 크다.

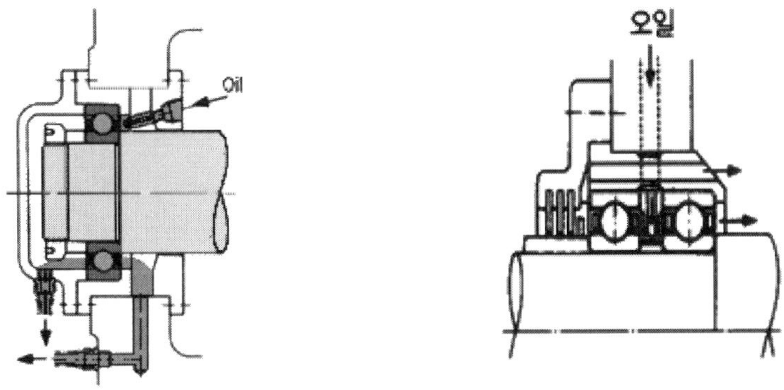

(a) (b)

그림 8-18 제트급유법

❑ 분무급유법(oil mist lubrication)

- 무 급유는 공기에 윤활유를 안개상으로 만들어 베어링에 불어넣는 윤활 방법이다.
- 윤활유가 소량이기 때문에 교반 저항이 작아 고속 회전에 적합하다.
- 베어링에서 누출되는 유량이 적기 때문에 설비와 제품의 오염이 적다
- 항상 새로운 윤활유를 공급할 수 있어 베어링의 수명을 길게 할 수 있다.
- 공작 기계의 고속 스핀들, 고속 회전 펌프, 혹은 압연기롤, 네크용 베어링 등의 윤활에 사용된다.

❑ 오일에어급유법

- 미량의 윤활유를 정량 피스톤으로 간헐적으로 내뿜고, 혼합밸브에 의해 압축공기 중의 윤활유를 서서히 빼내고 연속적인 흐름으로 베어링에 공급하는 윤활법이다.
- 오일의 미소정량관리가 가능하므로 최적 유량으로 관리할 수 있으며, 발열이 적어 고속회전에 적합하다.

• 미량의 오일이 연속적으로 공급되기 때문에 베어링 온도가 안정된다.
• 오일은 급유관 벽면을 통하여 흘러가기 때문에 분위기 오염이 매우 적다.
• 항상 새로운 오일이 베어링에 보내어지기 때문에 오일의 열화를 걱정하지 않아도 된다.
• 스핀들 내부에 압축공기가 항상 보내어지므로 스핀들의 내압이 높고 외부로부터의 먼지나 절삭액이 침입하기 어렵다.(고속회전의 공작기계 주축에 많이 이용)

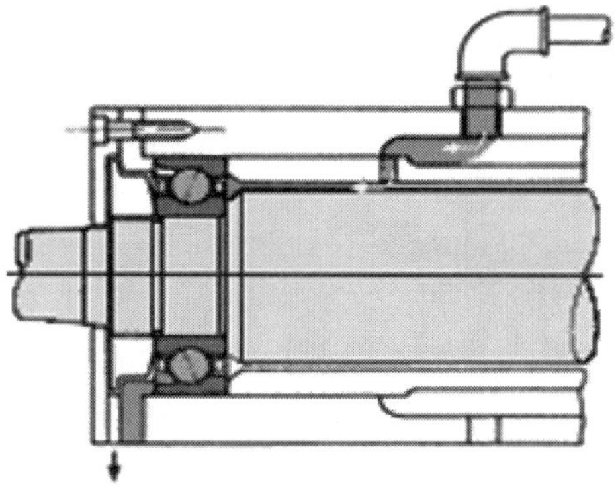

그림 8-19 분무급유법

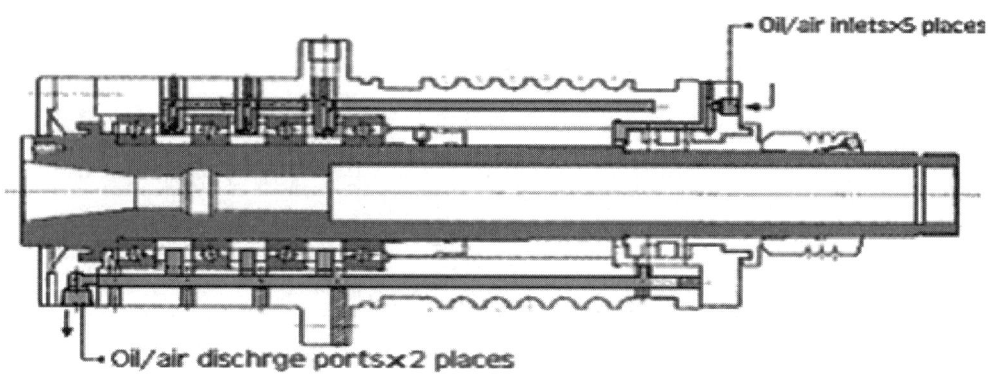

그림 8-20 오일에어급유법

형식	시일의 구조	명칭	시일의 특징 및 선정시의 주의점	
비접촉 시일	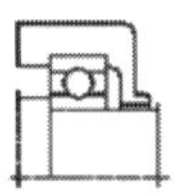	**틈새 시일**	가장 간단한 시일형식으로 레이디얼 방향의 틈새를 작게하여, 시일을 형성하고 있다.	선정시의 주의 ·밀봉효과 가능한한 작 접촉하지 않게끔 축의 강성, 베 주의한다.
	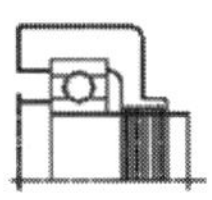	**오일 홈 시일** 하우징 측에 오일 홈 가공	동심의 오일 홈을 하우징 내경에 가공하여 밀봉효과를 높이는 시일형식. 오일 홈에 유지되는 윤활제가 외부로부터의 이물질 침입을 방지하는데 좋다.	오일의 틈새 (참고) — 아래 표 참조
	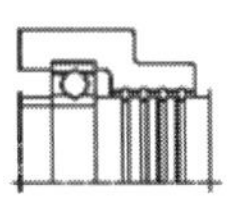	**오일 홈 시일** 축과 하우징 측에 오일 홈 가공	동심의 오일 홈을 축 외경과 하우징 내경 양쪽에 가공하여 밀봉효과를 높이는 시일 형식	·오일 홈의 폭 및 깊이(참고) 오일 홈의 폭 : 2~5mm 깊이 : 4~5mm ·오일 홈 수는 3개 이상으로 한다. ·오일 홈에 주도 150~200 정도의 그리스를 충전하면 밀봉효과는 더욱 기대된다. ·이 형식의 밀봉장치는 그리스 윤활로서, 저속 회전의 용도를 경우가 많다.
	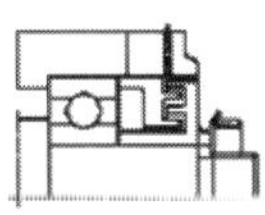	**액시얼 래비린스 시일**	래비린스 통로를 액시얼 방향으로 형성한 시일 형식	선정시 주의 ·밀봉효과를 높이기 위해 위차여 래비린스 통로의 틈새는 가능한한 작게 한다. 단, 운전중에 래비린스 날개끼리 접촉하지 않게끔 축의 강성, 베어링의 강성과 끼워맞
	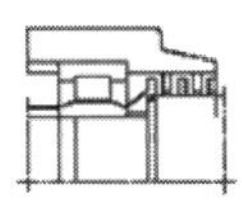	**레이디얼 래비린스 시일**	래비린스 통로를 레이디얼 방향으로 형성한 시일 형식, 상하의 2분할 하우징에 사용된다. 액시얼 래비린스 시일보다 밀봉성이 좋다.	래비린스 틈새 (참고) — 아래 표 참조
	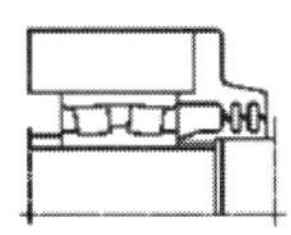	**얼라이닝 래비린스 시일**	래비린스 통로를 경사지게 형성한 시일 형식, 축이 하우징에 대하여 중심이 맞지 않더라도, 래비린스 날개가 접촉하지 않을 정도의 틈새가 설정되어 있다.	·래비린스 통로에 주로 150~200 정도의 그리스를 충전하면, 밀봉효과는 더욱 기대된다. ·이 형식의 밀봉장치는 고속회전의 용도에 사용된다.

오일의 틈새 (참고)

축경 mm	틈새 mm
50 까지	0.2~0.4
50 이상	0.5~1.0

래비린스 틈새 (참고)

축경 mm	틈새 mm	
	레이디얼방향	액시얼방향
— 50	0.2~0.4	1.0~2.0
50~200	0.5~1.0	3.0~5.0

형식	시일의 구조	명 칭	시일의 특징 및 선정시의 주의점	
비접촉 시일	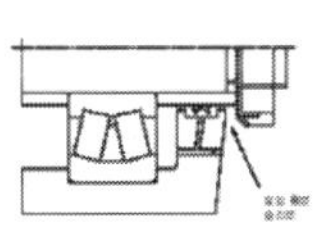	**오일 플브 슬리브**	축을 통해 나온 하우징 속의 윤활제가 튀는 방지하기 위하여, 돌기가 부착된 시일 형식	선정시의 주의 ·회전축에 조립된 슬링거의 원심력을 이용하는 시일 형식이다. ·하우징 내부에 조립된 경우, 그 회전에 의한 원심력으로 윤활제의 일■ ·이 형식의 밀봉장치가 않을 경우, 다른 밀봉장치와 병용된다.
	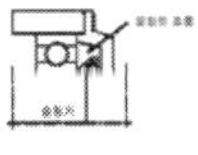	**하우징 내부에 설치된 슬링거**	슬링거를 하우징 안에 설치하여, 그 회전에 의한 원심력으로 윤활제의 누출을 방지하는 시일 형식.	
	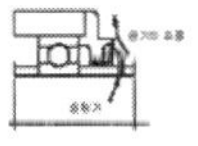	**하우징 외부에 설치된 슬링거**	슬링거를 원심력으로 이물질을 떨어내는 시일 형식	

형식	시일의 구조	명 칭	시일의 특징 및 선정시의 주의점
접촉시일	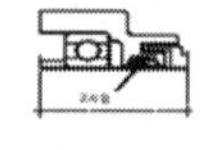	Z 시일	단면 형상이 Z 타입으로 된 접촉 시일이며, 공간부분에 그리스를 충전한 시일 형식. 롤러의 롤축(하우징)에 자주 사용되는 시일 형식.
	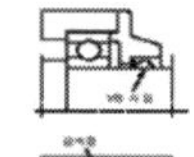	V형 시일	시일 립을 시일 면의 박시일 애를 방향으로 접촉시켜, 밀봉효과를 높이는 시일 형식. 또, 원심효과에 의해, 이물질과 액체를 배출시키는 효과도 있다. 오일윤활, 그리스 윤활에 모두 사용할 수 있다. 둘속이 12m/s 를 초과할 경우에는 원심력 때문, 시일 립의 긴섬방을 일을 수 있기 때문, 고정 밴드에 의한 고정이 필요하다.
	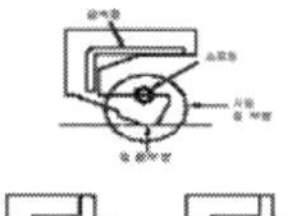 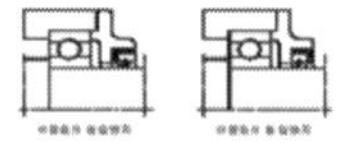	오일 시일	오일 시일은 접촉시일로서 일반적으로 사용되고 있기 때문, 형식과 치수가 JIS B 2402에 표준화되어 있다. 오일 시일의 시일 립 부분에는 링 형상의 스프링이 조립되어 있으며, 이것에 의해 립 끝부분이 축의 표면에 눌려져, 밀봉효과를 높인다. 베어링과 오일 시일이 근접해 있을 경우, 오일 시일의 발열에 의해, 베어링의 내부틈새가 과소해질 경우가 있다. 원주속도에 의한 오일 시일의 발열에 주의하여 베어링 내부틈새를 선정한다. 시일의 방향에 따라, 윤활제의 누출방지와 외부로부터의 이물질 침입방지, 2가지 효과를 갖는다.

선정시의 주의점

축의 표면 거칠기 (참고)

원주속도 m/s	표면 거칠기 Ra	표면 거칠기 Rmax
~ 5	0.8a	3.2s
5~10	0.4a	1.6s
10~	0.2a	0.8s

축의 재료 (참고)

재 료	기계구조용강 저탄소 합금강 스텐레스 강
표면경도	HRC40 이상 필요 HRC55 이상이 바람직하다.
마 무 리 방 법	이송시키지 않는 연삭 마무리 또는 경질 크롬 도금후 버프 마무리

시일 형식과 재료의 허용원주속도와 허용온도 (참고)

시일형식과 재료		허용 원주속도 m/s [illegible] /60000	허용온도 ℃
오일 시일	니트릴 고무	16 이하	-25~+120
	아크릴 고무	26 이하	-15~+150
	불소 고무	32 이하	-30~+200
Z 시일	니트릴 고무	6 이하	-25~+120
V형	니트릴 고무	40 이하	-25~+120

제 9 장 도면 기초

9.1 공업 규격(KS)

9.1.1 제도의 관련 규격(KS)

[표 9-1 KS 제도규격]

규격 번호	표시 내용	규격 번호	표시 내용
KS A 0005	제도 통칙	KS B 0002	기어 제도
KS A 0106	도면의 크기 및 양상	KS B 0003	나사 제도
KS A 0107	제도에 사용하는 문자	KS B 0004	구름 베어링 제도
KS A 0108	제도에 있어 치수의 허용한계 기입법	KS B 0005	스프링 제도
KS A 0109	제도상 사용하는 선	KS B 0052	용접 기호
KS A 0110	제도에 사용하는 척도	KS B 0242	최대 실체 공차 방식
KS A 0111	제도에 사용하는 촬영법	KS B 0243	기하 공차를 위한 데이텀
KS A 0112	제도에서의 도형의 표시 방법	KS B 0608	기하 공차의 도시 방법
KS A 0113	제도에서의 치수 기입 방법	KS B 0610	표면 파상도
KS A 3007	제도 용어	KS B 0617	표면 결 도시 방법

9.1.2 일본 공업 관계 규격 일람

[표 9-2 일본 공업 규격]

약호명	규격 및 협회명	약호명	규격 및 협회명
AIS	일본운반차량기기공업회	IL	일본조명기구공업회
BAS	일본베어링공업회	JIRES	일본방사선공업기술회
BIA	일본자전차진흥회	JIS	일본공업규격
BTS	일본방송협회	JIVAS	일본산업차량협회

약호명	규격 및 협회명	약호명	규격 및 협회명
CES	전자기계공업회	JMA	일본마이크로사진협회
CESM	통신기계공업회	JMAS	일본정밀측정기기공업회
CIS	초경공구협회	JMS	일본영화기계공업회
EIMS	전기절연재료공업회	JPI	석유학회
FIJ	日本나사工業協會	JPS	일본도장공업회
HASS	空氣調和衛生工學會	JRS	일본국유철도
HPIS	일본고압력기술연구회	JSMA	일본스프링공업회
JARI	일본철도차량공업협회	JTM	일본공구공업회
JAS	일본농림규격협회	JWWA	일본수도협회
JASO	자동차기술회	LIS	경금속협회
JASS	일본건축학회	MAS	일본공작기계공업회
JBMA	일본소형공작기계협회	NDIS	일본비파괴검사협회
JCIS	일본사진기공업회	NDS	방위청
JCS	일본전선공업회	NIK	일본주물협회
JCVA	일본고압가스용기밸브공업회	NK	일본해사협회
JEC	일본전기학회전기규격조사회	OHS	일본유압공업회
JEL	일본전구공업회	SHK	신호보안협회
JEM	일본전기공업회	SM	일본반박용공업회
JES	일본표준규격	SRIS	일본고무협회
JFA	일본플루오르화학협회	SRS	일본조선연구협회
JGMA	일본기어공업회	WES	일본용접협회

9.2 치수 기입법

- 치수(dimension)는 제작도의 생명이다.
- 치수 기입이 좋고 나쁨은 현장의 능률에 큰 영향을 미친다.

9.2.1 치수의 단위

[1] 길이의 단위

- KS 기계제도에 의하면 도면에 기입하는 치수의 단위는 밀리미터(mm)이다.
- 밀리미터의 기호는 생략하고 치수 숫자만을 기입한다.

[2] 각도의 단위

- 각도의 치수 수치는 일반적으로 도(度)의 단위로 기입한다.
- 필요한 경우에는 분(分) 및 초(秒)를 병용하면 된다. 도, 분, 초를 표시할 때에는 오른쪽 어깨에 각각 °, ′, ″를 기입한다.

  [예] 90° 22.5° 3′ 21″ 6° 21′ 5″ 8° 0′ 12″
- 라디안(radian)의 단위로 기입할 경우에는 그 단위기호 rad를 기입한다.

  [예] 0.52rad π /3rad 2π rad

9.2.2 치수 기입의 구성

[1] 치수선 · 치수 보조선

- 치수선(dimension line) · 치수 보조선(extension line)은 외형선과 대칭이 대도록 가는 실선으로 그린다.
- 치수 보조선은 치수선에 직각으로 긋고, 치수선을 약간(2~3 mm) 지나치도록 연장한다.
- 몇 개의 치수선이 나란히 있을 경우는 각 치수선의 간격이 가급적 같게 되도록 긋는다.
- 기입 위치의 관계상, 필요하다면(예를 들면, 경사 부분 등) 치수 보조선은 적당한 각도로 그리면 된다.

- 치수 보조선은 서로 평행하며 치수선은 치수 보조선 2개의 출발점을 연결하는 선으로 평행하여야 한다.
- 치수 보조선을 인출하여 도면이 혼동되기 쉬울 때에는 치수 보조선을 생략하여도 된다.

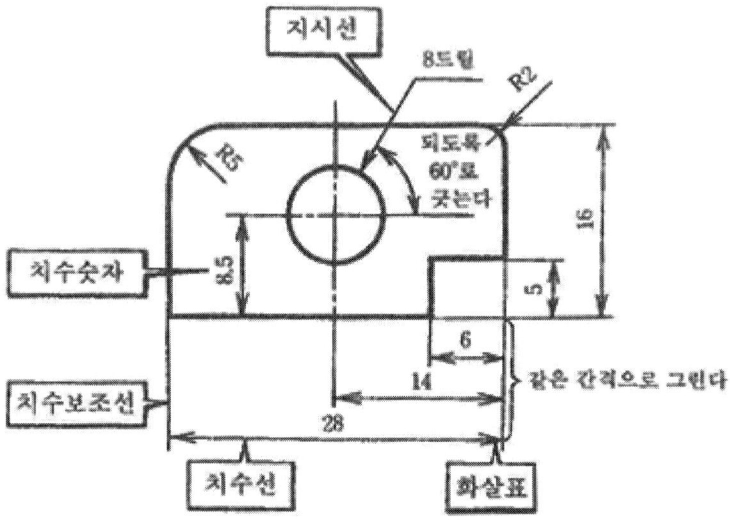

그림 9-1 치수기입의 구성

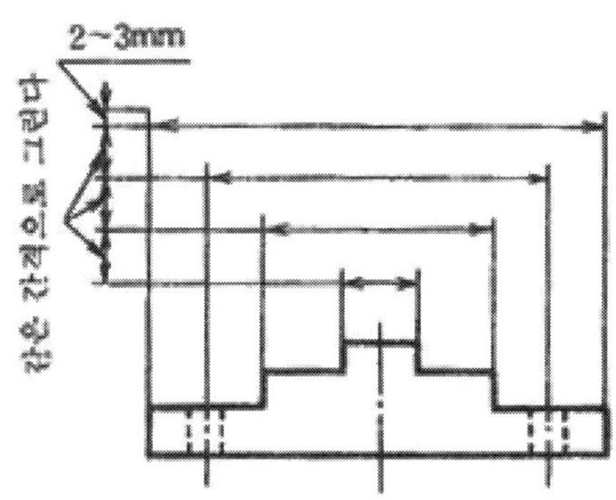

그림 9-2 치수선과 치수 보조선의 관계

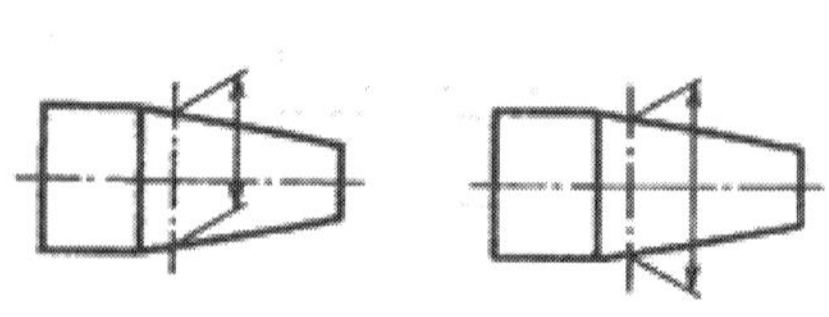

(a) 양호 (b) 틀림

그림 9-3 테이퍼 부분의 치수 보조선

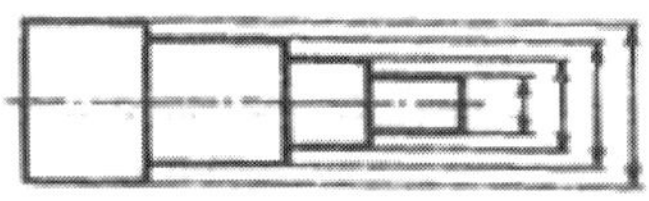

(a) 불량

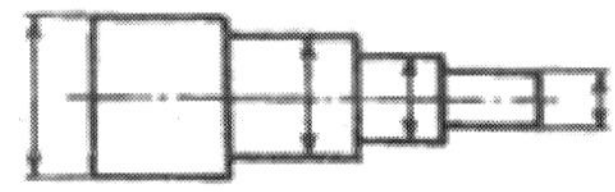

(b) 양호

그림 9-4 치수 보조선을 생략한 경우

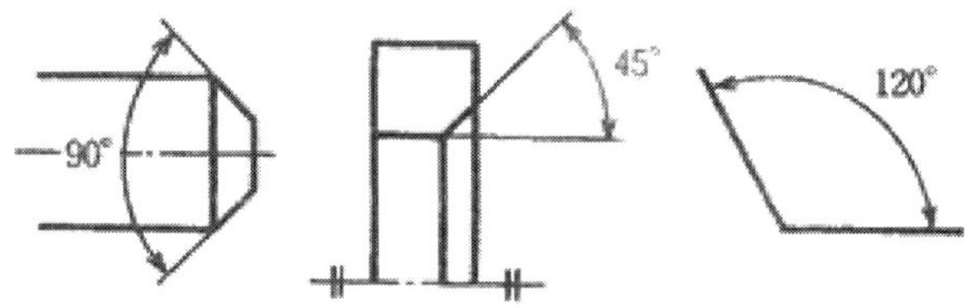

그림 9-5 각도 기입

[2] 말단기호

치수나 각도를 기입하기 위하여 치수선의 끝부분에 표시하는 화살표 등의 기호를 말단기호(末端記號)라 한다. 이것에 의하여 치수나 각도의 한계를 명시한다.

[3] 지시선

- 치수를 기입하는 부분이 좁아서 기입할 여유가 없는 경우에는 그 치수선에서 가는 실선으로 비스듬히 지시하고, 그 끝을 수평으로 구부려서 그 위쪽에 치수 숫자를 기입하면 된다. 이와 같이 지시된 선을 지시선이라 한다.
- 지시선의 치수선에서 끌어내는 쪽 끝에는 아무것도 붙이지 않는다.
- 지시선은 좁은 부분의 치수 기입 외에 가공방법, 부품기호 등을 기입하는 경우에도 사용된다.

[4] 치수 숫자의 기입 예

치수 수치는 상술한 치수를 사용하여 기입하는데, 치수 숫자를 쓰기 쉽고, 더욱 읽기 쉽게 하기 위하여 다음과 같은 원칙이 정해져 있다.

• 치수 숫자의 방향

• 경사방향의 치수선

• 치수선은 중단하지 않는다.

• 혼동하기 쉬운 방향의 기입은 피한다.

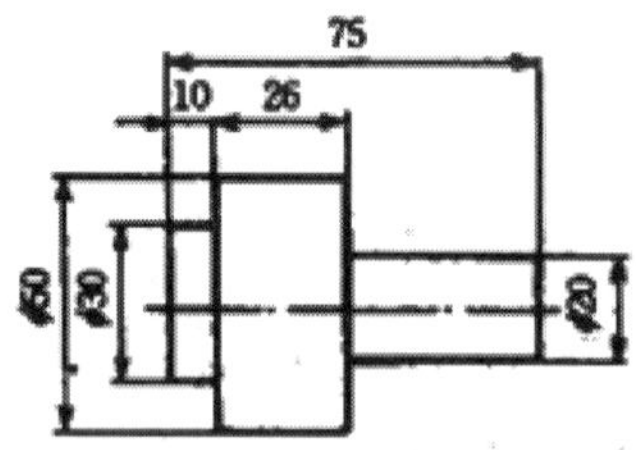

그림 9-6 치수숫자의 방향

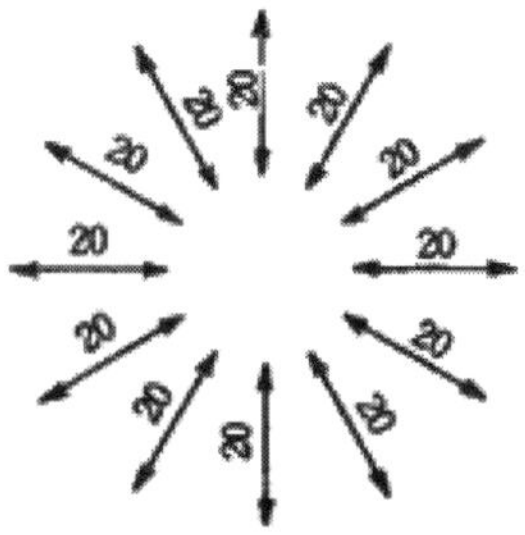

그림 9-7 경사방향의 치수선

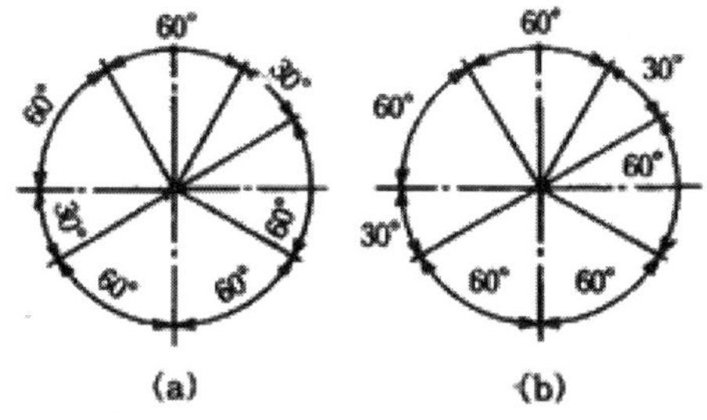

그림 9-8 각도의 치수숫자 방향

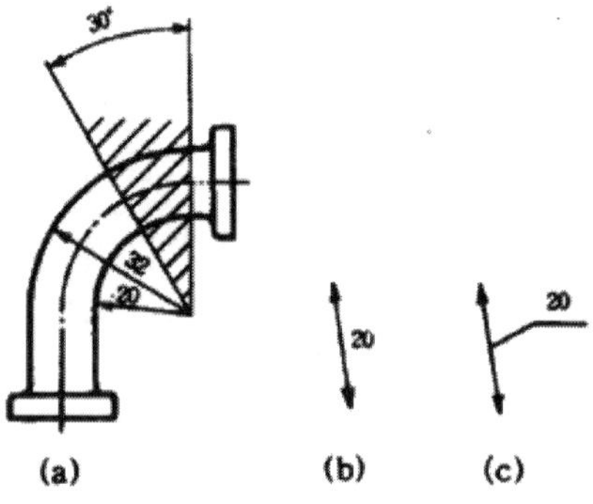

그림 9-9 경사 치수선, 치수숫자의 기입 위치

9.2.3 치수 보조 기호

[표 9-3 치수보조기호]

(KS A 0113)

구 분	기 호	읽 기	표기 방법	사용 예
지름(diameter)	Ø	파이	Ø5	
반지름(radius)	R	아르	R10	
구(sphere)의 지름	SØ	에스파이	SØ5	
구의 반지름	SR	에스아르	SR10	
정사각형(square)의 변	□	사각	□10	
판의 두께(thickness)	t	티	t2	
45°의 모떼기(chamfer)	C	씨	C2	
실제의 반지름	실R	실아르	실R10	
전개상의 반지름	전개R	전개아르	전개R10	
원호의 길이	⌒	원호	치수 수치 위에 붙인다.	⌒30
이론적으로 정확한 치수	▭	테두리	치수수치를 둘러싼다.	[30]
참고 치수	(　)	괄호	치수 수치의 치수보조 기호를 둘러싼다.	(30)

9.2.4 치수 기입의 원칙

- 대상물의 기능, 제작, 조립 등을 고려하여, 필요하다고 생각되는 치수를 명료하게 도면에 지시한다.
- 치수는 대상물의 크기, 자세 및 위치를 가장 명확하게 표시하는데 필요하고 충분한 것을 기입한다.
- 치수는 특별히 명시하지 않는 한 그 도면에 도시한 대상물의 다듬질 치수를 표시한다.
- 기능상(호환성 포함) 필요한 경우 KS A 0108에 따라 치수의 허용한계를 지시한다.
- 되도록이면 주 투상도(정면도)에 집중한다.
- 중복 기입을 피한다.
- 되도록 계산해서 구할 필요가 없도록 기입한다.

• 필요에 따라 기준으로 하는 점, 선, 또는 면을 기준으로 하여 기입한다.
• 관련되는 치수는 되도록 한 곳에 모아서 기입한다.
• 되도록이면 공정마다 배열을 분리하여 기입한다.
• 치수 중 참고 치수에 대하여는 치수 수치에 괄호를 붙인다.

[1] 치수와 치수선의 배열

• 치수 숫자는 선에 의해서 분단되지 않는 위치에 쓴다.
• 치수 숫자는 읽기 쉽게 기입한다.
• 치수선은 일직선상에 가지런히 긋는다.
• 다수의 평행한 치수선은 큰 치수를 바깥쪽으로 하여 차례로 안쪽에 작은 치수를 기입하도록 한다.
• 치수선이 긴 경우

[2] 좁은 장소의 치수 기입법

• 둥근 점이나 경사선을 사용한다.
• 치수선을 연장한다.
• 부분 확대도를 사용한다.
• 곡선의 치수 기입법
• 구멍의 차이를 표시하는 기입법
• 긴원의 치수 기입
• 같은 종류의 구멍 치수 기입법
• 기울기와 테이퍼의 기입법(1)
• 얇은 두께 부분의 표시방법

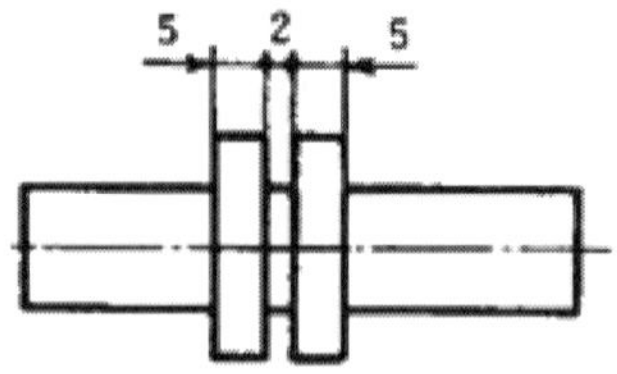

그림 9-10 둥근점을 사용한 예

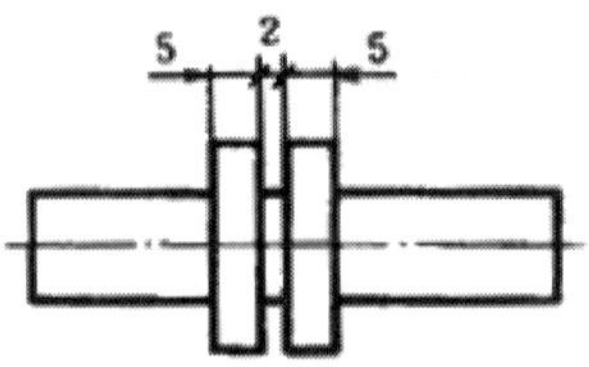

그림 9-11 경사성을 사용한 예

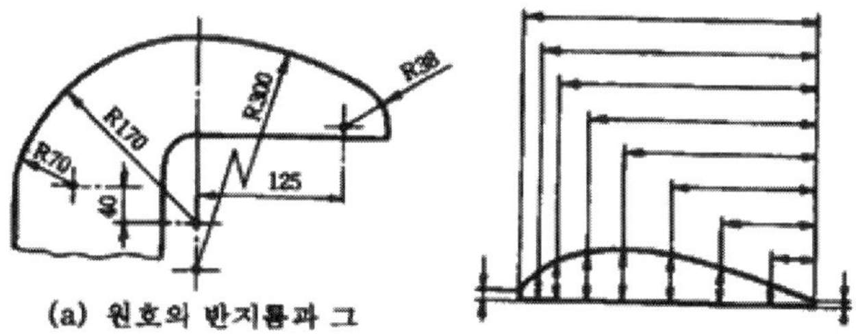

(a) 원호의 반지름과 그 중심위치를 기입　　(b) 기준부의 끝에서 기입

그림 9-12 곡선의 치수기입

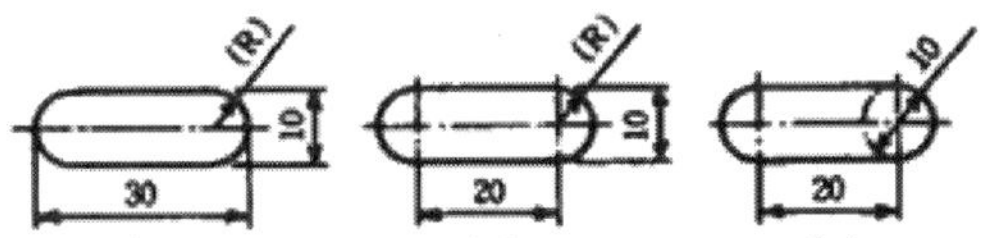

(a)　　(b)　　(c)

그림 9-13 긴원의 치수기입

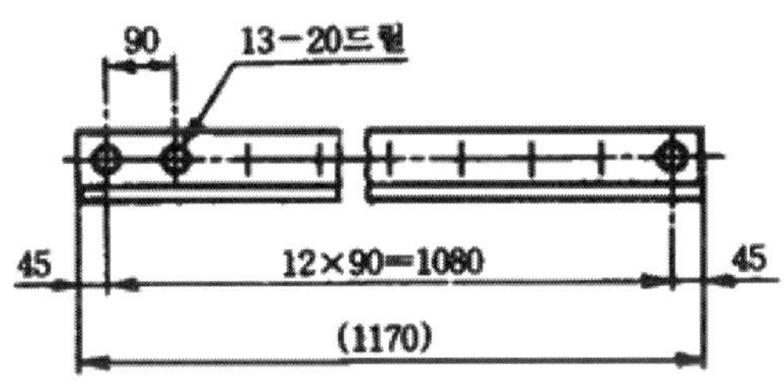

그림 9-14 같은 종류의 구멍치수 기입

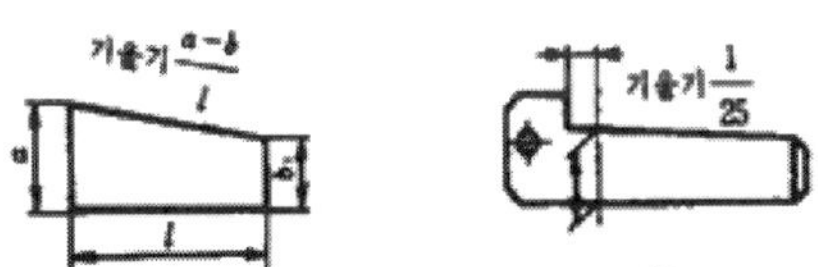

㉠　　㉡

(a) 기울기의 기입법

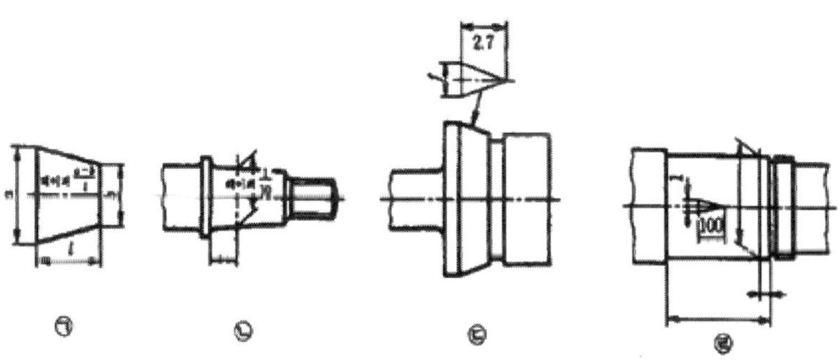

㉠　　㉡　　㉢　　㉣

그림 9-15 기울기, 테이퍼 명시

[3] 간단한 치수 기입법

- 내경에 키 홈이 있는 경우
- 대칭 도형의 경우
- 1개의 물체에 2개 이상의 똑같은 치수 부분을 가지는 경우
- 문자 기호에 의한 경우
- 강 구조물 등의 치수 표시
- 형강 · 강관 · 평강의 표시방법
- 척도에 비례하지 않는 경우
- 도면의 변경

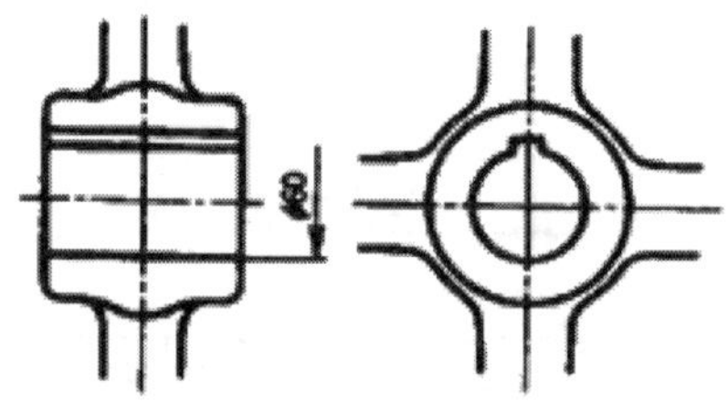

그림 9-16 키 홈의 치수기입

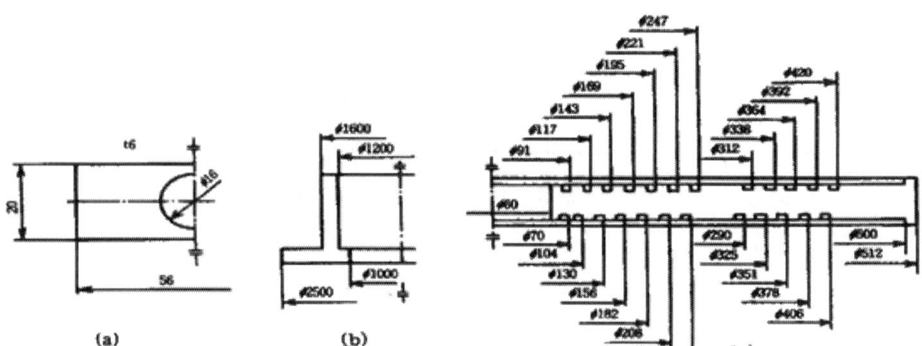

그림 9-17 대칭도형의 치수기입

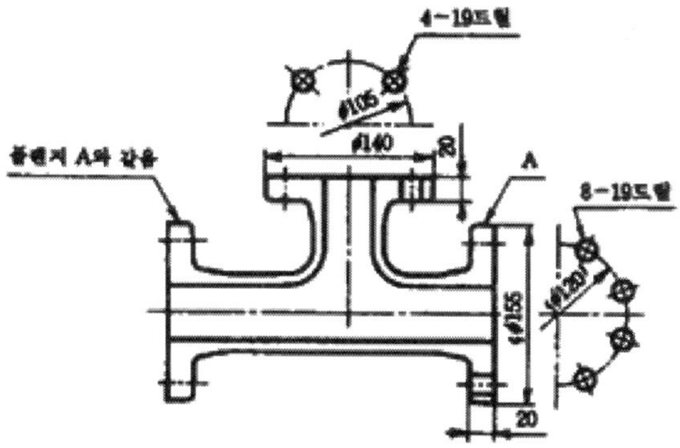

그림 9-18 똑같은 치수부부을 가진 경우 치수기입

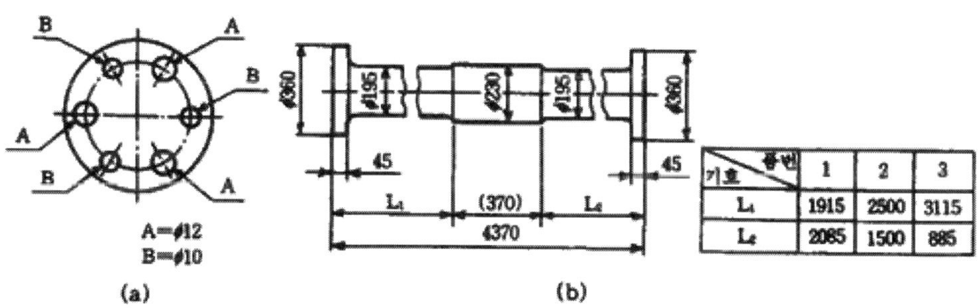

그림 9-19 문자기호에 의한 표시법

9.3 도면의 구성

9.3.1 선의 용도와 종류

[표 9-4 선의 용도와 종류 및 사용의 예]

용도에 의한 명칭	선의 종류		선의 굵기	용 도
외형선 (Visible outline)	굵은실선	────	실선으로 0.3~0.8㎜	대상물의 보이는 부분의 모양을 표시하는데 쓰인다.(1.1)
치수선 (Dimension line)	가는실선		실선으로 0.2 ㎜ 이하 굵기	치수를 기입하기 위하여 쓰인다.(2.1)
치수보조선 (Extension line, Projection line)		치수보조선		치수를 기입하기 위하여 도형으로부터 끌어내는데 사용된다.(2.2)

용도의 의한 명칭	선의 종류		선의 굵기	용 도
지시선 (Leader line)	가는실선	/ /	실선으로 0.2 mm 이하 굵기	기술, 기호 등을 표시하기 위하여 사용된다.(2.3)
회전단면선		—·—·—		도형 내에 그 부분의 끊은 곳 90° 회전하여 표시하는데 쓰인다.(2.4)
중심선		————		도형의 중심선을 간략하게 표시하는데 쓰인다.(2.5)
수준면선		—·—·— ————		수면,유면 등의 위치를 표시하는데 쓰인다.(2.6)
숨은선 (Hidden line)	가는 파선 또는 굵은 파선	------	파선으로 외형선 굵기의 $\frac{1}{2}$ 또는 같은 굵기	대상물의 보이지 않는 부분의 모양을 표시하는데 쓰인다.(3.1)
특수지정선	굵 은 1 점 쇄선	━·━·━	외형선과 같은 굵기	특수한 가공을 하는 부분 등 특별한 요구사항을 적용할 수 있는 범위를 표시하는데 사용된다.(5.1)
중심선 (Center line)	가는 1점 쇄선	—·—·—	1점 쇄선으로 0.2mm이하의 굵기이며, 선의 길이를 가상선이나 절단선보다 길게 한다. 같은 굵기의 실선을 사용할 수 있다.	- 도형의 중심을 표시하는데 쓰인다.(4.1) - 중심이 이동한 중심궤적을 표시하는데 쓰인다.(4.2)
기준선				특히 위치 결정의 근거가 된다는 것을 명시할 때 쓰인다.(4.3)
피치선 (Pitch line)				되풀이하는 도형의 피치를 취하는 기준을 표시하는데 쓰인다.(4.4)
가상선 (Imaginary line, Fictitious outline)	가는 2점 쇄선	—··—··— —··—··—	1점 쇄선으로 선의 굵기 0.2 mm이하 특히 1점 쇄선과 뚜렷하게 구별할 필요가 있을 경우에는 같은 굵기의 2점 쇄선을 사용한다.	① 인접부분을 참고로 표시 ② 공구, 지그 등의 위치를 참고로 표시 ③ 가공부분을 이동 중의 특정한 위치 또는 이동한계의 위치를 표시 ④ 가공 전 도는 가공 후의 모양 표시 ⑤되풀이하는 것을 나타내는데 사용 ⑥ 도시 된 단면의 앞쪽에 있는 부분을 표시하는데 사용 (6.1)(6.2)(6.3)(6.4)(6.5)(6.6)
무게 중심선				단면의 무게 중심을 연결한 선을 표시(2.1)

용도의 의한 명칭	선의 종류		선의 굵기	용 도
파단선 (Break line)	불규칙한 파형의 가는 실선 또는 지그재그선		선의 굵기 0.2㎜이하	대상물의 일부를 파단한 경계 또는 일부를 떼어낸 경계를 표기(7.1)
절단선 (Cutting Plane line)	가는1점 쇄선 으로 끝부분 및 방향이 변하는 부분을 굵게 한 것	—·—·—	선의 굵기 0.2 ㎜이하	단면도를 그리는 경우, 그 절단 위치를 대응하는 그림에 표시(8.1)
해칭	가는 실선으로 규칙적으로 줄을 늘어 놓은 것	———	선의 굵기 0.2 ㎜ 이하	도형의 한정된 특정부분을 다른 부분과 구별하는데 사용 단면도의 절단된 부분(9.1)
특수용도선	가는 실선	———	선의 굵기 0.2 ㎜ 이하	– 외형선 및 숨은 선의 연장을 표시(10.1) – 평면이란 것을 표시(10.2) – 위치를 명시(10.3)
	굵은 실선	━━━	외형선 보다 더 굵은 실선	얇은 부분의 단선 도시(11.1)

㈜[2] ISO 128(Technical drawing-general Principles of Presentation)에는 규정되어 있지 않다.

㈜[3] 가상선은 투상법상에서는 도형에 나타나지 않으나, 편의상 필요한 모양을 나타내는데 사용한다. 또, 기능상, 공작상의 이해를 돕기 위해 도형을 보조적으로 나타내기 위해서도 사용한다.

㈜[4] 다른 용도와 혼용할 염려가 없을 때는 끝부분 및 방향이 변하는 부분을 굵게 할 필요는 없다.

9.3.2 선의 사용 (실례)

❑ 겹치는 선의 우선순위

- 도면에서 2종류 이상의 선이 같은 곳에 겹치는 경우에는 다음에 표시하는 순위에 따라 우선하는 종류의 선으로 그린다.
- 외형선 → 숨은선 → 절단선 → 중심선 → 무게 중심선 → 치수 보조선

❑ 도면에서 제도 완성 우선순위

- 선, 문자, 숫자, 기호 등으로 형태나 크기 및 가공 정밀도 등을 나타내는데 다음에 표시하는 우선순위의 것부터 그린다.
- 문자, 숫자, 기호 외형선 → 숨은선 → 절단선 → 중심선 → 무게 중심선 → 치수 보조선

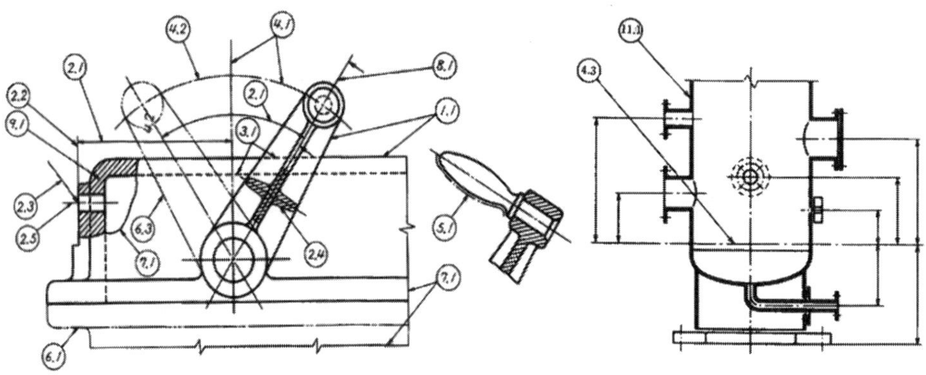

그림 9-20 선의 사용 예(1)

9.3.2 선의 사용 (실례)

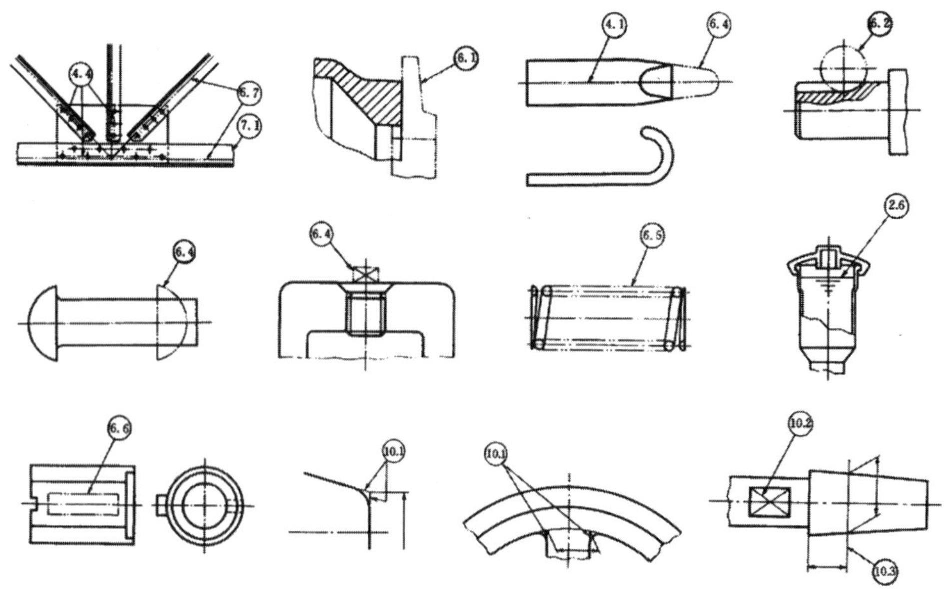

그림 9-21 선의 사용 예(2)

9.3.3 제도에 사용되는 문자

[1] 문자에 관한 일반 사항

- 읽기 쉬울 것 : 한 자 한 자 정확히 읽도록 명확하게 쓴다.
- 균일할 것 : 같은 크기의 문자 그 선의 굵기는 같게 한다.
- 도면의 마이크로필름 촬영에 적합할 것

❑ 일반제도에 사용되는 문자

- 글자는 명백히 쓰고 글자체는 고딕체로 하여 수직 또는 15° 경사로 씀을 원칙으로 한다.
- 국문 글자의 크기는 호칭 2.24 mm, 3.15 mm, 4.5 mm, 6.3 mm, 9 mm의 5종
- 아라비아 숫자의 크기는 호칭 2.24 mm, 3.15 mm, 4.5 mm, 6.3 mm, 9 mm의 5종
- 크기의 혼용은 안 되지만 필요한 경우는 다른 치수를 사용하여도 된다.
- 문장은 왼편에서 가로쓰기를 원칙으로 한다.

  주 : KS A 0107(제도에 사용하는 문자)의 문자크기의 표시방법에 따른다.

❑ 컴퓨터 제도에 사용되는 문자

- CAD 제도에 사용하는 문자는 KS A 0107(다음의 규정을 제외한다)에 따르는 외에 다음 숫자·영문자의 서체는 B형 서체를 기본으로 한다.
- 수치의 소수점은 1 문자분을 취하여 그 중앙 하부에 기입한다.
- 도면 중의 일련의 기술에 사용하는 문자의 크기 비율은

  한자 : 숫자·영문자 = 1 : 0.83

❑ 문자

- 한자 및 한자의 사용 방법은 상용 한자표에 따른다. 다만, 획수가 16획 이상인 한자는 되도록 한글로 쓴다.
- 한자의 서체는 KS A 0202 [기계 조각용 표준 서체(한자)]에 준하는 것이 좋다.
- 한글의 서체는 활자체에 준하는 것이 좋다.
- 숫자는 주로 아라비아 숫자를 사용한다.
- 영자는 주로 로마자의 대문자를 사용한다.

- 기호나 그 밖에 특별히 필요한 경우에는 소문자를 사용해도 좋다.
- 문자의 선 굵기는 문자 크기의 호칭에 대하여 한자는 1/12.5, 한 글자・숫자・영자는 1/9값으로 하는 것이 바람직하다.

9.3.4 가공 방법의 약호

[표 9-5 가공방법의 약호 사용]

가공방법	약호		가공방법	약호	
	I	II		I	II
선반가공	L	선반	호우닝 가공	GH	호우닝
드릴가공	D	드릴	액체호우닝다듬질	SPL	액체호우닝
보오링머시인가공	B	보오링	배럴연마 가공	SPBR	배럴
밀링가공	M	밀링	버프다듬질	FB	버프
플레이닝 가공	P	평삭	블라스트다듬질	SB	블라스트
셰이핑 가공	SH	형삭	래핑다듬질	FL	래핑
브로우치 가공	BR	브로우치	줄다듬질	FF	줄
리이머 가공	FR	리이머	스크레이퍼다듬질	FS	스크레이퍼
연삭가공	G	연삭	페이퍼 다듬질	FCA	페이퍼
벨트 샌딩 가공	GB	포연	주조	C	주조

9.4 투상법

- 3차원 물체의 형상을 2차원 평면도형으로 표현한다.
- 어느 한 방향에서 3차원 물체를 바라본 모습을 투상도(view)라 한다.
- 3차원 물체의 형상을 빠짐없이 한 장의 종이 위에 표현하려면 여러 개의 투상도가 필요하다.
- 투상도를 이용하여 3차원 물체를 표현하는 방법을 투상법(projection)이라 한다.

❑ 투상의 종류

- 투 상
  - 평행투상(평행광선에 의해서 투상한다)
    - 직각투상(투상면에 직각으로 투상한다)
      - 정투상
        - 제3각법
        - 제1각법
      - 축측투상
        - 등각투상
        - 부등각투상
    - 경사투상(투상면에 경사시켜 투상한다)
  - 투시투상(방사광선 또는 비평행 광선에 의해서 투상한다)

9.4.1 입체적 투상법

- 입체도(pictorial drawing)는 일상생활에서 많이 숙달된 투상법이다.
- 도면을 잘 모르는 사람들이나 제품의 보수, 유지 및 사용설명서나 현장에서 작업 지시서 등에 이용된다.
- 설계 개념을 다른 사람들에게 전달할 수 있는 효과적인 수단이다.
- 아이디어를 실제 물체로 구현화하는 과정에서 입체도는 중요하다.
- 기계도면에서는 모든 투시선이 평행하다고 가정하고 그린다.(원근감이 없다)
- 기계제도의 투상은 평행 투상에 따른다.

[1] KS 제도규격에서의 투상법 규정

- 투상법은 제3각법에 따르는 것을 원칙으로 한다.
- 제3각법과 제1각법의 구별을 필요로 할 경우 적당한 위치에 기호를 사용하며, 제3각법 또는 제1각법이라 기입한다.

[2] 투상법의 종류

[표 9-6 투상법의 분류]

투상법	그림의 종류	특 징	주된 용어
정투상	정투상도	모양을 엄밀, 정확하게 표시할 수 있다.	일반 도면
등각투상	등 각 도	하나의 그림으로 정육면체의 세 면을 같은 정도로 표시할 수 있다.	설명용 도면
경사투상	캐비닛도	하나의 그림으로 정육면체의 세 면 중의 한 면만을 중점적으로 엄밀 정확하게 표시할 수 있다.	

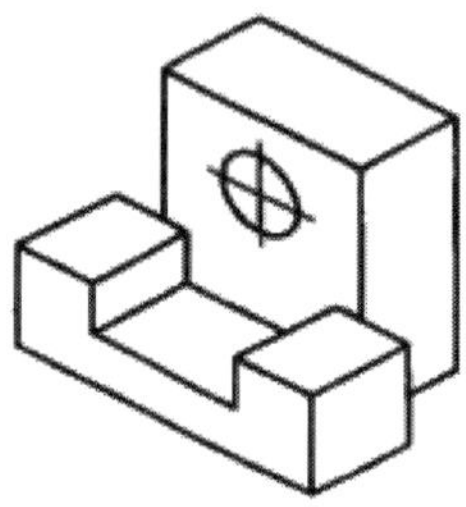

(1) 등각 투상법

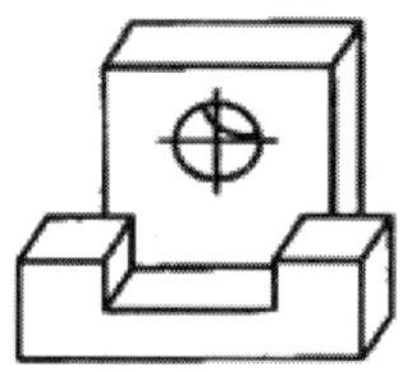

(2) 경사 투상법

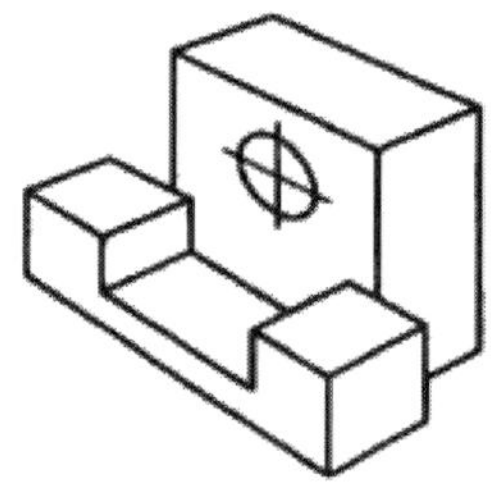

(3) 투시 투상법

[3] 투상도의 선택 방법(KS A 0112)

- 주 투상도에서는 대상물의 모양·기능을 가장 뚜렷하게 나타내는 면을 그린다.
- 대상물을 도시하는 상태는 도면의 목적에 따라 다음의 한 가지에 따른다.
  - 계획도, 실시계획도, 조립도 등 주로 기능을 나타내는 도면에서는 대상물을 사용하는 상태
  - 부품의 제작도 등 가공을 위한 도면에서는, 가공할 때 도면을 가장 많이 이용하는 공정에서 대상물을 놓는 상태
  - 특별한 이유가 없는 경우에는 대상물을 옆으로 길게 놓은 상태
- 주 투상도를 보충하는 다른 투상도는 되도록 적게 하고, 주 투상도만으로 나타낼 수 있는 것에 대하여는 다른 투상도는 그리지 않는다. [그림 9-23]
- 서로 관련되는 그림의 배치는 되도록 숨은선을 사용하지 않도록 한다. 다만, 비교 대조하는 것이 불편한 경우에는 이에 따르지 않아도 좋다. [그림 9-24]

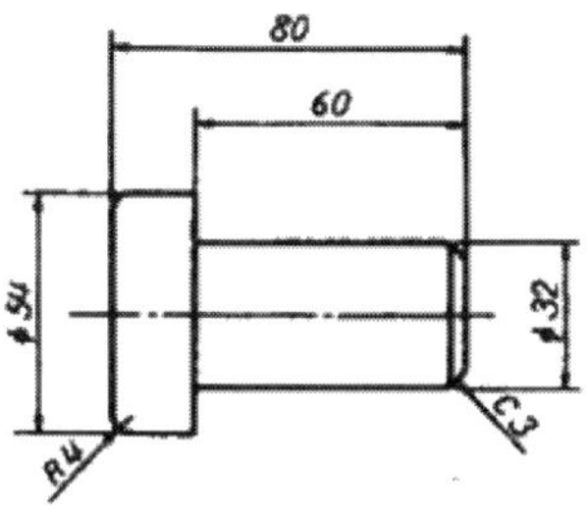

그림 9-23

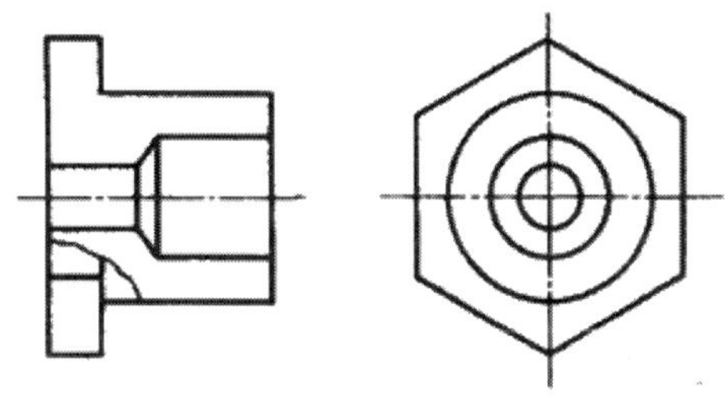

그림 9-24

9.4.2 투상도에 의한 형상 표현

[1] 정투상법

- 정면도와 평면도는 항상 수직으로 일직선상에 배치한다.
- 정면도와 측면도는 옆으로 일직선상에 배치한다.
- 평면도와 측면도에서 물체의 정면도를 쳐다보고 있다.
- 평면도의 깊이(depth)는 측면도의 깊이와 같다.
- 평면도의 폭(width)은 정면도의 폭과 같다.
- 측면도의 높이(height)는 정면도의 높이와 같다.
- 물체를 위에서 본 모습이 평면도이며 반드시 정면도의 위쪽(1각법은 아래쪽)에 배치한다.
- 물체를 정면의 오른쪽에서 본모습이 우측면도이며 반드시 정면도의 오른쪽(1각법은 왼쪽)에 배치한다.
- 물체를 정면의 왼쪽에서 본모습이 좌측면도이며 반드시 정면도의 위쪽(1각법은 오른쪽)에 배치한다.
- 물체를 밑에서 본모습이 저면도이며 반드시 정면도의 아래쪽(1각법은 위쪽)에 배치한다.
- 좌측면도와 우측면도의 외곽선은 정면도를 기준으로 대칭이다.
- 평면도와 저면도의 외곽선은 정면도를 기준으로 대칭이다.
- 정면도와 배면도의 외곽선은 측면도를 기준으로 대칭이다.

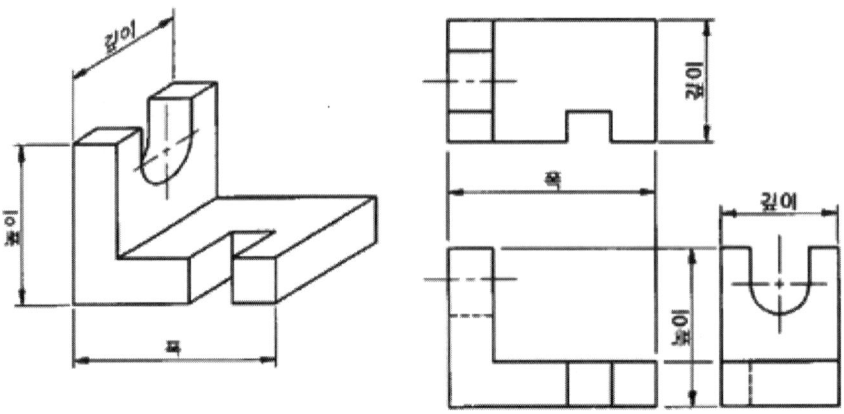

그림 9-25 투상도와 치수들

9.4.3 제3각 투상법과 제1각 투상법

[1] 제3각법(third angle projection)

❑ 눈(투상선) → 투상면(화면) → 물체

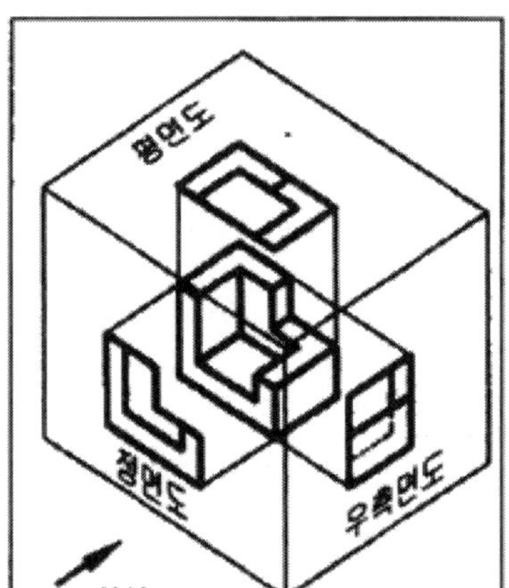

그림 9-26 제3각법의 원리

[2] 제1각법(first angle projection)

❑ 눈(투상선) → 물체 → 투상면(화면)

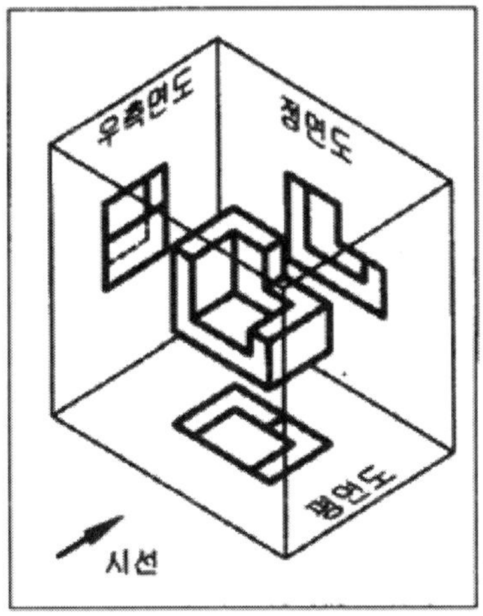

그림 9-27 제1 각법의 원리

[3] 제3각법과 제1각법의 비교

❑ 제3각법의 장점

- 그림이 물체를 전개한 위치에 배열되므로 실제로 실물을 보는 것과 같은 위치에 있다.
- 물체를 본 쪽에 그림이 배열되므로 그림을 보기가 쉽다. 특히 긴 물체나 경사면인 경우에 관련 그림을 대조하는 데 편리하다.
- 제작상 틀림이 없다.
- 복잡한 모양(국부 투상도)이나 경사면에 보조 투상도를 이용하여 정확히 표현할 수 있다.

9.4.4 제3각법과 제1각법의 기준배치

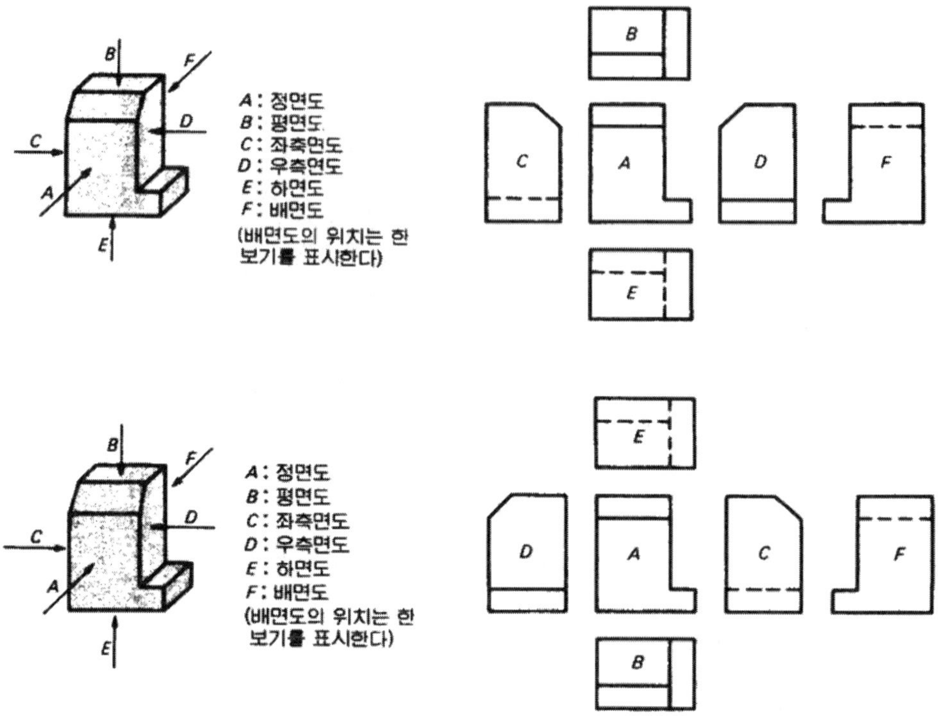

그림 9-28 제3각법의 원리

9.4.5 투상도의 선정

[1] 정면도(front view)

- 물체의 특색을 잘 보여주는 방향이나 물체가 가지고 있는 정보가 가장 많이 담겨 있는 방향을 선정한다.
- 좌우 폭이 상하 높이보다 길도록 정면도를 선정한다.
- 숨은선이 가능하면 적도록 한다.

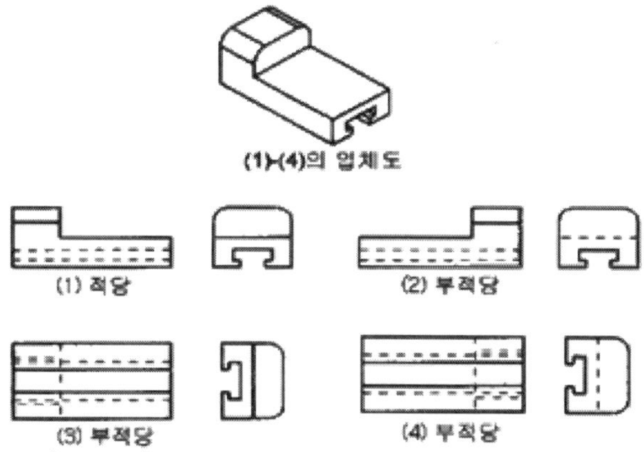

그림 9-29 정면도의 선정

[2]보조투상도(auxiliary view : 보충도)

❑ 2면도

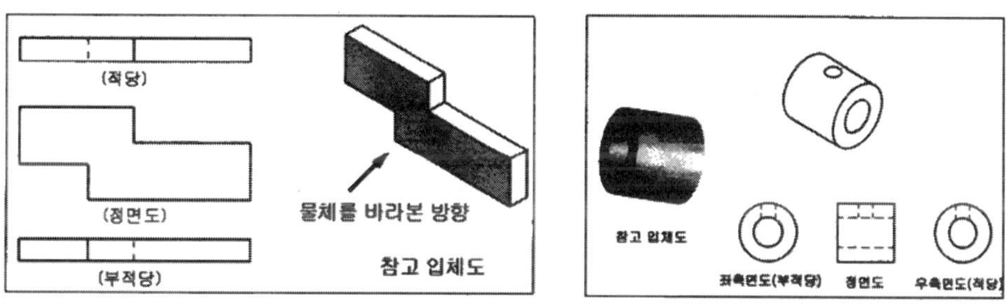

그림 9-30 도면배치의 우선순위

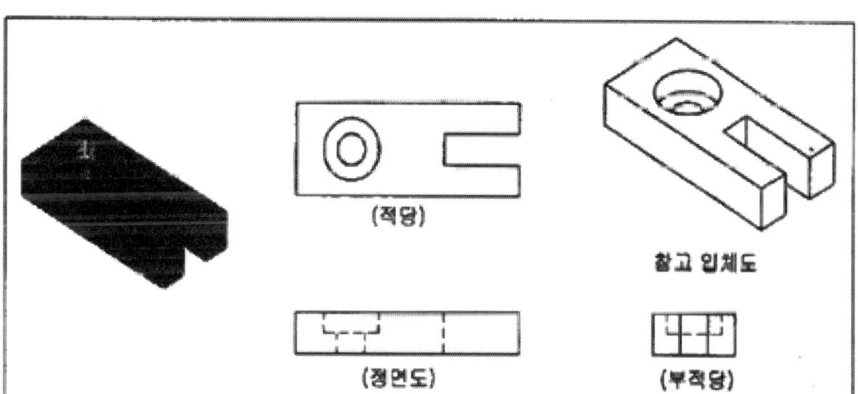

그림 9-31 이해하기 쉬운 도면

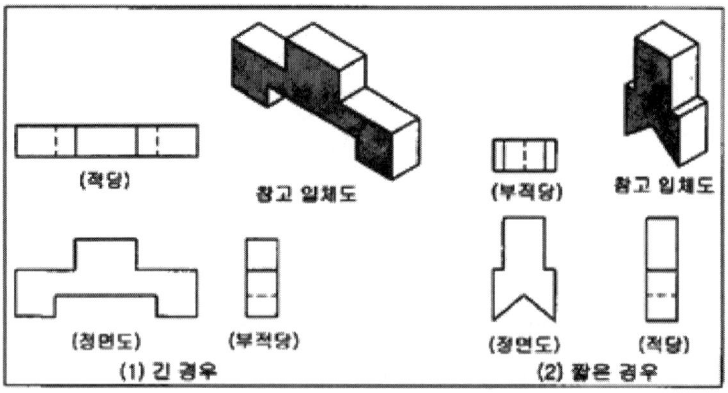

그림 9-32 길이에 의한 배치

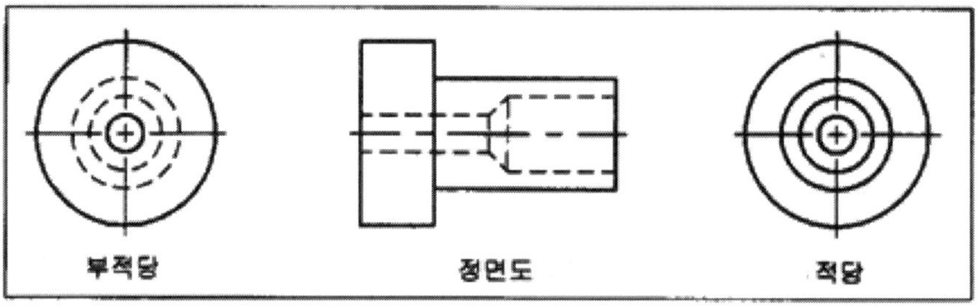

그림 9-33 숨은선이 없는 우측면도

❑ 원형도

벨트 풀리(belt pulley), 베어링(bearing), 기어(gear) 등의 원형도(축방향으로 본 도면), 특수한 경우 이외는 정면도로 선정하지 않는다.

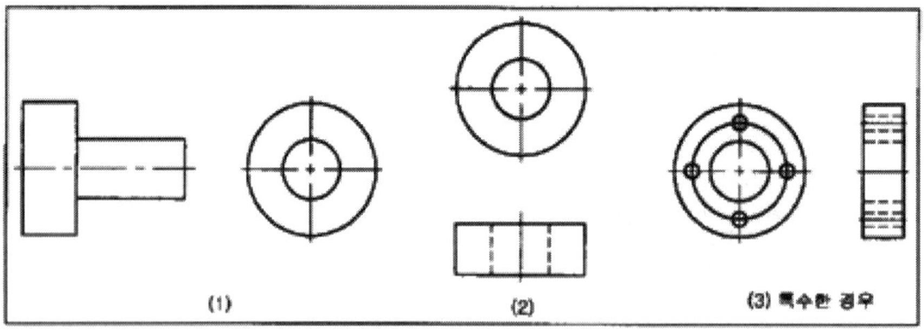

그림 9-34 원형의 도면배치의 선택

❑ 필요한 투상도의 수

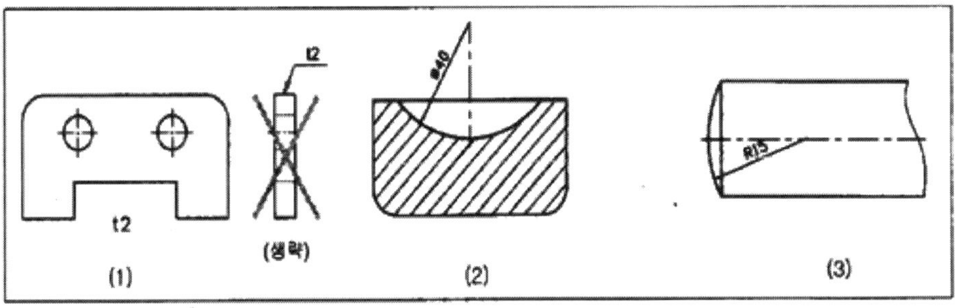

그림 9-35 1면도

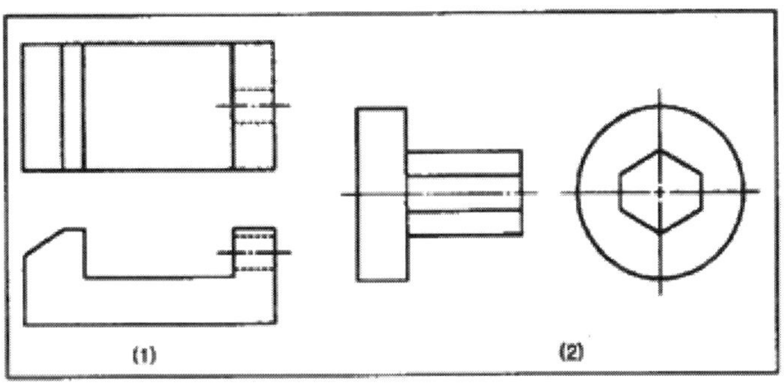

그림 9-36 2면도

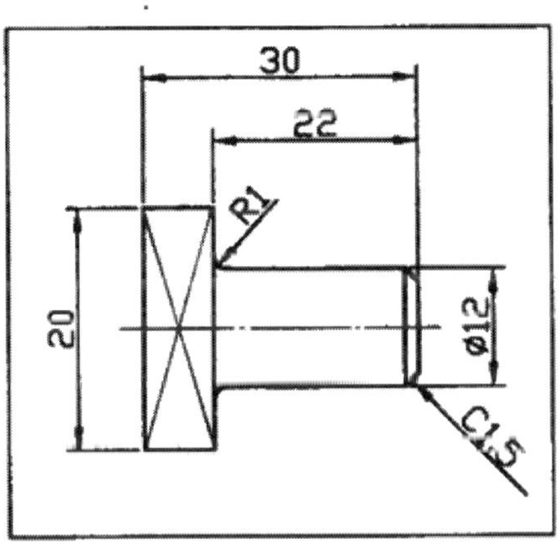

그림 9-37 1면도 모양기호 사용

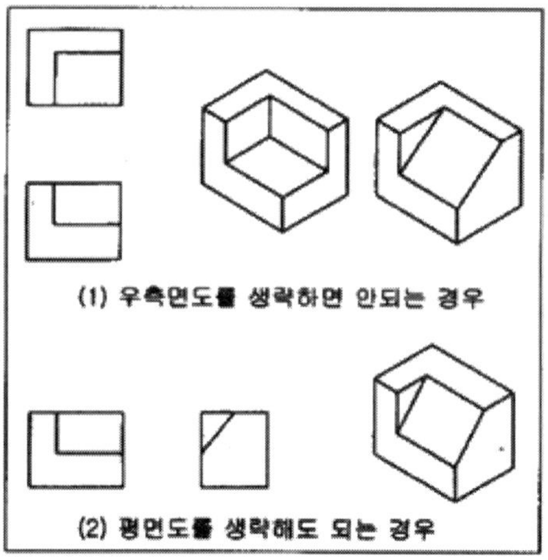

그림 9-38 생략 가능 투상도의 선택

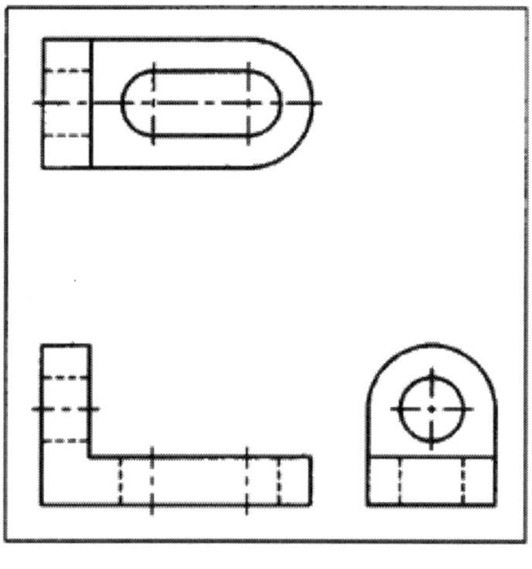

그림 9-39 2면도로 불가능한 부품의 예

9.4.6 투상도의 배치

- 투상도들이 차지하는 최대면적과 가로와 세로의 최대치수를 구한다.
- 치수 기입 여유를 고려한 투상도 사이의 간격
- 크기에 맞는 척도 결정과 제도 용지의 선정을 한다.
- 제도 공간을 정한다.(표제란, 부품란 등을 고려한다.)
- 제도 공간에서의 전체적인 배치의 기준선을 잡는다.

9.4.7 투상도의 완성

• 도면을 그릴 때 정면도를 먼저 완성하며 순서대로 평면도 또는 측면도를 완성한다.

• 45° 경사의 대각 보조선을 이용 평면도, 측면도를 완성한다.

9.4.8 보이지 않는 면의 투상도

• 투상면으로부터 보이지 않는 형체를 투상면에서 숨은선으로 표현된다.

• 숨은선을 최소화하기 위하여 단면도를 많이 사용하는데 이것은 뒤에 단면도를 다루도록 한다.

• 꼭 필요하지 않은 경우에는 숨은선을 되도록 생략하여 도면을 더욱 명료하게 만든다.

9.4.9 경사면의 투상도

경사면으로 이루어진 물체를 실제 제도할 때 실제 형상도는 보조 투상면에 투상하여 그린다.

9.4.10 원형 형체의 투상도

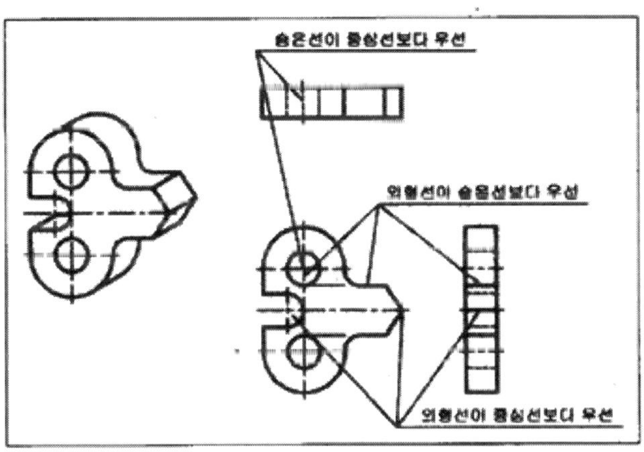

그림 9-40 외형선, 숨은선, 중심선의 우선순위

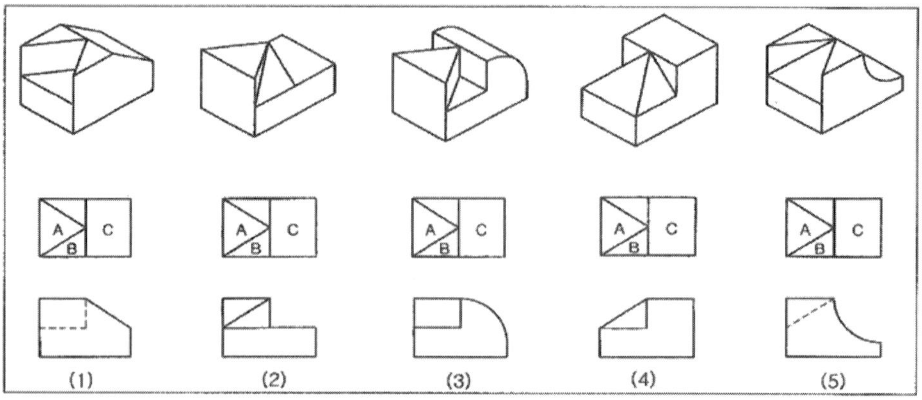

그림 9-41 곡면과 평면이 있는 투상도 비교

9.5 프리핸드 스케치법

9.5.1 스케치의 목적

스케치 도면(sketch drawing)이란 이미 제작된 기계를 보면서 그 형상·치수·구조 및 재질 등을 조사하여 제도기구나 자등을 사용하지 않고, 보통 프리핸드(freehand)로 그린 도면을 말한다.

- 동일한 기계를 다시 제작하는 경우
- 손상된 제품의 부품을 새로 만드는 경우
- 개조하여 신제품을 만드는 경우

등을 목적으로 작성된다.

❑ 스케치 도면 작성 시의 용구

보통, 스케치 도면을 그릴 경우에는 단지 도형이나 치수 등 만을 그리는 것이 아니고, 공작물을 분해하여 직접 실물을 만지는 경우가 많아 작업복을 착용하며, 이 작업을 능률적으로 진행시키고자 다음의 용구 등을 이용한다.

- 연필(HB 정도의 것과 색연필)
- 칼
- 용지(방안지 또는 갱지)
- 지우개

- 자(강철제 직선자와 줄자)
- 캘리퍼스(외측 퍼스, 내측 퍼스)
- 표면 거칠기 표준편(포면 거칠기의 정도를 판정)
- 광명단(부품의 압형(押型)을 취할 때 바르는 도료)
- 동선(형뜨기용)
- 꼬리표(부품에 번호를 붙인다)

이외에 정밀한 치수 측정의 기구로서

- 분도기
- 버니어 캘리퍼스
- 마이크로미터(끼워 맞춤의 정도를 판정한다)
- 각종 게이지

9.5.2 스케치 도면을 그리는 방법

[1] 스케치 도면을 그릴 때 유의할 점

- 복잡한 기계는 처음에 조립도를 그려서 각 부품의 관계를 분명히 하고, 기계를 분해하여 부품도를 그린다.
- 분해할 때에는 부품번호 및 중요한 위치에 대조 표시를 하여 놓는다.
- 부품을 주의 깊게 조사하여 KS에 의한 표준품에 일치하는가를 충분히 검토하고, 적합한 것은 규격번호 및 호칭법으로 처리한다.
- 치수를 측정할 때는 측정기구의 정확한 사용법에 따라서 측정하여야 한다.
- 가급적 실형과 실측 치수를 존중하고, 결코 독단으로 변경하는 것은 삼가여야 한다.
- 기계 각 부분의 다듬질 면의 다듬질 정도・가공법 및 끼워 맞춤 정도는 기계의 정밀도나 가치를 결정하는 것이므로, 스케치할 때에 특히 주의하여 기입해야 한다.
- 드릴 구멍의 위치나 평면형의 곡선 등은 그 표면에 광명단(光明丹) 또는 기름걸레로 기름을 조금 바른 다음 종이에 대고 눌러서 실형을 본뜬다.(탁본)
- 복잡한 곡면 등에서는 신문을 놓고 연필로 그리거나 동선으로 형을 떠내는 등의 방법을 사용하면 좋다.
- 사용재료는 외관, 다듬질 면을 보고 판별하는데, 그 방법은 재료의 색깔・광택・성질・경도 등으로 판별한다.

- 물체의 일부에 상처를 내어도 관계가 없는 경우는 그라인더에 의한 불꽃검사를 하면 된다.

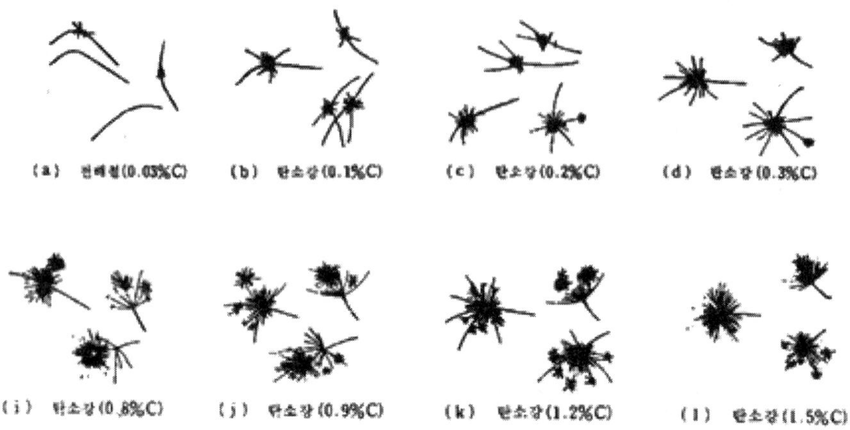

그림 9–42 불꽃검사(탄소강의 식별법)

[2] 광택 및 촉감으로 재질을 판정하는 방법

- **주철** : 다듬질되지 않은 표면은 모래 묻은 흔적으로 까칠까칠하다. 다듬질된 것은 연강과 비슷하지만 주의하여 보면 바늘로 뚫은 것 같은 구멍이 있다. 다듬질 면의 색깔과 광택은 은빛 쥐색(광택 있는 회색)이다.
- **주강** : 다듬질되지 않은 면은 주철보다 표면이 매끈하고, 다듬질한 면은 연강에 가깝다. 다듬질된 면의 색깔과 광택은 은빛 쥐색(주철보다 약간 보랏빛)을 띄고 광택이 있다.
- **강** : 표면에서 검푸른 빛이 난다. 다듬질된 것은 연강인지 경강인지 알 수 없다.(경도계(硬度計)로 구별)
- **청동(포금)** : 주황색이다.
- **황동(놋쇠)** : 황색(포금보다 더 황색)이다.
- **구리** : 팥 빛이므로 곧 알 수 있다.
- **배빗 메탈(Babbit metal)** : 백색이지만, 알루미늄보다는 훨씬 무겁다.
- **경합금** : 백색이며 대단히 가볍다.

[3] 경도로 재질을 판정하는 방법

- 철강에서는 열처리 여하에 따라 경도가 많은 차이가 난다.
- 다듬질 면의 색깔 · 광택 · 촉감은 변하지 않으므로 쇼오경도계(shore hardness tester) 등으로 몇 개소에 정도 시험하여 평균 경도수를 구하여 재료의 종별을 판별한다.

9.6 투상도 스케치

❑ 주의 사항

- 물체의 형상을 그릴 경우 치수에 비례하게 그린다.
- 연습을 통해 비례 감각을 익힌다.
- 직사각형법을 사용하여 비례위치를 찾는다.

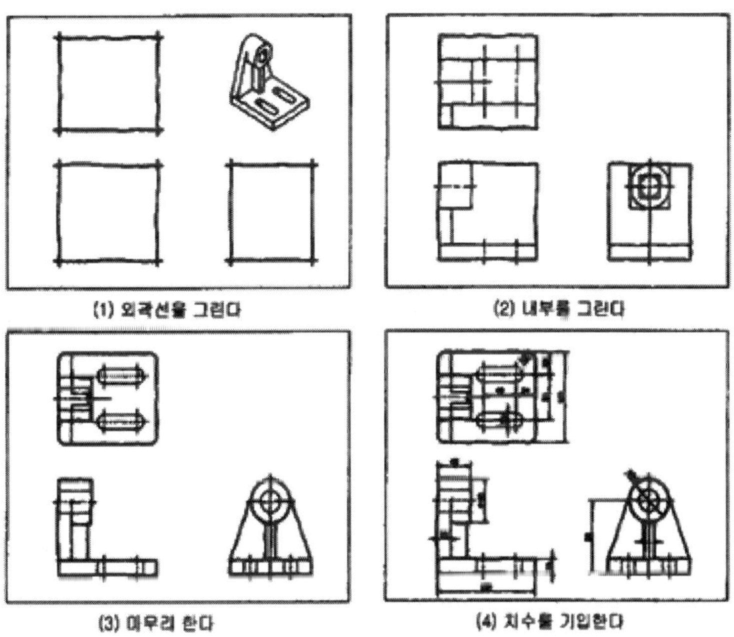

그림 9-43 투상도 스케치 순서

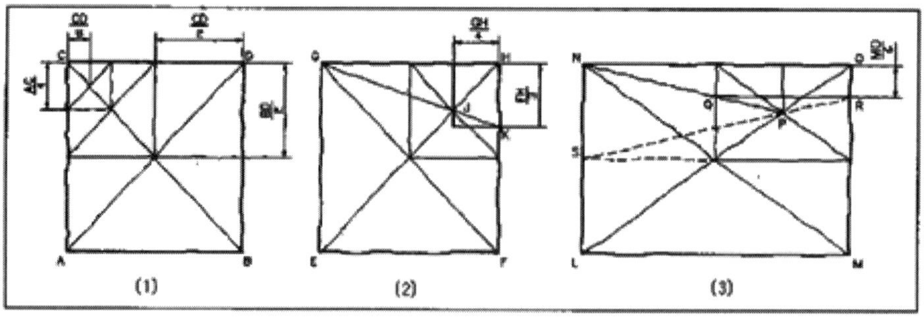

그림 9-44 직사각형법을 이용한 비례위치 찾기

9.7 입체도 스케치

❑ 스케치 방법

- 입체도는 등각투상법, 경사투상법, 투시투상법 등으로 그린다.(투시투상법은 건축 등에서 사용을 한다.)
- 각 모서리가 꼭짓점을 중심으로 서로 120° 의 각도를 이룬 상태로 그려진다. 등각선(isometric lines)
- 수평축을 기준으로 한 직선은 수직선으로, 나머지 두 직선은 30° 경사선으로 그린다.

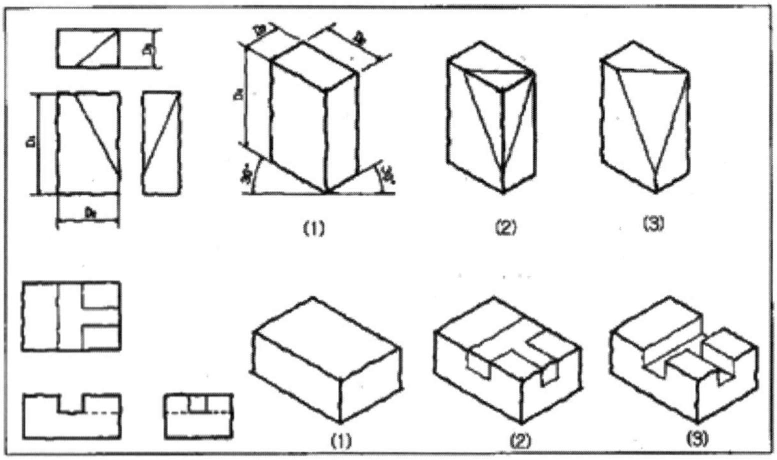

그림 9-45 등각투상 입체도 스케치 순서

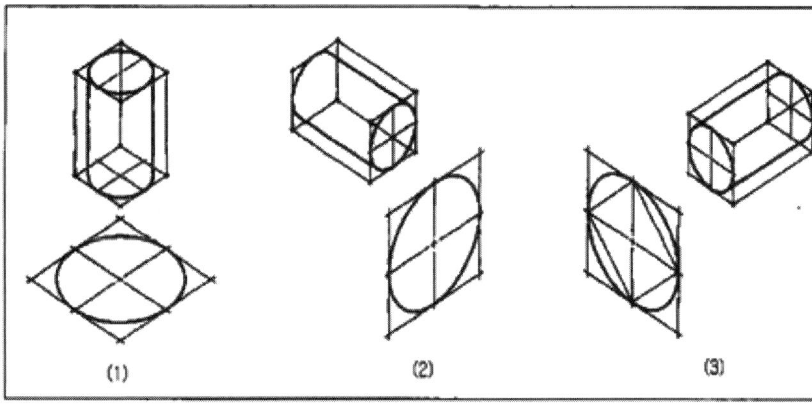

그림 9-46 원기둥의 등각투상 입체도 스케치

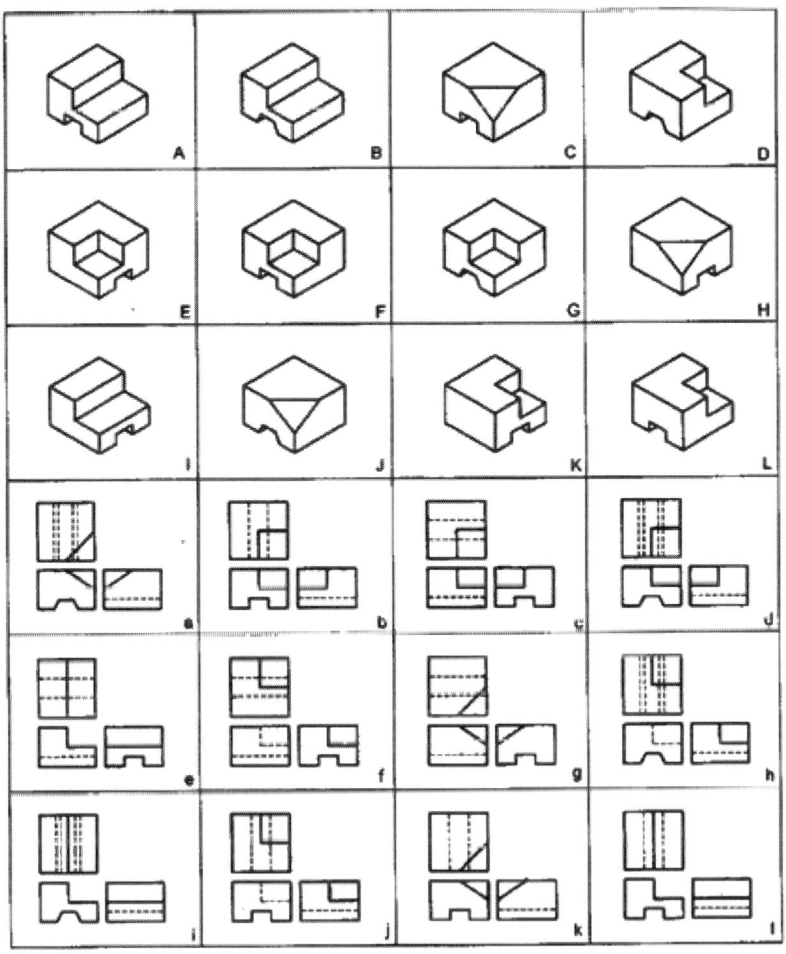

그림 9-47 투상도 찾기

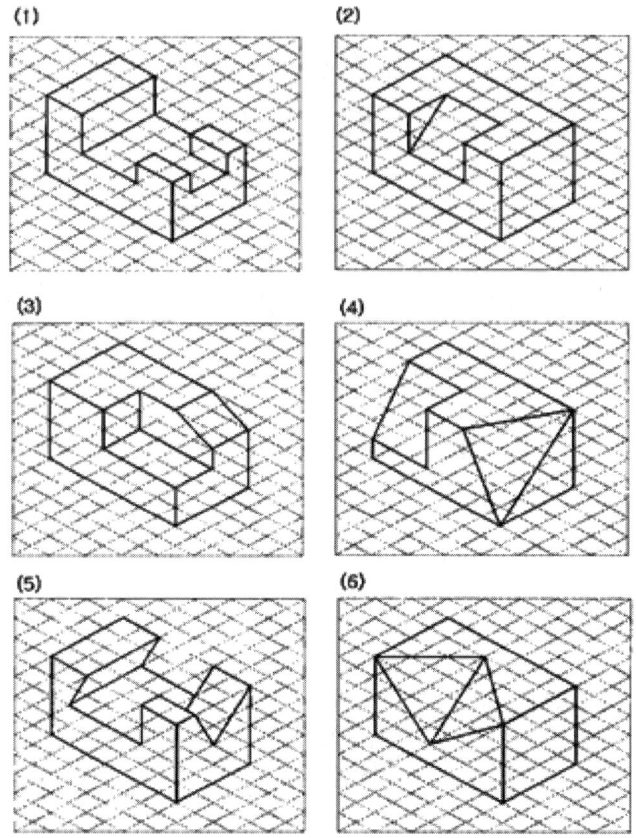

주의사항

1. 위 투상도들의 정면도를 선택할 때에는 왼쪽 아래에서 오른쪽 위 방향으로 보는 것으로 한다.
2. AutoCAD로 도면을 작성할 때에는 절대좌표, 상대좌표 등으로 작성하면 안되고 LINE, OFFSET, TRIM, EXTEND, ORTHO 등을 사용해서 작성한다. 그리고 그 외에 치수기입을 배운 다음 치수기입 명령어들을 이용해서 작성한다.

그림 9–48 등각투상도(3면도 그리기)

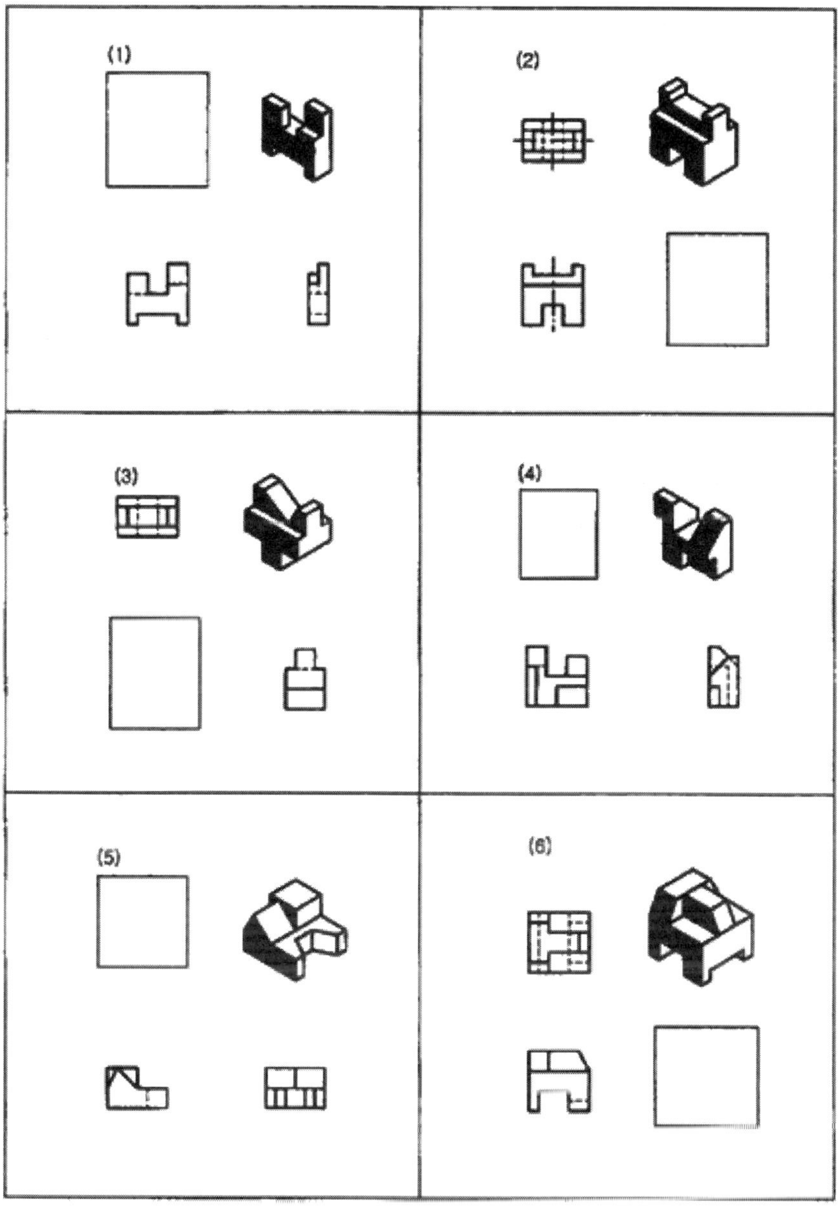

그림 9-49 빠진 투상 그리기

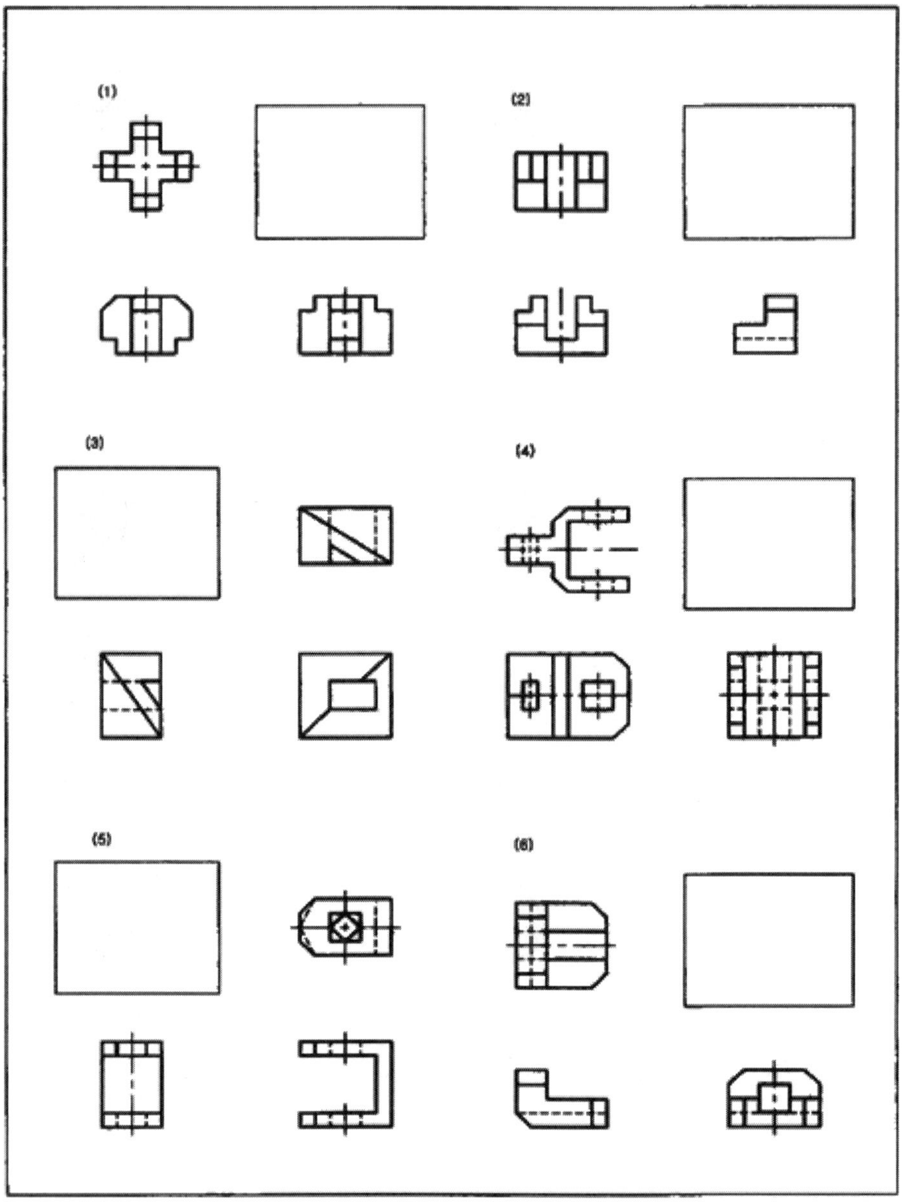

그림 9–50 입체도그리기

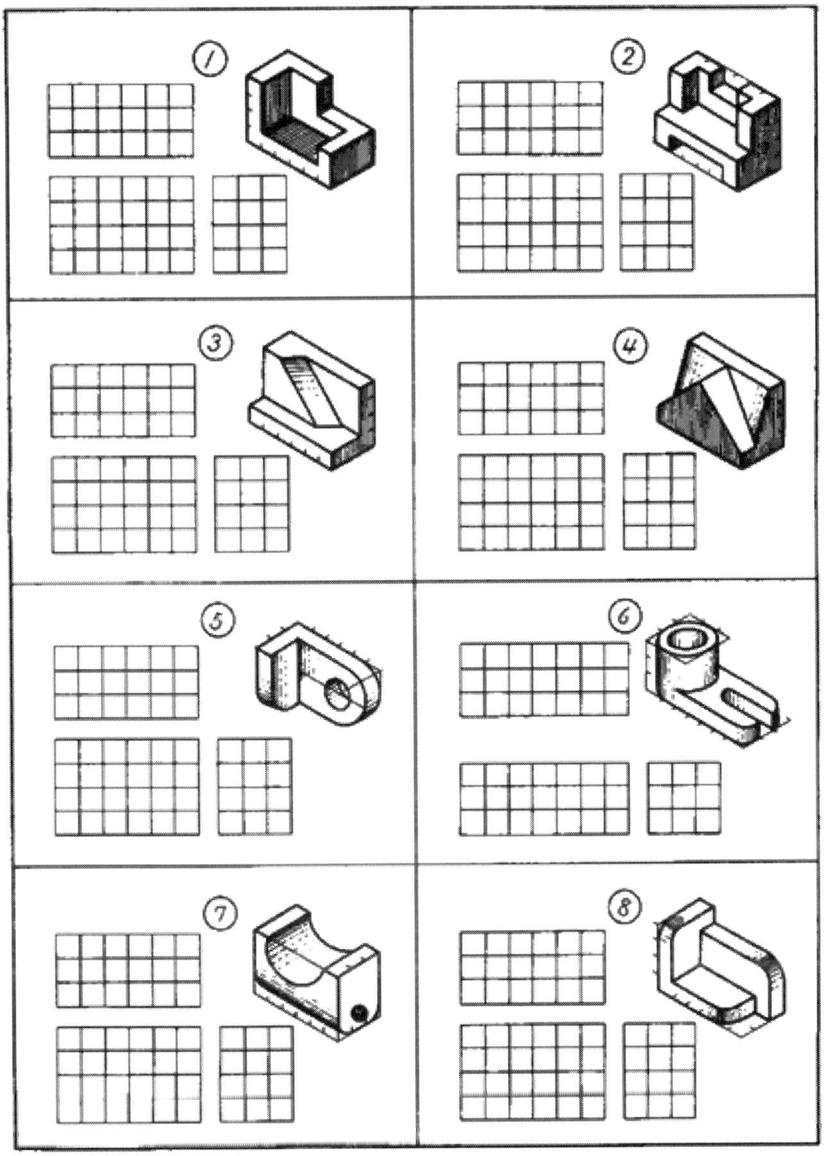

그림 9-51 도면그리기

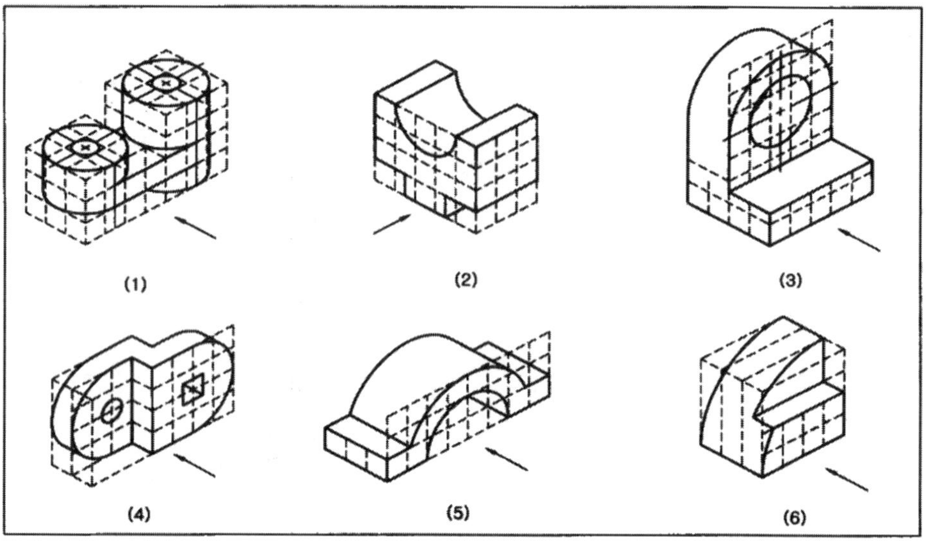

그림 9-52 투상 그리기

[세계 각국 공업 관계 규격 일람]

A

AA	Aluminum Association, U.S.A.
AAR	Association of American Railroads,U.S.A.
AASHO	American Association of State Highway Officials, U.S.A.
AATCC	American Association of Textile Chemists and Colorists, U.S.A.
ABS	American Bureau of Shipping, U.S.A.
ACI	American Concrete Institute, U.S.A.
ACI	Alloy Casting Institute, U.S.A.
ACS	American Chemical Society, U.S.A.
AD	Arbeitsgemeinschaft Druckbehäter, GERMANY
ADA	American Dental Association, U.S.A.
AEIC	Association of Edison Illuminating Co., U.S.A.
AFBMA	Anti-Friction Bearing Manufacturers Association, U.S.A.
AGA	American Gas Association , U.S.A.
AGMA	American Gear Manufacturers Association, U.S.A.
AIEE	American Institute of Electrical Engineers, U.S.A. (IEEE)
AISC	American Institute of Steel Construction, U.S.A.
AISI	American Iron and Steel Institute, U.S.A.
ALCOA	Aluminum Company of America, U.S.A.
AMCA	Air Moving and Conditioning Association, U.S.A.
AMS	Aerospace Material Specifications-SAE, U.S.A.
AN Air	Force-Navy Aeronautical Standards, U.S.A.
AN Air	Force-Navy Aeronautical Specifications, U.S.A.
ANA Air	Force-Navy Aeronautical Bulletin, U.S.A.
AOAC	Association of Official Agricultural Chemists, U.S.A.
AOCS	American Oil Chemists' Society, U.S.A.

B

BDS	Comité Suprême de l'Automobile, FRANCE
BS	British Standards, U.K.
BV	Bureau Veritas, FRANCE

C

CEE	International Commission on Rules for the Approval of Electric Equipment
CEI	Comitato Electtrotecnico Italiano. ITALY
CEMA	Canadian Electrical Manufacturers Association, CANADA
CGA	Compressed Gas Association, U.S.A.
CISPR	International Special Committee on Radio Interference
CNS	Chinese National Standards, TAIWAN
CR	China Corporation Register of Shipping. TAIWAN
CS	Commercial Standards, U.S.A.
CSA	Canadian Standards Association, CANADA
CSB	Centrala Sjukvardsberedningen−SIS, SWEDEN
CSN	Ceskoslovenskych Norem, CZEKOSLOVAKIA
CGSB	Canadian Government Specification Board. CANADA

D

DCDMA	Diamond Core Drill Manufacturers Association, U.S.A.
DGN	Direccion General de Normas, MEXICO
DIN	Deutsche Normen, GERMANY
DS	Dansk Standard, DENMARK
DTD	Directorate of Technical Development, U.K.

E

EEI	Edison Electric Institute, U.S.A.
EIA	Electronic Industries Association, U.S.A.(舊RETMA)

ENO	Greek Standards Committee, Technical Chamber of Greece. GREECE
EOCI	Electric Overhead Crane Institute, U.S.A.
EOS	Egyption Organization for Standardization, U.A.R.
EURONORM	Normen der Europaischen Gemeinschaft für Kohle und Stahl

F

FDA	Foods and Drugs Administration, U.S.A.
FHMA	Feedwater Heater Manufacturers Association, U.S.A.
FS	Federal Specifications and Standards, U.S.A.

G

GOST	State Committee on Standards, U.S.S.R
GL	Germanischer Loyd, GERMANY

H

HEI	Heat Exchange Institute, U.S.A.
HMA	Hoist Manufacturers Association, U.S.A.
HI	Hydraulic Institute, U.S.A.

I

IBR	Indian Boiler Regulation. INDIA
IBR	Institute of Boiler and Radiator Manufacturers, U.S.A.
ICC	Interstate Commerce Commission, U.S.A.
IEE	Institute of Electrical Engineers, U.K.
IEEE	Institute of Electrical and Electronic Engineers, U.S.A. (舊AIEE, IRE)
IES	Illuminating Engineering Society, U.S.A.
IFI	Industrial Fasteners Institute, U.S.A.
INDITECNOR	Institute Nacional de Investigaciones Tecnologicasy Normalizacion. CHILE

IP	Institute of Petroleum, U.K.
IPCEA	Insulated Power Cable Engineers Association, U.S.A.
IRAM	Institute Argentino de Racionalizacion de Materials, ARGENTINE
IRSS	Indian Railway Standard Specification INDIA
IS	Indian Standards, INDIA
ISD	Indian Stores Department INDIA
I.S.	Irish Standards, IRELAND
ISA	International Federation of the National Standardizing Association (ISO)
ISA	Instrument Society of America, U.S.A.
ISO	International Organization for Standardization
ICBO	International Conference of Building Officials

J

JAN	Joint Army–Navy Specifications, U.S.A.(MIL)
JIC	Joint Industry Conference, U.S.A.
JEDEC	Joint Electronic Device Engineering Council–EIA, U.S.A.
JUS	Jogoslovenski Standard, YUGOSLAVIA

K

KS	Korean Standards, Rep. of Korea

M

MIL	Military Specifications and Standards, U.S.A.
MNC	Metallnormcentralen–SIS, SWEDEN
MPIF	Metal Powder Industries Federation, U.S.A.
MSS	Manufactuerers Standardization Society of the Valve and Fitting Industry, U.S.A.
MSZ	Magyar Szabvanyugyi Hivatal, HUNGARY
MS	Military Standards, U.S.A.

N

NAB	National Association of Broadcasters, U.S.A.
NARTB	National Association of Radio and Television Broadcasters, U.S.A. (NAB)
NBCC	National Building Code of Canada CANADA
NBFU	National Board of Fire Underwriters, U.S.A. (1966解消)
NB	Normas Brasileiras, BRAZIL
NBN	Normes Belges, BELGIUM
NBS	National Bureau of Standards, U.S.A.
NEC	National Electrical Code-U.S.A.SI CI. U.S.A
NEMA	National Electrical Manufacturers Association, U.S.A
NEMCO	Norges Elektriske Materiell kontroll, NORWAY
NEN	Nederlandse Norm, NETHERLANDS
NF	Norme Francaise, FRANCE
NFPA	National Fire Protection Association, U.S.A.
NFPA	National Fluid Power Association, U.S.A.
NOR-CUBA	Norma Cubana, CUBA
NMTBA	National Mahine Tool Builders' Association, U.S.A.
NORVEN	Norma Portuguesa, PORTUGAL
NS	Norsk Standard, NORWAY
NZSS	New Zealand Standard Specifications, NEWZEALAND
NV	Norske Veritas, NORWAY

O

ÖNORM	Österreichische Norm, AUSTRIA.
ÖVE	Österreichischer Eletrotechnischer Verein, AUSTRIA

P

PEI	Porcelain Enamel Institute, U.S.A.

PN	Porska Norma, POLAND
PRSS	Pakistan Railway Standard Specification, PAKISTAN
PS	Pakistan Standards, PAKISTAN

R

RETMA	Radio Electronic Television Manufacturers Association, U.S.A. (EIA)
RI	Registro Itliano Navale, ITALY
RMA	Rubber Manufacturers Association, U.S.A.

S

SABS	South African Bureau of Standards, REP. Of SOUTH AFRICA
SAE	Society of Automotive Engineers, U.S.A.
SEMKO	Svenska Elektriska Materelkontrollanstalten, SWEDEN
SEN	Svenska Elektrotekniska Normer–SIS, SWEDEN
SEV	Schweizerischer Elektrotechnoischer Verein=SAE, SWITZERLAND
SFS	Finlands Standiserings Kommission, FINLAND
SI	Israel Standards, ISRAEL
SIS	Svenska Standard, SWEDEN
SMS	Sveriges Mekanförbunds Standardcentral–SIS, SWEDEN
SNV	Schweizerische Normenvereinigung, SWITZERLAND
SPR	Simplified Practice Recommendation, U.S.A.
STA	Superintendent Technical Application, U.K.
STAS	Standard de Stat, RUMANIA

T

TAPPI	Technical Association of the Pulp and Paper Industry, U.S.A.
TEMA	Tubular Exchanger Manufacturers Association, U.S.A.
TRA	Tire and Rim Association, U.S.A.
TS	Türk Standardlari, TURKEY

U

UIC International Union of Railways

UL Underwriters' Laboratories, U.S.A.

UNCO Una Norma Colombiana, COLOMBIA

UNE Una Norma Espanola, SPAIN

UNI Unificazione, ITALY

UNIT Institute Uruguayo de Normas Technicas, URUGUAY

USASI United States of America Standards Institute, U.S.A. (舊ASA)

USCG U.S. Coast Guards, U.S.A.

V

VSM Verein Schweizerischer Maschinenindustrieller, SWITZERLAND

VDE Verband Deutscher Elektrotechniker, GERMANY

VDEh Verein Deutscher Eisenhüttenleute, GERMANY

VDI Verein Deutscher Ingenieure, GERMANY

부 록

부록 1 **공구 종류와 용도**

부록 2 **재료 기호**

부록 3 **철강 및 비철금속의 재료 기호**

부록 4 **KS와 JIS의 재료 기호**

부록 1 공구 종류와 용도

공구 종류	명 칭	현장 용어/규격	사용 용도
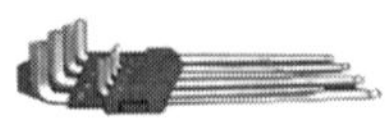	볼 렌치 Set (Super Ball Wrenches)	육각. 별 렌치 Set 볼 L렌치 Set	• 소켓 볼트 체결용 – Bolt의 머리 단면에 육각 홈이 나 있는 볼트 체결 시 사용한다.
	몽키 스패너 (Adjustable Angle Wrenches)	조정렌치, 몽키 예) 입 크기 × 전체길이	• 육각 4각 머리 Bolt, Nut 체결용 – 육각 머리 Bolt, Nut를 분해, 조립작업에 주로 사용하며 턱을 매 때 조절할 수 있다.
	양구 스패너 (Open Ended Spanners)	메가네 스패너 예) 7×8, 전체길이 구멍	• 육각 4각 머리 Bolt, Nut 체결용 – 양쪽이 다른 Size로 되어있고 모두 Open 되어 있어 Bolt, Nut를 조립, 분해에 사용하기 편리하다.
	조합 렌치 (Combination Wrenches)	콤비스패너 구경–전체길이	• 육각 머리 Bolt, Nut 체결용 – 양쪽이 동일 Size로 한쪽은 Open 되어 있고 반대쪽은 12각 홈으로 되어 있어 용도에 따라 편리하게 사용할 수 있다.
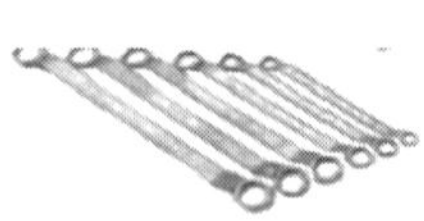	오프셋 렌치 (Offset Wrenches)	양구 오프 렌치 구경–전체길이	• 양쪽 치수가 한 단계 차이 나는 Size로 되어 있고 모두 12각으로 되어있으며 양측 끝부분이 굴곡져있어 깊은 홈 부분에 볼트나 너트 체결이 용이하다.
	기어 렌치 (Gear Wrench)	스패너 (구경 전체 길이)	• 육각 머리 Bolt, Nut 체결용 – 양쪽이 동일 Size로 한쪽은 Open 되어 있고 반대쪽은 복스 Type으로 되어 있어 볼트나 너트 체결이 용이하다.

공구 종류	명 칭	현장 용어/규격	사용 용도
	소켓렌치 (socket wrenches)	복스(set)	• 복스다마 – 보올트, 너트를 분해, 조립할 때 사용한다.
	T–렌치 (T–Type Wrenches)	T–렌치 (육각대각선크기)	• 소켓 볼트 체결용 – 체결 공간이 깊고 협소한 곳에 소켓 볼트 체결, 분해 시 사용
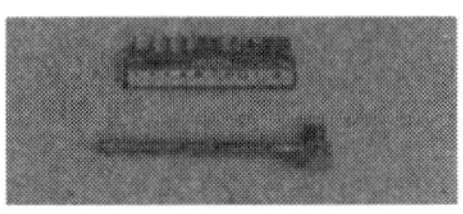	복스 렌치 (Box Wrenches)	메가네 렌치set	• 나사 및 소켓 볼트 체결 시 사용되며 복스 Type으로 다양한 Size의 비트가 내장되어 있다.
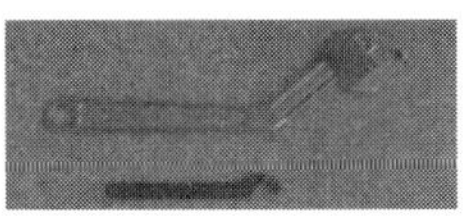	훅 스패너 (Hook Spanner)	–	• Bearing Nut 체결용 – Ball Screw 나 축의 끝단 나사 Bearing Nut 분해 조립 시 사용.
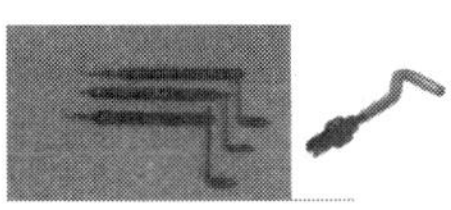	헬리셋트 핸들 인스트 코일 핸들 (Insert Coil Handle) (Inserting Tools)	헬리셋트 핸들	• 모재의 재질이 연질인 알루미늄이나 주물에 인스트 코일 삽입용 핸들
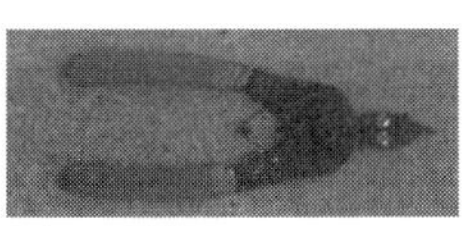	스냅 링 플라이어 (Snap Ring Pliers)	스냅 플라이어	• 축이나 구멍에 Snap Ring 분해, 조립용 – Snap Ring 삽입 및 분해 작업 시 사용하며 내경과 외경용이 있다.
	자동 복스대 (Attachments)	라쳇 핸들, 복스대 (깔깔이, 조립소켓–긴이)	• 소켓 볼트 /육각 Bolt, Nut 체결용 – Bolt,Nut 체결 작업에 사용하며 조절에 따라 한쪽 방향은 Lock되어 체결이 가능하고 다른 한 방향은 Free 상태로 작업이 편리 하다.
	리쳇 렌치 (Ratchet Wrenched)	복스 렌치 (깔깔이)	• 육각 Bolt, Nut 체결용 – Bolt, Nut 체결 작업에 사용하며 조절에 따라 한쪽 방향은 Lock되어 체결이 가능하고 다른 한 방향은 Free 상태로 작업이 편리 하다.

공구 종류	명 칭	현장 용어/규격	사용 용도
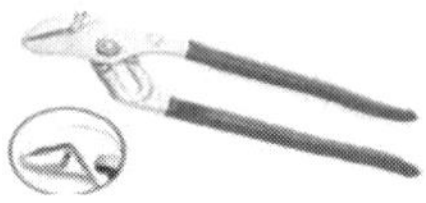	워터펌프플라이어 (Water Pump Pliers)	조인트 플라이어	• 수도나 가스관 등의 배관공사시 Nut 체결용으로 사용되며 집는 부분의 크기를 조절하여 사용이 가능하다.
	플라이어 (Slip Joint Pliers)	플라이어 전체길이	• 철선 등의 꼬임 및 굽힘 물건을 집는 작업에 사용되며 집는 범위를 크기에 따라 조절하여 사용이 가능 하다.
	락킹 플라이어 (Locking pliers)	바이스 클립	• 나사 및 너트작업, 배관작업, 환봉이나 철판 등의 고정, 회전, 절곡 등의 작업에 사용 한다.
	기어 풀러 (Gear ullers)	풀리 루끼	• 기어, 타이밍 풀리 Bearing 등의 뽑기 작업에 주로 사용한다. 고정 걸이가 2발과 3발 Type 있다.
	드라이버 셋 (Driver set)	드라이버 셋	• +, − 용 및 다양한 비트가 내장되어 있으며 나사나 너트를 조이거나 풀 때 사용
	시계 드라이버 (Precision Screw Driver)	−	• +, − 용이 내장되어 있으며 소형 나사를 조이거나 풀 때 사용하는 공구
	양용 스크루 드라이버 (Screw Drivers)	+, − 드라이버 (전체길이)	• 홈의 모양이 +, −인 체결용 부품을 조이거나 풀 때 사용하는 공구
	드릴 Set (Drills)	드릴 / 기리 (굵기)	• 목재나 금속에 Hole 작업시 사용 − 드릴 날의 재질에 따라 강도가 차이가 있다.
	탭 (TAP) (Ordinary Hand Taps)	탭 (나사외경/피치) (3개 1조로 구성)	• 드릴로서 구멍 가공을 한 후 1번탭, 2번탭, 3번탭 순으로 작업을 하며 암나사를 만들기 위한 공구이다.

공구 종류	명 칭	현장 용어/규격	사용 용도
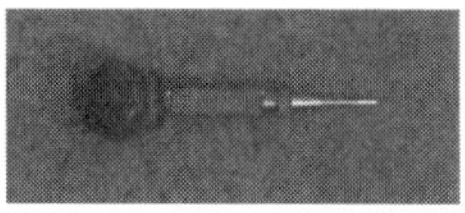	자동 센터 펀치	센터 펀치	• 드릴 작업시 가공점의 중심을 표시 하는데 사용함.
	탭 핸들 (Tap Handle)	양 손 탭 핸들	• Tapping 작업시 사용함.
	T 탭 핸들 (T-Tap Handle)	한 손 탭 핸들	• Tapping 작업시 사용하며 샤프형 복스 Type으로 작업이 용이하다.
	카운터 싱크 (Counter sink)	싱크 면취기	• 가공품이나 부품에 드릴 작업 후 입구를 다듬질 하는 공구 접시 머리 볼트 사리를 가공 할 때도 사용
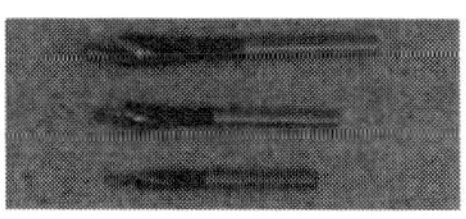	카운터 보어 (Counter bore)	둥근 자리 파기	• 조립 부품에 볼트 자리 파기용 공구로 볼트 Size별로 공구도 규격화 되어 있다.
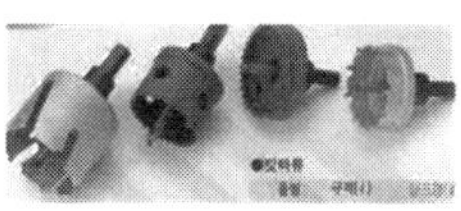	홀 쏘 (Hole CAW)	홀 컷	• Cover나 제어반 등 얇은 철판에 각종 스위치나 램프 부착용 Hole 작업시 사용하는 공구
	나사 추출기 (Screw Exerted Tory)	백 탭	• 볼트 머리부분 파손시 해제 공구 – 볼트 파손부분에 드릴로 Hole을 가공하여 추출기를 삽입하고 시계 반대 방향으로 회전시켜 볼트를 추출함.
	충전 드릴 (Cordless Drill)	충전 드릴 (끼운 수 있는 최대직경)	• 공작물에 Hole이나 Tapping 작업시 사용하는 공구로 정, 역회전이 가능하며 충전식으로 어느 곳에서나 작업이 가능하다.
	전기 드릴 (Electric Drill)	전기 드릴 (끼울 수 있는 절삭공구 최대직경)	• 공작물, 부품에 Hole 작업시 사용
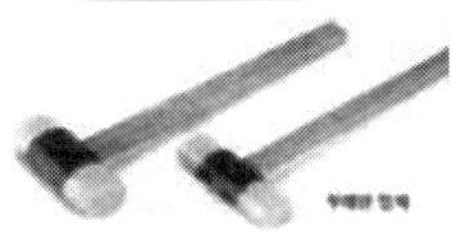	망치 (Hemmer)	(우레탄, 고무망치, 콜크)	• 기구 물에 흠이 발생하면 안 되는 곳 조립이나 분해시 사용

공구 종류	명 칭	현장 용어/규격	사용 용도
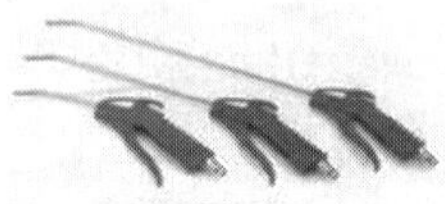	에어컨 (Air guns)	에어컨	• Air를 이용한 공작물이나 부품 이물 제거 및 청소 작업시 사용
	빗 줄 – Set (set Files)	조줄/ 야스리	• 표면이나 모서리 부분 등을 손으로 다듬질 할 때 사용하는 한 벌로 된 공구.
	오일 스톤 (Oil stone)	도이시 정밀 숫돌	• 공작물의 표면을 정밀 다듬질 작업시 사용하며 형상을 만들어 사용하는 다듬질용 수 공구
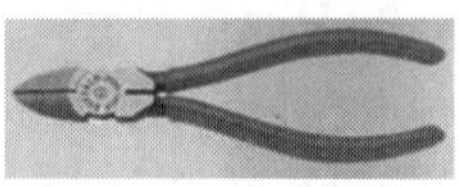	니퍼 (Nipper) (cutting Pliers)	니퍼 (전체길이)	• 동선이나 철선류의 절단이나 피복을 벗기는 공구로 전기 결선 작업시 사용한다.
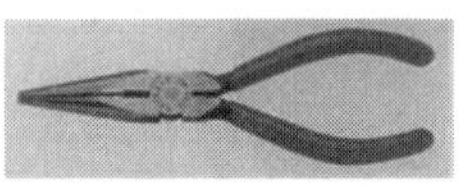	롱 로우즈 (Long Nose pliers)	롱 로우즈 (전체길이)	• 부품을 집거나 자를때 사용하는 공구
	자동 스트립 퍼 (Auto Stripper)	자동 스트립퍼	• 전선의 피복을 벗기는 공구로 전선 치수에 따라 사용 하므로 아주 편리하며 전기 결선 작업시 한다.
	수동 스트립 퍼 (Hand stripper)	스트립퍼	• 전선의 피복을 벗기거나 절단시 사용하는 공구
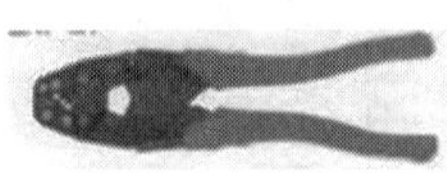	터미널 압착기 (Terminal Crimping Tool)	터미날 압축기	• 전선의 끝 부분에 터미널을 물리고 압착 할 때 사용하는 공구
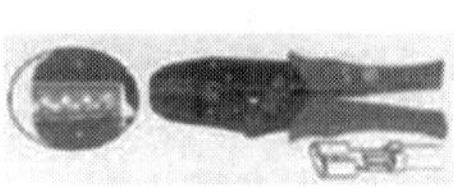	핀 압착기	압착기	• 전선의 끝 부분에 Connector Pin을 물리고 압착 작업 시 사용하는 공구
	뻰지 (Side cutting pliers)	뻰지 (전체 길이도 호칭)	• 동선류 및 철선류를 전달하는데 사용한다.(다용도로 많이 사용)
	탁상바이스 (Bench vices)	바이스 (믈음쇠가 있는 입의 크기)	• 작업대에 부착하여 주로 다듬질, 조립작업을 할 때 공작물의 물리는 공구
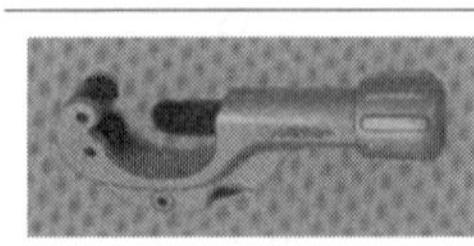	파이프 커터 (Pipe Cutters)	파이프 커터 (별도의 호칭번호)	• 동이나 스텐레스 Pipe 절단용 공구

공구 종류	명 칭	현장 용어/규격	사용 용도
	파이프 커터 (Pipe Cuter Set)	파이프 커터 (별도의 호칭번호)	• Pipe 절단용 Set
	Pipe Cuter PVP 컷트 (PVP Cutter)	컷트	• PVC Pipe 절단용 공구 • PVC Pipe 절단용 공구 • 동이나 스텐레스 Pipe 절단기
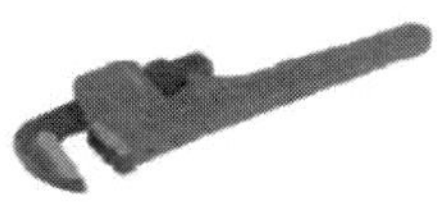	파이프 렌치 (Pipe Wrenches)	파이프 렌치 (물릴 수 있는 최대의 관을 물었을 때 전체길이)	• 수도관, 가스관, 기타 배관 공사에 주로 사용되는 공구로 머리부분에 조정 나사를 돌려 폭 크기를 조절하여 사용하는 공구.
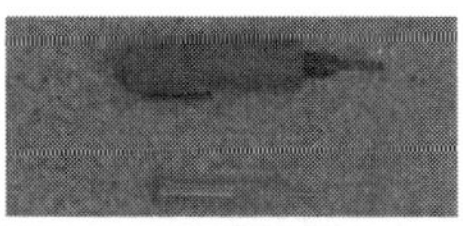	Pin 뽑기	Pin 뽑기	• Connector에 Pin를 뽑을 때 사용하는 공구
	만역기 C-Type Clamps	씨 클램프	• 두 부품의 접합 고정용 공구
	직각자 (Precision Square)	직각자	• 가공 부품이나 조립부품에 직각도 확인시 사용
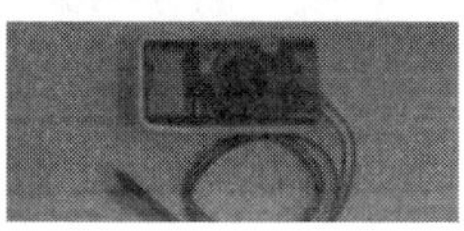	멀티 테스터기 (Digital Insolation Tester)	테스트기	• 전압, 전류, 저항 측정시 주로 사용
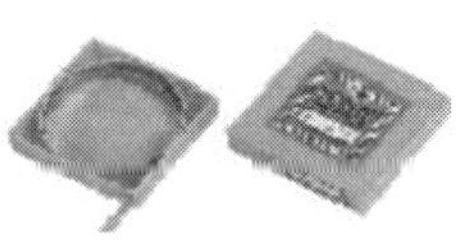	간극 게이지 (Feeler galhge) (Liner Shim)	간극게이지	• 2개의 부품 조립시 위치 조정을 할 때 사용되는 끼움쇠 2개 이상의 부품 조립시 조립 공차를 만족시키지 못할 경우 치수를 보상 해줌.
	씨크니스 게이지 (Thickness gauge)	두께게이지 틈새 게이지	• 좁은 틈새를 하는 측정공구 얇은 강철판을 여러 장 겹쳐 1벌로 되어 있다.(0.05 단위로 0.05 ~2.0mm)
	버니어 캘리퍼스 (Vernier Calipers)	버니어/노기스 (전체길이)	• 부품의 내,외경 치수를 측정하는 공구로 측정 가능 최소 단위가 0.05mm이며 측정시 눈금 보는 각도에 따라 오차가 발생 할 수 있다.

공구 종류	명 칭	현장 용어/규격	사용 용도
	다이알 캘리퍼스 (Dial Calipersa)	다이알 버니어 /노기스 (전체길이)	• 부품의 내,외경 치수를 측정하는 공구로 측정 가능 최소 단위가 0.01mm까지 가능하다.
	디지털 캘리퍼스 (Digimatic Calipersa)	디지털 버니어 / 노기스 (전체길이)	• 부품물의 내,외경 치수를 측정하는 공구로 디지털로 표시 되므로 측정 최소 0.01mm까지 측정이 가능하고 보는 각도에 따라 발생하는 오차가 그이 없다.
	외경 마이크로미터 (Outside Micrometers)	외경마이크로	• 부품의 외경 치수를 측정하는 공구로 최소 0.01mm까지 측정이 가능하고 보는 각도에 따라 오차가 발생 할 수 있다.
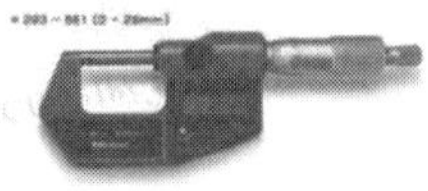	디지털 마이크로 미터 (Digimatic Micrometers)	디지털 마이크로	• 부품물의 외경 치수를 측정하는 공구로 디지털로 표시 되므로 최소 마이크롬 단위까지 측정이 가능하고 보는 각도에 따라 발생하는 오차가 없다.
	디지털 하이트 게이지 (Digimatic Height Gauges)	디지털 높이게이지	• 가공품의 표면에 가공 치수선을 긋거나 정밀 부품의 평행,평면도를 측정 상호 편차를 확인할 때 사용하는 공구 디지털로 수치가 표시 되므로 최소 마이크롬 단위까지 측정이 가능하다.
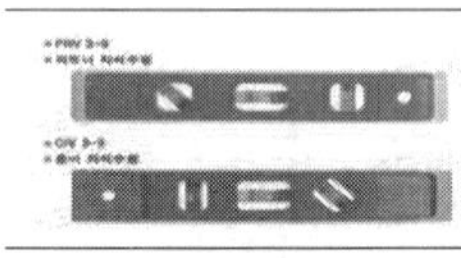	수준기 수평 (Level)	레벨 (전체길이)	• 기울기를 보정하고자 확인할 수 있는 공구
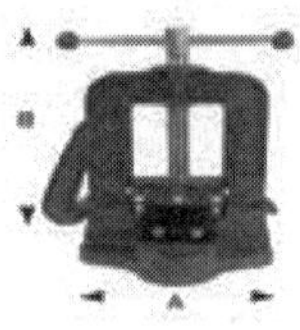	파이프 바이스 (Pipe vise)	파이프 바이스	• pipe 작업 시 고정용 사용 사용하는 공구
	인서트해제공구 (Extracting Tools)	인서트 해제기	• 잘못 삽입된 코일인서트를 빼 낼 때 사용하는 공구
	코일 인서트용 탭 (Insert coil Taps)	인서트 탭	• 일반 탭보다 외경이 크고 코일 전용 탭으로서 인서트 자리 작업용에 사용하는 절삭공구

공구 종류	명 칭	현장 용어/규격	사용 용도
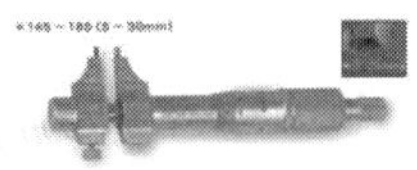	내경 마이크로미터 (Inside micrometers)	내경마이크로 (최대측정부 내경)	• 부품의 내경 치수를 측정하는 공구로 최소 0.01mm까지 측정이 가능하고 보는 각도에 따라 오차가 있어 눈금 읽기에 연습이 필요하다.
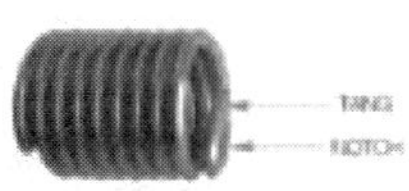	코일인서트 헬리코일 (Coil Insert)	인서트 헬리코일	• 경금속(알루미늄, 마그네슘, 동), 주물, 플라스틱, 목재 등과 같이 경도가 약한 모재에 강한 나사체결을 할 수 있도록 해주는 나사 보강재 부품 – 내식성, 내열성, 내마모성이 좋고, 특히 진동이나 충격에 의한 이완 방지효과도 뛰어나다.
	보라색	222	• 저 강도 소형 나사부 사용 • 수공부 분해가 가능한 부분에 사용
	청색	243	• 중 – 고강도 오일이 묻어 있는 나사부에 사용 굵기는 M20정도 까지 사용한다.
	적색	262	• 고강도 영구 고정의 나사부
	적색	272	• 고온용 나사부 고정용
	적색	277	• 고점도용의 큰 보올트, 스터트에 사용 열에 기히면 분헤기 기능함
	녹색	290	• 고강도 침투 고정용 나사부에 사용 금속 균열부, 용접부, 저점도 용으로 사용되며 침투성이 강하다.

부록 2 재료 기호

2.1 재료 기호의 표시 예

(예)
(1) SF34 → 탄소강 단강품 [S(강), F(단조품), 34(최저인장강도)]
(2) SC 37 → 탄소강 주강품 [S(강), C(주조품),37(최저인장강도)]
(3) S 1 → 초경합금 1종 [S(초경합금), 1(1호)]
(4) SHP 1 → 열간 압연 연강판 1종[S(강), H(열간 가공품), P(강판), 1(1종)]
(5) SM20C → 기계 구조용 탄소강 강재
[SM(기계구조용), 20C(탄소 함유량 0.15%~0.25%의 중간값)] 제3종
(6) PW 1 → 피아노선 1종[PW(피아노선), 1(1호)]
(7) CuR 1-0 → 구리막대 1종 연질 [Cu(구리), R(막대), 1-0(1종-연질)]
(8) Bs BMAD□ → [Bs(황동), BM(비철금속 봉재(maching bar)), A(연질), D(인발), □(각재)]

2.2 첫째 자리의 문자(재질 명칭)

기 호	재 질	기 호	재 질
Al	알루미늄(aluminium)	MgA	마그네슘합금(magnesium alloy)
AlA	알루미늄합금(Al alloy)	NBs	네이벌황동(naval brass)
Br	청동(bronze)	NiS	양은(nickel silver)
Bs	황동(brass)	PB	인청동(phosphor bronze)
C	초경질합금(carbide alloy)	Pb	납(lead)
Cu	동(copper)	S	강철(steel)
F	철(ferrum)	SzB	실진 청동(silzin bronze)
HBs	강력황동(high strength brass)	W	화이트 메탈(white metal)
L	경합금(light alloy)	Zn	아연(zinc)
K	켈멧(kelmet)		

2.3 둘째 자리의 문자(규격품과 제품명)

기 호	재 질	기 호	재 질
Au	자동차용재	KH	철과 강 고속도강(high speed steel)
B	비철금속 봉재	L	궤도(rail)
B	철과 강 보일러(bolier)용 압연재	M	조선(marine)용 압연재
Br	단조용 봉재(forging bar)	MR	조선용 리벳(marine rivet)
BM	비철금속 머시닝(machining)용 봉재	N	철과 강 니켈강(nickel steel)
BR	철과 강 보일러용 리벳(rivet)	NC	니켈크롬강(nickel chromium steel)
C	철과 비철주조품(casting)	NS	스테인리스강(stainless steel)
CM	철과 강 가단주철품(malleable casting)	P	비철금속 판재(plate)
DB	볼트, 너트용 냉간인발(bolt drawn)	S	철과 강 구조용 압연재
E	발동기(engine)	SC	철과 강 철근 콘크리트용 봉재
F	철과 강 단조품(forging)	T	철과 비철 관(tube)
G	게이지(gauge)용재	TO	공구강(tool steel)
GP	철과 강 가스 파이프(gas pipe)	UP	철과 강 스프링강(spring steel)
H	철과 강 표명경화(case hardening)	V	철과 강 리벳(rivet)
HB	최강봉재(high strength bar)	W	철과 강 와이어(wire)
K	철과 강 공구강(tool steel)	WP	철과 강 피아노선(piano wire)

2.4 셋째 자리의 문자(금속 종류)

(1) 인장강도를 의 수치로 표시 한다.
(2) 숫자 다음에 A는 연질, B는 반경질, C는 경질 등을 기입 한다.
(3) 단위 길이 당 중량을 괄호 안에 기입 한다.

2.5 셋째 자리의 문자(금속기호의 끝에 특별히 첨가하는 기호)

구 분	기 호	기호의 의미	구 분	기 호	기호의 의미
종류에 의한 기호	A	갑		A	형강
	B	을		B	봉강
	C	병			
	D	정			
	E	무	알루미늄 합금의 열처리 기호	F	열처리를 하지 않은 재질
가공법·용도·형상 등에 의한 기호	D	냉각인발, 절삭, 연삭		O	어닐링 처리한 재질
	CK	표면경화용		H	가공 경화한 재질
	F	평판 아연 철판		1/2H	반 경질
	C	파판		W	퀜칭한 후 시효강화 진행 중의 재료
	P	강판 일반용 연강재		T3	어닐링 처리한 재질(주물용)
	F	평강		T6	퀜칭한 후 템퍼링 처리한 재료

2.6 넷째 자리의 문자(제조법)

기 호	제조명	기 호	제조명
Oh	평로강(open hearth steel)	Cc	도가니강(crucible steel)
Oa	산성(acidic)평로강	R	압연(rolled)
Ob	염기성(basic)평로강	F	단조(forged)
Bes	전로강(bessemer steel)	Ex	압출(extruded)
E	전기로강(electric steel)	D	인발(drawn)

다섯째 자리의 문자(제품 형상 기호)

기 호	제 품	기 호	제 품	기 호	제 품
P	강판	□	각 재	□	평강
•	둥근강	△6	6각강	I	I형강
◎	파이프	[8]	8각강	⊏	채널

부록 3 철강 및 비철금속의 재료 기호

KS D	명 칭	종 별	기 호	인장강도 kgf/mm²	용 도
3503	일반 구조용 압연 강재 (Rolled Steel for General Purposes)	1종	SB34	34~44	강판, 평강, 봉강 및 강대
		2종	SB41	41~52	강판, 평강, 봉강 및 형강
		3종	SB50	50~62	강판, 평강, 봉강 및 형강
		4종	SB55	55 이상	두께, 지름, 변 또는 대변거리가 40㎜이하의 강판, 평강, 형강, 봉강 및 강대 (비고) : 강관, 평강, 형강 및 봉강을 표 때의 기호는 종류의기호 다음에 p(강판), F(평강), A(형강) 및 B(봉강)을 표시 (예) : SB34P(일반구조용 압연 강재 강판 1종)
3507	배관용 탄소 강관 (Carbon steel pipe for Ordinary Piping)	일반 배관용 탄소 강관 (A관)	SPP 흑관	30 이상	아연도금을 하지 않는 관
			SPP 백관		아연도금을 한 관
		수도배관용 탄소 강관 (B관)	SPPW 백관	30 이상	아연도금을 한 관으로서 최대 정수두가 100이하의 수도 배관용에 적용됨.
3509	피아노 선재 (Piano Wire Rod)	1종 A	PWR1A	–	와이어로프
		1종 B	PWR1B	–	
		2종 A	PWR2A	–	스프링
		2종 B	PWR2B	–	P · C강선
		3종 A	PWR3A	–	강연선
		3종 B	PWR3B		상연선
3512	냉간압연 강판 (Cold Rolled Carbon Steel Sheet and Strip)	1종	SBC1	–	일반용
		2종	SBC2	28 이상	가공용(가공도가 작은 것)
		3종	SBC3	28 이상	가공용(가공도가 큰 것)

KS D	명칭	종별		기호	인장강도 kgf/mm^2	용도
3515	용접구조용 압연 강재 (Rolled Steel for Wel-ded Structure)	1종	A	SWS 41A	41~52	강판, 대강, 형강 및 평강의 두께 100mm 이하, 강판 및 대강의 두께 50mm 이하.
			B	SWS 41B		
			C	SWS 41C		
		2종	A	SWS 50A	50~62	강판, 대강, 형강 및 평강의 두께 100mm 이하, 강판 및 대강의 두께 50mm 이하.
			B	SWS 50B		
			C	SWS 50C		
		3종	A	SWS 50YA	50~62	강판, 대강, 형강 및 평강의 두께 50mm 이하.
			B	SWS 50YB		
		4종	A	SWS 53A	53~65	강판, 대강, 형강 및 평강의 두께 50mm 이하, 강판 및 대강의 두께 50mm 이하.
			C	SWS 53C		
		5종		SWS 58	58~73	강판 및 대강의 두께 5mm 이상, 50mm 이하.
3517	기계구조용 탄소강 강판 (Carbon Steel Tubes for Machine Structural Purposes)	11종	A	STKM11A	30 이상	인쇄용 롤러, 배기 파이프, 스티어링, 모터커버, 자전거 프레임, 가구
		12종	A	STKM12A	35 이상	크로스 멤버, 직기용 롤로 베어링 백메탈, 스티어링 시스템, 프로펠러 축, 중공축 앞 포크
			B	STKM12B	40 이상	
			C	STAM12C	48 이상	
		13종	A	STKM13A	38 이상	프로펠러 샤프트, 스티어링 시스템, 크로스 멤버, 유압 실린더, 베어링 백메탈, 직기용 롤러, 액시얼 튜브
			B	STKM13B	45 이상	
			C	STAM13C	52 이상	
		14종	A	STKM14A	42 이상	스티어링 시스템, 크로스 멤버, 액시얼 튜브, 유압실린더
			B	STKM14B	51 이상	
			C	STAM14C	56 이상	
		15종	A	STKM15A	48 이상	스티어링 시스템, 크로스 멤버, 엑시텐숀 튜브, 프로펠러 축
			C	STAM15C	59 이상	
		16종	A	STKM16A	52 이상	벨브 록 카축, 스티어링 시스템, 액시얼 튜브, 프러펠러 축, 보링 로드
			C	STAM16C	63 이상	
		17종	A	STKM17A	56 이상	액시얼 튜브, 보링 튜브
			C	STAM17C	66 이상	
		18종	A	STKM18A	45 이상	수압 철주, 포크, 튜브, 유압실린더
			B	STKM18B	50 이상	
			C	STAM18C	52 이상	

KS D	명 칭	종 별	기 호	인장강도 kgf/mm²	용 도
3522	고속도 공구강 강재 (High-Speed Tool Steel)	텅스텐계	SKH2	–	일반절삭용, 기타 각종 공구
			SKH3	–	고속 중 절삭용, 기타 각종 공구
			SKH4A	–	난삭재 절삭용, 기타 각종 공구
			SKH4B	–	〃
			SKH5	–	〃
			SKH10	–	고 난삭재 절삭용, 기타 각종 공구
		몰리브덴계	SKH51	–	인성을 요하는 일반 절삭용, 기타 각종 공구
			SKH52	–	비교적 인성을 요하는 고속도재 절삭용, 기타 각종 공구
			SKH53	–	
			SKH54		
			SKH55	–	비교적 인성을 요하는 고속도 중 절삭용, 기타 각종 공구
			SKH56	–	
			SKH57	–	
	특수 마대강 (Cold Rolled Special Steel Strip)	탄소강	SM30CM	–	리테이너
			SM35CM	–	사무용 기계부품
			SM45CM	–	클러치 부품, 체인 부품, 양산 살대, 와셔
			SM50CM	–	카메라 등 구조 부품, 체인 부품, 양산살대, 카메라 등 구조부품, 목공용 톱
			SM55CM	–	스프링, 안전 작업화, 깡통 따기, 톰프슨, 칼날, 양산살대, 카메라 등 구조부품, 목공용 톱
			SM60CM	–	체인부품, 목공용 톱, 부라인드 안전 작업화, 사무용 기계부품 와셔
			SM65CM	–	안전작업화, 클러치 부품, 스프링
			SM70CM	–	스프링, 와셔, 목공용 톱

KS D	명 칭	종 별	기 호	인장강도 kgf/mm²	용 도
3551	특수 마대강 (Cold Rolled Special Steel Strip)	탄소강	SM75CM	–	클러치 부품, 스프링
			SM85CM	–	〃
		탄소공구강	SM2M	–	면도용 칼, 칼, 쇠톱 날, 셔터, 태엽
			SM3M	–	쇠톱 날, 칼, 스프링
			SM4M	–	펜촉, 태엽, 게이지, 스프링, 메리야스용 바늘
			SM5M	–	태엽, 스프링, 칼, 메리야스용 바늘, 게이지, 클러치 부품, 목공용 및 제재용 톱 줄 및 원형 톱, 사무용 기계부품
			SM6M	–	스프링, 칼, 클러치 부품, 와셔, 구두밑창, 포운
			SM7M	–	스프링, 칼, 포운, 목공용 칼, 구두 밑창, 클러치 부품
		합금공구강	SKS11M	–	쇠 톱 줄
			SKS2M	–	쇠톱 줄, 쇠톱 날, 칼
			SKS7M	–	〃
			SKS5M	–	칼, 목공용 원형 톱 목공용 및 제재용 톱 줄
			SKS51M	–	목공용 및 제재용 톱 줄, 목공용 원형 톱
		니켈크롬강	SNC2M	–	사무용기계부품
			SNC3M	–	〃
			SNC21M	–	〃
		니켈크롬 몰리브덴강	SNCM2M	–	체인부품
			SNCM22M	–	안전 박클, 체인부품
		크롬 몰리브덴강	SCM1M	–	체인부품
			SCM2M	–	체인 부품, 톰프슨 칼날
			SCM3M	–	체인부품, 사무용 기계부품
			SCM4M	–	〃
			SCM21M	–	〃
		스프링강	SUP6M	–	스프링
			SUP9M	–	특수 스프링
			SUP10M	–	〃

KS D	명 칭	종 별	기 호	인장강도 kgf/mm²	용 도
3556	피아노선 (Piano Wires)	1종	PW1	–	주요 스프링
		2종	PW2	–	
		3종	PW3	–	밸브 스프링용
3707	크롬 강재 (Chromium Steels)	21종	SCr21	80 이상	캠 축, 핀류
		22종	SCr22	8 5이상	기어류 비고 : 21종, 22종은 표면경화용
3708	니켈크롬 강재 (Nickel Chromium Steels)	1종	SNC1	75 이상	볼트, 너트류
		2종	SNC2	85 이상	크랭크 축, 기어류
		3종	SNC3	95 이상	축류, 기어류
		21종	SNC21	80 이상	피스톤 핀, 기어
		22종	SNC22	100 이상	캠축, 기어류 비고 : 21종, 22종은 표면경화용
3710	탄소강 단강품 (Carbon Steel Forgings)	1종	SF34	34~42	
		2종	SF40	40~50	
		3종	SF45	45~55	
		4종	SF50	50~60	
		5종	SF55	55~65	
		6종	SF60	60~70	
3711	크롬 몰리브덴 강재 (Chromium Molbdenum Steels)	1종	SCM1	90 이상	볼트, 스터드, 프로펠러, 보스
		2종	SCM2	85 이상	소형 축류
		3종	SCM3	95 이상	강력 볼트, 스터드, 축류, 암류
		4종	SCM4	100 이상	기어류, 축류, 암류
		5종	SCM5	105 이상	대형 축류
		21종	SCM21	85 이상	피스톤 핀, 축류, 기어
		22종	SCM22	95 이상	기어, 축류
		23종	SCM23	100 이상	〃
		24종	SCM24	105 이상	〃
					비고 : 21종, 22종, 23종, 24종은 표면경화용
3751	탄소공구강 (Carbon Tool Steels)	1종	STC1	63 이상	경질 바이트, 면도날, 각종 줄
		2종	STC2	〃	바이트, 플라이스, 제작용 공구, 드릴
		3종	STC3	〃	탭, 나사절삭용, 다이스, 쇠톱 날, 철공용 끌, 게이지, 태엽, 펜촉

KS D	명 칭		종 별	기 호	인장강도 kgf/mm²	용 도
3751	탄소공구강 (Carbon Tool Steels)		4종	STC4	61 이상	태엽, 목공용 드릴, 도끼, 철공용 끌, 면도날, 목공용 띠톱, 펜촉
			5종	STC5	59 이상	각인, 스넵, 태엽, 목공용 띠톱, 원형톱, 펜촉, 등사판줄, 톱날
			6종	STC6	56 이상	각인, 스넵, 원형톱, 태엽, 우산대, 등사판줄
			7종	STC7	54 이상	각인, 스넵, 프레스 형, 칼
3752	기계구조용 탄소강 강재 (Carbon Steel for Machine Structural Use)		1종	SM10C	32 이상	빌릿, 컬릿
			2종	SM15C	38 이상	볼트, 너트, 리벳
			3종	SM20C	41 이상	〃
			4종	SM25C	45 이상	볼트, 너트, 모터 축
			5종	SM30C	55 이상	볼트, 너트, 기계 부품
			6종	SM35C	58 이상	로드, 레버류, 기계 부품
			7종	SM40C	62 이상	연접봉, 이음쇠, 축류
			8종	SM45C	70 이상	크랭크 축류, 로드류
			9종	SM50C	75 이상	키, 핀, 축류
			10종	SM55C	80 이상	키, 핀류
			21종	SM9CK	40 이상	방직기 롤러
			22종	SM15CK	50 이상	캠, 피스톤 핀 * 21, 22종은 침탄용
3753	합금 공구강 (Alloy Tool Steel)	절삭용	S1종	STS1	–	절삭 공구, 냉간 드로잉용 다이스
			S11종	STS11	–	
			S2종	STS2	–	탭, 드릴, 커터, 핵소(Hack Saw)
			S22종	STS22	–	
			5	STS5	–	원형톱, 띠톱, 핵소
			S51종	STS51	–	
			7	STS7	–	
			S8종	STS8	–	줄
		주로 내충격용	S4종	STS4	–	끌, 펀치, 스냅, 넵
			S41종	STS41	–	
			S42종	STS42	–	끌, 펀치, 칼날, 줄, 눈금용 공구
			S43종	STS43	–	착암기용 피스톤
			S44종	STS44	–	끌, 헤딩 다이스

KS D	명 칭		종 별	기 호	인장강도 kgf/mm^2	용 도
3753	합금 공구강 (Alloy Tool Steel)	주로 내마모성 불변형용	S3종	STS3	–	게이지, 탭, 다이스, 절단기, 칼날
			S31종	STS31	–	게이지, 포밍 다이
			D1종	STD1	–	다이스
			D11종	STD11	–	게이지, 포밍 다이, 나사 전조롤러
			D12종	STD12	–	
			D2종	STD2	–	다이스
		주로 열간 가공용	D4종	STD4	–	프레스 형틀, 다이스캐스팅용 다이
			D5종	STD5	–	
			D6종	STD6	–	
			D61종	STD61	–	
			F1종	STF1	–	
			5종	STF5	–	다이형틀
			F6종	STF6	–	프레스용 다이
4101	탄소 주강품 (Carbon Steel Casting)		1종	SC37	37 이상	전동기 부품용
			2종	SC42	42 이상	일반구조용
			3종	SC46	46 이상	〃
			4종	SC49	49 이상	〃
			5종	SC55	55 이상	〃
4301	회주철용 (Gray Cast Iron)		1종	GC10	10 이상	일반기계부품, 상수도철관, 난방용품
			2종	GC15	15 이상	
			3종	GC20	20 이상	약간의 경도를 요하는 부분
			4종	GC25	25 이상	
			5종	GC30	30 이상	실린더 헤드, 피스톤, 공작기계 부품
			6종	GC35	35 이상	
4302	구상흑연주칠		1종	DC37	37 이상	
			2종	DC42	42 이상	
			3종	DC50	50 이상	
			4종	DC60	60 이상	
			5종	DC70	70 이상	
4303	흑심가단주철		1종	BMC28	28 이상	
			2종	BMC32	32 이상	
			3종	BMC35	35 이상	
			4종	BMC37	37 이상	

<table>
<tr><th>KS D</th><th>명 칭</th><th colspan="2">종 별</th><th>기 호</th><th>인장강도
kgf/mm²</th><th>용 도</th></tr>
<tr><td rowspan="2">4305</td><td rowspan="2">백심가단주철</td><td colspan="2">1종</td><td>WMC34</td><td>34 이상</td><td></td></tr>
<tr><td colspan="2">2종</td><td>WMC36</td><td>36 이상</td><td></td></tr>
<tr><td rowspan="8">5504</td><td rowspan="8">동판
(Copper Sheet and Plate)</td><td rowspan="4">1종</td><td>연질</td><td>CuS1-0</td><td>26 이상</td><td rowspan="8">전기와 열전도성이 좋고 전연성, 가공성, 내후성이 요구된 곳, 전기 부품, 증류기구 건축용, 화학공업용 개스 킷, 기물 등</td></tr>
<tr><td>1/4경질</td><td>CuS1-1/4</td><td>22 이상</td></tr>
<tr><td>1/2경질</td><td>CuS1-1/2</td><td>25 이상</td></tr>
<tr><td>경질</td><td>CuS1-H</td><td>28 이상</td></tr>
<tr><td rowspan="4">2종</td><td>연질</td><td>CuS2-0</td><td>26 이상</td></tr>
<tr><td>1/4경질</td><td>CuS2-1/4</td><td>22 이상</td></tr>
<tr><td>1/2경질</td><td>CuS2-1/2</td><td>25 이상</td></tr>
<tr><td>경질</td><td>CuS2-H</td><td>28 이상</td></tr>
<tr><td rowspan="3">5516</td><td rowspan="3">인청동봉
(Phospher Bronze Rods and Bars)</td><td colspan="2">1종</td><td>PBR1</td><td>50 이상</td><td rowspan="3">탄성, 내마멸성, 내식성 등을 요구하는 부품(기어, 베어링, 이음쇠, 나사)</td></tr>
<tr><td colspan="2">2종</td><td>PBR2</td><td>52 이상</td></tr>
<tr><td colspan="2">3종</td><td>PBR3</td><td>55 이상</td></tr>
<tr><td rowspan="3">6001</td><td rowspan="3">황동주물
(Brass Castings)</td><td colspan="2">1종</td><td>BaC1</td><td>15 이상</td><td rowspan="2">플랜지, 전기 부속품, 전기 부품, 일반 기계 부품</td></tr>
<tr><td colspan="2">2종</td><td>BaC2</td><td>20 이상</td></tr>
<tr><td colspan="2">3종</td><td>BaC3</td><td>25 이상</td><td>건축용 장식품, 일반 기계부품, 전기 부품</td></tr>
<tr><td rowspan="5">6002</td><td rowspan="5">청동주물
(Bronze Castings)</td><td colspan="2">1종</td><td>BrC1</td><td>25이상</td><td rowspan="2">기계적 성질, 내식성이 우수하여 밸브, 콕 및 기계부품에 적합</td></tr>
<tr><td colspan="2">2종</td><td>BrC2</td><td>25이상</td></tr>
<tr><td colspan="2">3종</td><td>BrC3</td><td>20이상</td><td rowspan="2">절삭성이 양호하여 기계부품, 밸브 및 콕 등에 적합</td></tr>
<tr><td colspan="2">4종</td><td>BrC4</td><td>22이상</td></tr>
<tr><td colspan="2">5종</td><td>BrC5</td><td>17이상</td><td>절삭성이 양호하여 급수, 배수 및 건축용 등에 적합</td></tr>
</table>

부록 4 KS와 JIS의 재료 기호

한국 공업 규격				일본 공업 규격	
규격번호	규격명	KS기호	기호설명	JIS번호	JIS기호
KS D 2301	타프피치 형동	B-Tcu.C Tcu	B-Billet, C-Cake, T-Tough Pitch	H 2123	b-Tcu. C. Tcu
KS D 2302	연 지금	Pb	Pb-Lead	H 2105	-
KS D 2304	알루미늄 지금	Al	AI-Aluminium	H 2102	-
KS D 2305	주석 지금	Sn	Sn-Tin	H 2108	-
KS D 2306	금속 크롬	Cr	Cr-Chromium	G 2313	Mcr
KS D 2307	니켈 지금	Ni	Ni-Nickel	H 2104	N
KS D 2308	은 지금	Ag	Ag-Silver	H 2141	-
KS D 2310	인동 지금	Pcu	P-Phosphor Cu-Copper	H 2501	Pcu
KS D 2312	금속. 망간	M Mn E	M-Metal Mn-Mangnese E-Electric	H 2311	MMnE
KS D 2313	금속 규소	MSi	M-Metal Si-Silicon	G 2312	MSn
KS D 2316	페로 티탄	FTiL	F-Ferro Ti-Titanium L-Low	G 2309	F TiH. F TiL
KS D 2320	주물용 황동 지금	BaIC	Bs-Brass, I-Ingot, C-Casting	G 2202	YBs CIn
KS D 2321	주물용 청동 지금	BIC	B-Bronze I-Ingot C-Casting	G 2203	BCIn
KS D 2322	주물용 인청동 지금	PBIC	P-Phosphor B-Bronze I-Ingot C-Casting	G 2204	PBCIn
KS D 2330	주물용 알루미늄 합금 지금	AIC	Al-Aluminium C-Casting	G 2211	Cx V
KS D 2331	다이캐스팅용 알루미늄 재생 합금 지금	AIDC	A-Aluminum I-Ingot D-Die C-Casting	G 2212	Dx V

한국 공업 규격				일본 공업 규격	
규격번호	규격명	KS기호	기호설명	JIS번호	JIS기호
KS D 2332	다이캐스팅용 알루미늄 재생 합금 지금	AIDCS	A-Aluminum I-Ingot D-Die C-Casting S-Secondary	G 2118	Dx S
KS D 2334	주물용 알루미늄 재생 합금 지금	CxxS	C-Casting S-Secondary	G 2117	Cxx S
KS D 2304	활자 합금 지금	T	T-Type	G 2231	K
KS D 2351	아연 지금	Zn	Zn-Zinc	G 2107	-
KS D 3501	열간 압연 강판 및 강대	SHIP	S-Steel H-Hat P-Plate	G 3131	SPHC, SPHD SPHE
KS D 3503	일반 구조용 압연 강재	SB	S-Steel B-보통(일반)	G 3101	SS
KS D 3504	철근 콘트리트용 봉강	SBC	S-Steel B-Bar C-Concrete	G 3112	SR, SD, SDC
KS D 3506	아연도금 강관	SBHG	S_Steel B보통 H-Hot G-Galvanized	G 3302	SPG
KS D 3507	배관용탄소 강관	SPP	S-Steel P-Pipe P-Piping G-Galvanized	G 3452	SGP
KS D 3508	아크 용접봉 심선재	SWRW	P-Piano W-Wire R-Rod W-Welding	G 3503	SWRY
KS D 3509	피아노 선재	PWR	P-Piano W-Wire R-Rod	G 3502	SWRS
KS D 3510	경 강 선	HSW	H-Hard S-Steel W-Wire	G 3521	SW
KS D 3511	재생 강재	SBR	S-Steel B-보통(일반) R-Rerolled	G 3111	SRB
KS D 3512	냉간압연 강판 및 강재	SBC	S-Steel B보통(일반)C-Cold	G 3141	SPCC, SPCD, SPCE
KS D 3515	용접구조용 압연 강재	SWS	S-Steel W-Welded S-Structure	G 3106	SM
KS D 3516	주석도금 강판	ET, HD	E-Electric T-Tin H-Hot D-Dipped	G 3303	SPTE, SPTH
KS D 3517	기계구조용 탄소강 강판	STM	S-Steel T-Tube M-Machine	G 3445	STKM
KS D 3520	착색 아연도금 강판	SBPG	S-Steel B-보통(일반) P-Precoated G-Galvanized	G 3312	SCG

한국 공업 규격				일본 공업 규격	
규격번호	규격명	KS기호	기호설명	JIS번호	JIS기호
KS D 3521	압력 용기용 강판	SPPV	S–Steel P–Plate P–Pressure V–Vessel	G 3115	SPV
KS D 3522	고속도 공구강 강재	SKH	S–Steel K–공구 High Speed	G 4403	SKH
KS D 3523	중공강 강재	SKC	S–Steel K–공구 C–Chisel	G 4410	SKC
KS D 3525	고탄소 크롬 베어링 강재	STB	ST–Stainless B–Bearing	G 4805	SUJ
KS D 3526	마봉강용 일반 강재	SGD	S–Steel G–General D–Drawn	G 3108	SGD
KS D 3527	철근 콘크리트용 재생봉강	SBCR	S–Steel B–Bar C–Concrete R–Reinforcement	G 3117	SRR, SDR
KS D 5528	전기아연도금 강판 및 강재	SEHC, SECC, SEHE, SEHD, SECD, SECE	S–Steel E–Electrolytic H–Hot C–Commercial C–Cold, D–Deep Drawn E–Deep Drawn Extra	G 3313	SEHC, SECC, SEHE, SEHD, SECD, SECE
KS D 3530	일반 구조용 경량 형강	SBC	S–Steel B–보통(일반) C–Coldforming	G 3350	SSC
KS D 3532	내식 내열 초합금판	NCF	Consion–Resisting and Heat Resisting Supper Alloy Sheets and plates	G 4901 G 4902	NCF
KS D 3533	고압가스용 철판 및 강재	SG	Steel Gas	G 3116	SG
KS D 3534	스피링용 스테인리스강 강재	STSC	Stainless Steel Cold	G 4313	SUS
KS D 3535	스프링용 스테인리스 상선	STSC	Stainless Steel Cold	G 4314	SUS
KS D 3536	구조용 스테인리스강 강판	STST	Stainless Steel Tube	G 3446	SUS
KS D 3550	피복 아크 용접봉 심선	SWW	S–Steel W–Wire W–Welding	G 3523	SWY

한국 공업 규격				일본 공업 규격	
규격번호	규격명	KS기호	기호설명	JIS번호	JIS기호
KS D 3552	철선	MSW	M–Mild S–Steel W–Wire	G 3532	SWH
KS D 3554	연강 선재	MSWR	M–Mild S–Steel W–Wire R–Rod	G 3505	SWRM
KS D 3555	강관용 열간 압연 탄소강 강재	HRS	H–Hot R–Rolled S–Steel	G 3132	SPHT
KS D 3556	피아노선	PW	P–Piano W–Wire	G 3522	SWP
KS D 3557	리벳용 압연 강재	SBV	S–Steel B보통(일반)V–Rivet	G 3104	SV
KS D 3559	경강 선재	HSWR	H–Hard S–Steel W–Wire R–Rod	G 3506	SWRH
KS D 3560	보일러용 압연 강재	SBB	S–Steel B 보통 B–Boiler	G 3103	SB
KS D 3561	마봉강(탄소강)	SB	S–Steel B– 보통	G 3123	SS・B・D
KS D 3562	압력 배관용 탄소강 강관	SPPS	S–Steel P–Pipe P–Pressure S–Service	G 3454	STPG
KS D 3563	보일러 및 열교환기영 탄소 강관	STH	S–Steel T–Tube H–Heat	G 3461	STB
KS D 3564	고압배관용 탄소 강관	SPPH	S–Steel P–Pipe P–Pressure H–High	G 3455	STS
KS D 3565	수도 도복장 강관	STPW–A STPW–C	S–Steel T–Tube P–Pipe W–Water A–Aspalt C–Coaltar	G 3443	–
KS D 3566	일반 구조용 탄소 강관	SPS	S–Steel P–Pipe S–Structure	G 3344	STK
KS D 3568	일반 구조용 각형 강관	SPSR	S–Steel P–Pipe S–Structural	G 3466	STKR
KS D 3569	저온 배관용 강관	SPLT	S–Steel P–Pipe L–Low T–Temperature	G 3460	STPL
KS D 3570	고 배관용 강관	SPHT	S–Steel P–Pipe H–High T–Temperature	G 3456	STPT
KS D 3571	저온 열교환기용 강판	STLT	S–Steel T–Tube L–Low T–Temperature	G 3464	STBC

한국 공업 규격				일본 공업 규격	
규격번호	규격명	KS기호	기호설명	JIS번호	JIS기호
KS D 3572	보일러 열교환기용 합금	STHA	S-Steel T-Tube H-Heat A-Alloy	G 3462	STBA
KS D 3573	배관용 합금강 강관	SPA	S-Steel P-Pipe A-Alloy	G 3458	STPA
KS D 3574	구조용 합금강 강관	STA	S-Steel T-Tube A-Alloy	G 3441	STKS
KS D 3575	고압가스 용기용 이음매 없는 강관	STHG	S-Steel T-Tube H-Heat G-Gas	G 3429	STH
KS D 3576	배관용 오스테나이트 스테인리스 강관	STSxT	S-Steel T-Tube S-Stainless	G 3459	SUSTP
KS D 3577	보일러 열교환기용 스테인리스 강관	STSxTB	St-Stainless ST Steel T-Tube	G 3463	SUSxTB
KS D 3579	스프링용 탄소강 오일 템퍼선	SWO	Spring W-Wire O-Oil	G 3560	SWO
KS D 3580	밸브 스프링용 탄소강 오일 템퍼선	SWO-V	Spring W-Wire O-Oil V-Valve	G 3561	SWO-V
KS D 3581	밸브 스피링용 크롬 바나듐강 오일 템퍼선	SWOCV-V	S-Spring W-Wire O-Oil C-Chromium V-Vanadium V-Valve	G 3565	SWDCV-V
KS D 3582	벨브 스피링용 실리콘 그롬강 오일 템퍼선	SWOCV-V	S-Spring W-Wire O-Oil S-Silicon C-Chromium V-Valve	G 3566	SWOSC-V
KS D 3583	배관용 아크 용접 탄소 강관	SPW	S-Steel P-Pipe W-Welding	G 3457	STPY
KS D 3697	냉간 압조용 스테인리스 강선	STSW	Cold Rolled Stainless Steel Sheet nad Wite	G 4315	SUS
KS D 3698	냉간 압연 스테인리스 강관	STSP	Cold Rolled Stainless Steel Sheet nad Plate	G 4305	SUS

한국 공업 규격				일본 공업 규격	
규격번호	규격명	KS기호	기호설명	JIS번호	JIS기호
KS D 3699	열간압연 스테인리스 강재	STSxHS	ST-Stainless S-Steel H-Hot S-Strip	G 4306	SUSxHS
KS D 3700	냉간 압연 스테인리스 강재	STSxCS	ST-Stainless S-Steel C-Cold S-Strip	G 4307	SUSxCS
KS D 3701	스프링 강	SPS	SP-Spring S-Steel	G 4801	SUP
KS D 3702	스테인리스 강선재	STSxWR	ST-Stainless S-Steel W-Wire R-Rod	G 4308	SUS
KS D 3703	스테인리스 강선	STSxW SWH	ST-Stainless S-Steel W-Wite S-Soft H-hard	G 4309	SUB
KS D 4305	백심가단 주철품	WMC	W-White M-Malleable C-Casting	G 5703	FCMW
KS D 4315	고온 고압용 주강품	SCPH	S-Steel C-Casting P-Pressure H-High	G 5151	SCPH
KS D 5501	이음매 없는 타프피치 동관	TCup	T-Touphpitch Cu-Copper PiPe	H 3606	TCuT
KS D 5502	타프피치 동봉	TCuBE TCuBD	T-Touphpitch Cu-Copper B-Bar E-Extruded D-Drawing	H 3405	TCuBE TCuBD
KS D 5503	쾌삭 황동봉	MBsBE MBsBD	M-Machinable, Bs-Brass, B-Bar E-Extruded D-Drawing	H 3422	BsBMD BsBME
KS D 5504	타프피치 동봉	TCuS	T-Touphpitch Cu-Copper S-Sheet	H 3103	TCuP
KS D 5505	황동판	BsS	Bs-Braee S-Sheet	H 3201	Bsp
KS D 5506	인청 동판 및 조	PBS	P-Phosphor B-Bronze S-Sheet T-Tape	H 3731	PBP PBR
KS D 5507	단조용 황동봉	PBT	F-Forging Bs-Nrass B-Bar E-Extruded, D-Drawing	H 3423	BsBFE BsBFD
KS D 5508	스프링용 인청동판 및 조	FBsBE FBsBD	P-phosphor B-Bronze S-Sheet S-Spring, T-Tape	H 3732	PBSP SRPB

한국 공업 규격				일본 공업 규격	
규격번호	규격명	KS기호	기호설명	JIS번호	JIS기호
KS D 5509	악기 리드용 황동판	PBSS PBTS	Bs-Brass M-Musica; R-Reed	H 3207	BsPV
KS D 5510	이음매 없는 황동판	BsMR BsSTxS	Bs-Brass S-Sheet T-Tube S-Special	H 3631	BsT
KS D 5511	인쇄용 동판	CuSP	Cu-Copper S-Sheet P-Printing	H 3102	CuPP
KS D 5512	연판	PbS	Pb-Lead S-Sheet	H 4301	PbP
KS D 5513	황동조	BsT	Bs-Brass T-Tape	H 3321	BsR
KS D 5514	함연 황동조	PbBsT	Pb-Lead Bs-Bronze R-Rod	H 3322	PbBsR
KS D 5515	아연판	ZnP	Zn-Zinc P-Plate	H 4321	-
KS D 5516	인청 동봉	PBR	P-Phosphor Bs-Bronze R-Rod	H 3741	PBB, R
KS D 5517	타프피치 동조	CuT	Cu-Copper T-Tape	H 3304	TCuR
KS D 5518	인청 동선	PBW	P-Phosphor B-bronze W-Wire	H 3751	PEW
KS D 5520	고강도 황동봉	HBsRE HBsRD	H-High, Bs-Brass R-Rod F-Forging E-Extruded, D-Drawing	H 3425	HBsBD HBsBE
KS D 5521	특수 알루미늄 청동봉	ABRF, AB RE, ABRD	A-Alumium B-Bronze R-Rod F-Forging E-Extruded, Cu-Copper	H 3441	ABBD ABBE ABBF
KS D 5522	이음매 없는 인탈산 동관	DCuPs DCuPS	D-Deoxidized, Cu-Copper P-Pipe, S-Special	H 3603	DCuT
KS D 5523	인탈산 동판	DCuS	D-Deoxidized, Cu-Copper S-Sheet	H 3104	DCuP
KS D 5524	네이벌 황동봉	NBsBE NBsBD	N-Naval Bs-Brass B-Bar E-Extrusion D-Drawing	H 3424	NBsBD NBsBE
KS D 5525	이음매 없는 단동판	RBsPxS	R-Red Bs-Brass P-Pipe S-Special	H 3641	RBsT
KS D 5526	백동판	NCuS	N-Nickel Cu-Copper S-Sheet	H 3251	GNP

한국 공업 규격				일본 공업 규격	
규격번호	규격명	KS기호	기호설명	JIS번호	JIS기호
KS D 5527	이음매 없는 제지틀 황동판	BsPp	Bs–Brass P–Paper	H 3634	BsPPp
KS D 5528	네이벌 황동판	NBsS	N–Naval Bs–Brass S–Sheet	H 3203	NBsP
KS D 5529	황동봉	BsBd BaBE	Bs–Brass B–Bar D–Drawing E–Extrusion	H 3426	BsBD BsBE
KS D 5530	동부스바	CuBB	Cu–Copper B–Bus B–Bar	H 3361	CuBB
KS D 5531	뇌관용 동조	CuTD	Cu–Copper T–Tape D–Detonator	H 3302	CuRD
KS D 5532	배릴륨. 동 합금판 및 조	BeCuS	Be–Beryllium Cu–Copper S–Sheet T–Tape	H 3801	BeCuP BecuR
KS D 5533	배릴륨. 동 합금봉	VeCuT	Be–Beryllium Cu–Copper B–Bar	H 3802	BeCuB
KS D 5534	배릴륨, 동 합금선	BeCuB	Be–Beryllium Cu–Copper W–Wire	H 3803	BeCuW
KS D 5535	단동선	BeCuW	R–Red Bs–Bronze W–Wire	H 3551	RBsW
KS D 5536	특수 알루미늄 청동판	RBsW	A–Al B–Bronze S–Sheet	H 3208	ABT
KS D 5537	이음매 없는 복수기용 황동판	ABS	Bs–Brass P–Pipe F(복수기)	H 3632	BsBT
KS D 5538	이음매 없는 규소 청동관	BsPF	Si–Silicon B–Bronze P–Pipe	H 3651	SiBT
KS D 5539	이음매 없는 니켈동합금관	SiBP	N–Nickel Cu–Copper P–Pipe	H 3661	NCuT
KS D 5540	조명 및 전자기기용 몰리브덴선	NCuP	V–Vaccum Molybdenum W–Wire	H 4481	VMW
KS D 5545	황동 용접관	VMW	Bs–brass P–Pipe W–Welding	H 3671	BsTW
KS D 5551	함연 황동선	BsPW	Pb–Lead Bs–Brass W–Wire	–	–
KS D 5552	함연 황동관	PbBsS	Pb–Lead Bs–Brass S–Sheet	H 3202	PbBsP

한국 공업 규격				일본 공업 규격	
규격번호	규격명	KS기호	기호설명	JIS번호	JIS기호
KS D 5553	타프피치 동선	CuW	Cu-Copper W-Wire	H 3504	TCuW
KS D 5554	황동선	BsW	Bs-Brass W-Wire	H 3521	BsW
KS D 5555	양백선	NSW	N-Nickel S-Silver W-Wire	H 3721	NSW
KS D 6001	황동 주물	BsC	Bs-Brass C-Casting	H 5101	YBsC
KS D 6002	청동 주물	BrC	Br-Bronze C-Casting	H 5111	BC
KS D 6003	화이트 메탈	WM	W-White M-Metal	H 5401	WJ
KS D 6004	베이링용 동연 합금 주물	KM	K-Kelment M-Metal	H 5403	KJ
KS D 6005	아연합금 다이캐스팅	ZnDC	Zn-Zinc D-Die C Casting	H 5301	ZDC
KS D 6006	알루미늄 합금 다이캐스팅	AlDC	Al-Alumium D-Die C-Casting	H 5302	ADC
KS D 6007	고강도 황동 주물	HBsC	H-High Bs-Bronze C-Casting	H 5102	HBsC
KS D 6008	알루미늄 합금 주물	ACxA	Al-Alumium C-Casting A-Alloy	H 5202	AC
KS D 6010	인청동 주물	PBC	P-Phosphor B-Bronze C-Casting	H 5113	PBC
KS D 6011	연입 청동주물	PbBrC	Pb-Lead Br-Bronze C-Casting	H 5115	LBC
KS D 6012	베어링용 알루미늄 합금 주물	AM	Al-Alumium M-Metal	H 5402	AJ
KS D 6013	소성합금	SGD	S-Special G-General D-Drawing	H 5501	SGD
KS D 6014	실진 청동주물	SzBrC	Sz-Silzin Br-Bronze C-Casting	H 5112	SzBC
KS D 6701	알루미늄 알루미늄 합금판 및 조	Axxxx S. R. C	A-Alumium S-Sheet R-Ribbon C-Clad	H 4000	Axxxx P. R. E PC
KS D 6702	연관	PbP	Pb-Lead P-Pipe	H 4311	PbT
KS D 6703	수도용 연관	PbPW	Pb-Lead P-Pipe W-Water	H 4312	PbTW
KS D 6705	알루미늄 박	AlF	Al-Alumium F-Foil	H 4191	AlH

한국 공업 규격				일본 공업 규격	
규격번호	규격명	KS기호	기호설명	JIS번호	JIS기호
KS D 6706	고순도 알루미늄 박	AIFS	Al–Alumium F–Foil S–Special	H 4192	AOH
KS D 6707	양백판 및 조	NSPx, NSTx	N–Nickel S–Sheer P–Plate T–Tape	H 3701	NSP, NSR
KS D 6708	양백봉	NSB	N–Nickel S–Silver B–Bar	H 3711	NSB
KS D 6709	스프링용 양백판 및 조	NSSS, NSST	N–Nickel S–Silver S–Sheet S–Spring T–Tape	H 3702	NSSP, NSSR
KS D 6713	알루미늄 및 알루미늄 합금 용접관	Axxxx TW	A–Alumium T–Tube T–Tube W–Welded	H 4090	AxxxxTE, TDTES, TDS
KS D 6755	알루미늄선	AIW	Al–Alumium W–Wire	H 4040	AxBES, Ax BDS AxW
KS D 6756	알루미늄 리벳재	AlV	Al–Alumium V–Rivet	H 4120	AxBR
KS D 6757	알루미늄 및 알루미늄 합금 리벳재	Axxxx	Al–Alumium	H 4120	AxBR
KS D 6758	알루미늄 봉	AIB	Al–Alumium B–Bar	H 4040	AxBES Ax BDS, AxW
KS D 6759	내식 알루미늄 합금 압출형재	AlxE	A–Alumium E–Extruded	H 4100	AxxxxS, SS
KS D 6760	이음매 없는 알루미늄 관	AlxP	Al–Alumium P–Pipe	H 4080	AxxxTE, TDTES, TDS
KS D 6761	이음매 없는 알루미늄 및 알루미늄 합금관	Axxxx PE, PD	A–Alumium P–Pipe E–Extrude D–Drawing	H 4080	〃
KS D 6762	알루미늄 도체 및 알루미늄 합금 도체	AELS	A–Alumium E–Electric C–Conductor S–Shapd	H 4180	AxxxxPB, SESBC, SBS, CTB, BDS
KS D 6763	알루미늄 및 알루미늄 합금봉 및 선	AxxxxBE, BDBES, BDS	A–Alumium P–Pipe E–Extrusion D–Drawing S–Special	H 4040	AxxxxBE BD BES, BDS
KS D 6770	알루미늄 및 알루미늄 합금 단조품	AxxxxFA, FH	Al–Al B–Bar E–Extrusion D–Drawing S–Special	H 4140	AxxxxFD, FH

한국 공업 규격				일본 공업 규격	
규격번호	규격명	KS기호	기호설명	JIS번호	JIS기호
KS D 7002	PC강선 및 PC강연선	SWPC	S-Steel W-Wire P-Prestressed	H 3536	SWPR, SWPD
KS D 7009	PC경강선	SWHD, SWHR	S-Steel W-Wire H-Hard D-Deformed R-Round	H 3538	SWCR, SWCD
KS D 8302	철강소지상의 니켈 및 크롬 도금	SN	S-Steel N-Nickel	H 8612	FNM, FGM
KS D 8303	동 및 동합금 소지상의 니켈 및 크롬 도금	BN	B-Brass or B-Bronze N-Nickel	H 8613	BNM, BGM
KS D 8304	전기아연 도금	ZP, ZPC	Z-Zinc P-Plating C-Chromate	H 8610	ZM, ZMC
KS D 8305	아연 및 아연합금 소지상의 니켈 및 크롬 도금	ZN,ZNC	Z-Zinc N-Nickel C-Chromium	H 8614	
KS D 8308	용융 아연 도금	ZHD	Z-Zinc H-Hot D-Dipped	H 8641	HDZ
KS D 8309	용융 알루미늄 도금	AD	Al-Alumium D-Dipped	H 8642	HDA
KS D 8320	알루미늄 용사	AS, ASP ASS, ASD	Al-Alumium S-Spray, P-Primer, S-Sealing D-Diffusion	H 8301	AS, ASP ASS, ASD
KS D 8322	아연 용사	ZnS	Z-Zinc S-Spray	H 8300	ZS, ZSP
KS D 9005	포장용 대강	SSP	S-Steel S-Strip P-Plate	H 3141	SPCC, Sp CD, DPCE
KS D 2503	전자 연철봉	SUYB	S-Steel U-Use Y-Yoke B-Bar	C 2503	SUYB
KS D 2504	전자 연철판	SUYP	S-Steel U-Use Y-Yoke P-Plate	C 2504	SUYP
KS D 2505	영구자석용 재료	Mc,Su	M-Magnet C-Casting	C 2502	ME, MC, MP

자동기 요소 실무기술

자동화 기술인의 지침서

초판인쇄 | 2022년 8월 25일
초판발행 | 2022년 8월 29일

저 자 | 한제봉
발 행 인 | 이성범
발 행 처 | 문운당
주 소 | 서울시 종로구 혜화로5길 16 (명륜1가 45-3)
전 화 | (02)762-6010
팩 스 | 영업 (02)745-0265 / 편집 (02)762-8758
홈페이지 | http://munundang.co.kr
이 메 일 | 영업 munun2@chol.com
편집 munundang@naver.com

ISBN 979-11-5692-590-3 93550

정가 25,000원